面向新工科专业建设计算机系列教材

Python 机器学习
原理与实践
（微课版）

曹　洁 孙玉胜 张志锋 桑永宣 ◎编著

U0247814

清华大学出版社
北京

内 容 简 介

本书系统地介绍了机器学习的相关知识。本书共 12 章，内容包括机器学习、机器学习的数学基础、不同格式数据的读取与写入、数据预处理、回归、决策树分类、贝叶斯分类、支持向量机分类、聚类、人工神经网络、OpenCV 图像识别、TensorFlow 深度学习。

本书可作为高等院校计算机、人工智能、软件工程、信息管理等相关专业的机器学习课程教材，也可作为相关技术人员的参考书。

图书在版编目(CIP)数据

Python 机器学习原理与实践：微课版/曹洁等编著. —北京：清华大学出版社，2022.5
面向新工科专业建设计算机系列教材
ISBN 978-7-302-60083-1

Ⅰ. ①P… Ⅱ. ①曹… Ⅲ. ①软件工具－程序设计－高等学校－教材 ②机器学习－高等学校－教材 Ⅳ. ①TP311.561 ②TP181

中国版本图书馆 CIP 数据核字(2022)第 023994 号

责任编辑：白立军　常建丽
封面设计：刘　乾
责任校对：焦丽丽
责任印制：丛怀宇

出版发行：清华大学出版社
　　　　　网　　　址：http://www.tup.com.cn，http://www.wqbook.com
　　　　　地　　　址：北京清华大学学研大厦 A 座　　　　　邮　　编：100084
　　　　　社 总 机：010-83470000　　　　　　　　　　　　邮　　购：010-62786544
　　　　　投稿与读者服务：010-62776969，c-service@tup.tsinghua.edu.cn
　　　　　质量反馈：010-62772015，zhiliang@tup.tsinghua.edu.cn
　　　　　课件下载：http://www.tup.com.cn，010-83470236
印 装 者：三河市君旺印务有限公司
经　　销：全国新华书店
开　　本：185mm×260mm　　　　　印　　张：19　　　　　字　　数：435 千字
版　　次：2022 年 5 月第 1 版　　　　　　　　　　　　印　　次：2022 年 5 月第 1 次印刷
定　　价：59.00 元

产品编号：084834-01

出版说明

一、系列教材背景

　　人类已经进入智能时代,云计算、大数据、物联网、人工智能、机器人、量子计算等是这个时代最重要的技术热点。为了适应和满足时代发展对人才培养的需要,2017 年 2 月以来,教育部积极推进新工科建设,先后形成了"复旦共识""天大行动"和"北京指南",并发布了《教育部高等教育司关于开展新工科研究与实践的通知》《教育部办公厅关于推荐新工科研究与实践项目的通知》,全力探索形成领跑全球工程教育的中国模式、中国经验,助力高等教育强国建设。新工科有两个内涵:一是新的工科专业;二是传统工科专业的新需求。新工科建设将促进一批新专业的发展,这批新专业有的是依托于现有计算机类专业派生、扩展而成的,有的是多个专业有机整合而成的。由计算机类专业派生、扩展形成的新工科专业有计算机科学与技术、软件工程、网络工程、物联网工程、信息管理与信息系统、数据科学与大数据技术等。由计算机类学科交叉融合形成的新工科专业有网络空间安全、人工智能、机器人工程、数字媒体技术、智能科学与技术等。

　　在新工科建设的"九个一批"中,明确提出"建设一批体现产业和技术最新发展的新课程""建设一批产业急需的新兴工科专业"。新课程和新专业的持续建设,都需要以适应新工科教育的教材作为支撑。由于各个专业之间的课程相互交叉,但是又不能相互包含,所以在选题方向上,既考虑由计算机类专业派生、扩展形成的新工科专业的选题,又考虑由计算机类专业交叉融合形成的新工科专业的选题,特别是网络空间安全专业、智能科学与技术专业的选题。基于此,清华大学出版社计划出版"面向新工科专业建设计算机系列教材"。

二、教材定位

　　教材使用对象为"211 工程"高校或同等水平及以上高校计算机类专业及相关专业学生。

三、教材编写原则

(1) 借鉴 *Computer Science Curricula* 2013(以下简称 CS2013)。CS2013 的核心知识领域包括算法与复杂度、体系结构与组织、计算科学、离散结构、图形学与可视化、人机交互、信息保障与安全、信息管理、智能系统、网络与通信、操作系统、基于平台的开发、并行与分布式计算、程序设计语言、软件开发基础、软件工程、系统基础、社会问题与专业实践等内容。

(2) 处理好理论与技能培养的关系,注重理论与实践相结合,加强对学生思维方式的训练和计算思维的培养。计算机专业学生能力的培养特别强调理论学习、计算思维培养和实践训练。本系列教材以"重视理论,加强计算思维培养,突出案例和实践应用"为主要目标。

(3) 为便于教学,在纸质教材的基础上,融合多种形式的教学辅助材料。每本教材可以有主教材、教师用书、习题解答、实验指导等。特别是在数字资源建设方面,可以结合当前出版融合的趋势,做好立体化教材建设,可考虑加上微课、微视频、二维码、MOOC 等扩展资源。

四、教材特点

1. 满足新工科专业建设的需要

系列教材涵盖计算机科学与技术、软件工程、物联网工程、数据科学与大数据技术、网络空间安全、人工智能等专业的课程。

2. 案例体现传统工科专业的新需求

编写时,以案例驱动,任务引导,特别是有一些新应用场景的案例。

3. 循序渐进,内容全面

讲解基础知识和实用案例时,由简单到复杂,循序渐进,系统讲解。

4. 资源丰富,立体化建设

除了教学课件外,还可以提供教学大纲、教学计划、微视频等扩展资源,以方便教学。

五、优先出版

1. 精品课程配套教材

主要包括国家级或省级的精品课程和精品资源共享课的配套教材。

2. 传统优秀改版教材

对于已经出版、得到市场认可的优秀教材,由于新技术的发展,计划给图书配上新的教学形式、教学资源的改版教材。

3. 前沿技术与热点教材

反映计算机前沿和当前热点的相关教材,例如云计算、大数据、人工智能、物联网、网络空间安全等方面的教材。

六、联系方式

联系人:白立军
联系电话:010-83470179
联系和投稿邮箱:bailj@tup.tsinghua.edu.cn

面向新工科专业建设计算机系列教材编委会
2019 年 6 月

人工智能专业核心教材体系建设——建议使用时间

数理基础
专业基础
人工智能核心
智能感知

一年级上：数学分析 I　　线性代数 I　　程序设计与算法基础
一年级下：数学分析 II　　线性代数 II　　高等数学理论基础
二年级上：概率论　　数据结构基础　　人工智能基础
二年级下：优化基本理论与方法　　面向对象的程序设计　　高级数据结构与算法分析　　机器学习
三年级上：人工智能伦理与安全　　自然语言处理导论　　设计认知与设计智能　　认知神经科学导论
三年级下：理论计算机科学导引　　计算机视觉导论　　智能感知　　人工智能系统、设计智能　　人工智能芯片与系统
四年级上：人工智能实践

前言

　　国家《新一代人工智能发展规划》指出：人工智能成为经济发展的新引擎，人工智能作为新一轮产业变革的核心驱动力，将进一步释放历次科技革命和产业变革积蓄的巨大能量，并创造新的强大引擎，重构生产、分配、交换、消费等经济活动各环节，形成从宏观到微观各领域的智能化新需求，催生新技术、新产品、新产业、新业态、新模式，引发经济结构重大变革，深刻改变人类的生产、生活方式和思维模式，实现社会生产力的整体跃升。

　　机器学习是人工智能的一种途径或子集，它强调学习，而不是计算机程序。机器学习使用历史数据训练模型，训练完成之后得到一个训练好的模型，使用该模型可对新的数据做出判断或预测。

1. 本书编写特色

内容系统全面：全面介绍机器学习的经典和主流算法。
原理浅显易懂：循序渐进阐述各类机器学习算法原理。
原理实践结合：每种机器学习模型都配套了对应的实践案例。
算法代码实现：使用 Python 3.6.x 实现书中所有算法。

2. 本书内容组织

　　第 1 章：机器学习。介绍机器学习的概念、机器学习的形式、构建机器学习系统的一般流程、机器学习的典型应用。

　　第 2 章：机器学习的数学基础，介绍相似性和相异性的度量、基于梯度的优化方法、概率与统计基础、矩阵基础。

　　第 3 章：不同格式数据的读取与写入，介绍使用 csv 模块读取和写入 csv 文件、使用 python-docx 模块处理 Word 文档、Excel 文件的读与写、pandas 读写不同格式的数据、NumPy 读写数据文件、读写 JSON 数据。

　　第 4 章：数据预处理，介绍缺失值处理、噪声数据处理、数据规范化、数据离散化、数据规约、数据降维。

　　第 5 章：回归，介绍回归的概念、回归处理流程、一元线性回归、多元线性回归、非线性回归、逻辑回归。

　　第 6 章：决策树分类，介绍分类的一般流程、决策树的工作原理、最佳划分属性的度量、ID3 决策树、C4.5 决策树、CART 决策树。

第7章：贝叶斯分类,介绍朴素贝叶斯分类原理与分类流程、高斯朴素贝叶斯分类、多项式朴素贝叶斯分类、伯努利朴素贝叶斯分类。

第8章：支持向量机分类,介绍支持向量机分类原理、线性支持向量机、Python 实现支持向量机。

第9章：聚类,介绍 k 均值聚类、层次聚类、密度聚类。

第10章：人工神经网络,介绍神经元、感知器、BP 神经网络。

第11章：OpenCV 图像识别,介绍图像表示、图像颜色模型、OpenCV 计算机视觉库、OpenCV 人脸检测、OpenCV 人脸识别。

第12章：TensorFlow 深度学习,介绍 TensorFlow 的常量与变量、TensorFlow 的 Tensor 对象、TensorFlow 的 Operation 对象、TensorFlow 流程控制、TensorFlow 卷积、使用 TensorFlow 对图像进行分类。

本书由曹洁、孙玉胜、张志锋、桑永宣、李璞、楚杨阳、贾连辉编写。

3. 本书适用范围

本书可作为高等院校计算机、人工智能、软件工程、信息管理等相关专业的机器学习课程教材,也可作为相关技术人员的参考用书。

在本书的编写和出版过程中得到郑州轻工业大学、清华大学出版社的大力支持和帮助,在此表示感谢。

本书在撰写过程中,参考了大量专业书籍和网络资料,在此向这些作者表示感谢。

由于编写时间仓促,编者水平有限,书中难免会有缺点和不足,热切期望专家和读者批评指正,在此表示感谢。如果您遇到任何问题,或有更多宝贵的意见,欢迎发送邮件至 42675492@qq.com。

编　者

于郑州轻工业大学数据融合与知识工程实验室
2022 年 1 月

CONTENTS

目录

机 器 学 习

机器学习是人工智能的核心,是使计算机具有智能的根本途径。机器学习,就是让计算机具有像人一样的学习能力的技术,是从大量数据集中寻找出有用知识的技术。本章将对机器学习概念、机器学习的形式、构建机器学习系统的一般流程、机器学习的典型应用进行介绍。

1.1 机器学习的概念

学习是人类具有的一种重要的智能行为,但究竟什么是学习,长期以来却众说纷纭。社会学家、逻辑学家和心理学家各有其不同的看法。同样,不同的人所站的角度不同,对机器学习的定义也不相同。

机器学习是指从已知数据中获得规律,并利用规律对未知数据进行预测的方法。

机器学习,就是让计算机具有人的学习能力的技术,是从众多数据中归纳出有用知识的数据挖掘技术。通过运用机器学习技术,从图片数据库中寻找出一个人喜欢的照片,或者根据用户的购买记录向用户推荐其他相关产品等已成为现实。

下面通过一个例子讲述机器学习的概念。考虑这样一个问题:怎样用算法判断一个人是否得了心脏病? 现代医学里可以利用一些比较容易获得的临床指标推断一个人是否得了心脏病,假定是否患有心脏病与病人的年龄和胆固醇水平密切相关。比如医生可以根据以往病人的临床资料(如年龄、胆固醇等),对新来的病人通过检测年龄、胆固醇等指标,以此推断或者判定病人是否有心脏病,这就是分类(classification)技术。表 1-1 显示了 10 个病人的临床数据(年龄用 x_1 表示,胆固醇水平用 x_2 表示)。

表 1-1　10 个病人的临床数据

病 人 编 号	年龄 x_1	胆固醇水平 x_2	有无心脏病 y
1	$x_1=60$	$x_2=165$	$y=-1$
2	$x_1=57$	$x_2=150$	$y=-1$
...	...	...	...
10	$x_1=70$	$x_2=190$	$y=1$

年龄和胆固醇水平是区分一个人是否患有心脏病的有用信息,它们组合在一起形成二维的特征向量,这些二维特征向量可用二维空间中的点表示。根据病人的两项指标和有无心脏病,把每个病人用一个样本点表示,有心脏病者用"□"表示,无心脏病者用"○"表示,横坐标 x_1 代表年龄,纵坐标 x_2 代表胆固醇水平,如图 1-1 所示。这样,问题就变成一个在二维空间上的分类问题。由图 1-1 可发现:无心脏病者在第一象限的左下方,有心脏病者在第一象限的右上方。

很明显地看到,可以在该平面上用一条直线把"□"和"○"分开,落在左下方的点判定为无心脏病,落在右上方的点判定为有心脏病,这种做法如图 1-2 所示。

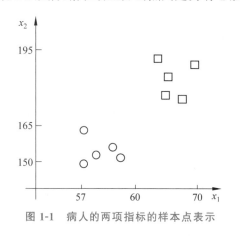

图 1-1 病人的两项指标的样本点表示

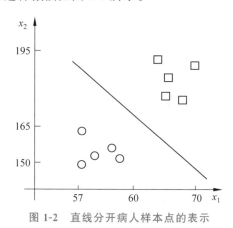

图 1-2 直线分开病人样本点的表示

假设找到一条直线,它的方程为

$$ax_1 + bx_2 + c = 0$$

位于直线上方的所有点判定为有心脏病,位于直线下方的所有点判定为无心脏病。在直线上方的点满足

$$ax_1 + bx_2 + c > 0$$

在直线下方的点满足

$$ax_1 + bx_2 + c < 0$$

给两类人标号是否患心脏病,称为类别标注。在这里患心脏病的类别为 +1,未患心脏病的类别为 -1,上述判定规则可以写成决策函数:

$$f(x_1, x_2) = \begin{cases} +1, & ax_1 + bx_2 + c > 0 \\ -1, & ax_1 + bx_2 + c < 0 \end{cases}$$

现在的问题是怎样找到这条直线,即确定参数 a、b 和 c 的值。采集大量的临床样本,将年龄和胆固醇水平画在二维坐标系里,形成一系列点。如果能够通过某种方法找到一条直线,保证这些点能够被正确分类,那么就可以用它对就医的病人进行是否患心脏病的判定。这里,通过样本寻找分类直线的过程就是机器学习的训练过程。根据前面决策函数的表述,可以得到预测病人是否患心脏病的类别函数为

$$\text{sgn}(ax_1 + bx_2 + c)$$

其中,sgn 是符号函数,定义为

$$sgn(x) = \begin{cases} +1, & x \geqslant 0 \\ -1, & x < 0 \end{cases}$$

在各种机器学习算法中,经常用到 sgn 函数。机器学习算法需要用样本数据进行学习,得到一个函数(也称为模型),然后用这个模型对新样本进行预测。机器学习是让计算机算法具有类似人的学习能力,像人一样能够从生活中某类事物中学到某类经验和知识,从而具备判断和预测该类事物的能力。

机器学习的本质是模型的选择以及模型参数的确定。在大多数情况下,机器学习算法是要确定一个决策函数 f 以及函数的参数 θ,即建立如下函数关系:

$$y = f(\boldsymbol{x}; \theta)$$

其中,$\boldsymbol{x}$ 为函数的输入值,一般是一个向量;y 为函数的输出值,是一个向量或标量。

经典的机器学习算法包括:回归、决策树、贝叶斯分类、支持向量机、聚类、人工神经网络等。

1.2　机器学习的形式

按照机器学习形式的不同,机器学习分为监督学习、无监督学习和强化学习。

1.2.1　监督学习

监督学习是最常见的一类机器学习的学习形式。监督学习是从具有标记(标签)的训练数据集学习(训练)出一个推断功能模型的机器学习任务,所得的推断功能模型可用于预测新的特征向量对应的标签。每一条训练数据都含有两部分信息:特征向量与标签。所谓监督,是指训练数据集中的每一条训练数据均有一个已知的类标(标签)。

监督学习分为"分类"和"回归"。

1. 利用分类预测离散值

分类是监督学习的一个子类,其目的是基于对已知类标的训练实例的观察与学习,得到一个训练好的预测模型,使用该模型能够预测新样本的类标。分类中的类标是离散的,它们被视为样本的类别信息。类标的例子:将图片分类为"猫"或"狗";在电子邮箱中,收到邮件之后,电子邮箱会将收到的邮件分为广告邮件、垃圾邮件和正常邮件;在手写数字识别问题中,类标只可能取 0~9 这 10 个值,这是含有 10 个类别的分类问题。

分类问题是机器学习的基础,其他的很多应用都可以从分类的问题演变而来,很多问题都可以转化成分类的问题。

在机器学习中,通常将能够完成分类任务的算法称作一个分类器(classifier)。评价一个分类器好坏的指标,最常见的是准确率(accuracy)。准确率是指被分类器分类正确的实例数量占所有实例数量的百分比。

2. 使用回归预测连续值

分类算法用于离散型分布预测,回归算法用于连续型分布预测,针对的是数值型的样本。回归分析研究某一随机变量(因变量)与其他一个或几个普通变量(自变量)之间的数量变动的关系。回归的目的是建立输入变量和输出变量之间的连续函数对应关系,也称建立回归方程,回归的求解就是求这个回归方程的参数。根据自变量数目的多少,回归模型可以分为一元回归模型和多元回归模型;根据模型中自变量与因变量之间是否线性,可以分为线性回归模型和非线性回归模型。

1.2.2　无监督学习

在监督学习中,在训练模型之前,已经知道各训练样本对应的目标值。在无监督学习的形式下,训练样本对应的目标值未知。无监督学习的任务是学习无标签数据的分布或数据与数据之间的关系,训练目标是能对观察值进行分类或者区分的。例如,无监督学习通过学习所有"猫"的图片的特征,然后根据学习到的特征能够将"猫"的图片从大量的各种各样的图片中区分出来。

无监督学习里典型的例子是聚类。聚类是在没有任何相关先验信息的情况下,将数据分类到不同的类或者簇的过程,使得同一个簇中的对象有很大的相似性,而不同簇间的对象有很大的相异性,这也是为什么聚类有时被称为"无监督分类"。簇内的相似性越大,簇间差别越大,聚类越好。聚类是获取数据的组织结构信息,根据获取的组织结构信息可将一个新样本归为某一簇(类)。

1.2.3　强化学习

强化学习强调如何基于环境而行动,以取得最大化的预期利益。其灵感来源于心理学中的行为主义理论,即有机体如何在环境给予的奖励或惩罚的刺激下,逐步形成对刺激的预期,产生能获得最大利益的习惯性行为。

强化学习的目标是构建一个系统(Agent),在与环境交互的过程中提高系统的性能。环境的当前状态信息中通常包含一个反馈值,这个反馈值不是一个确定的类标或者连续类型的值,而是一个通过反馈函数产生的对当前系统行为的评价。通过与环境的交互和强化学习,Agent可以得到一系列行为,通过试探性的试错或者借助精心设计的激励系统使得正向反馈最大化。

强化学习简单来说就如将一条狗放在迷宫里面,目的是让狗找到出口,如果它走出了正确的步子,就会给它正反馈(奖励食物),否则给它负反馈(轻拍头部),那么,当它多次走完所有的道路后,无论把它放到哪儿,它都能通过以往的学习找到通往出口最正确的道路。

1.3　构建机器学习系统的一般流程

图 1-3 展示了构建机器学习系统的一般流程。

构建机器
学习系统的
一般流程

1.3.1　数据预处理

为了尽可能发挥机器学习算法的性能,必须保证数据高质量,但原始数

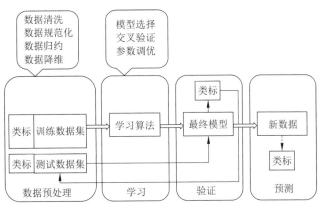

图 1-3　构建机器学习系统的一般流程

据很少能达到此标准。在学习机器学习算法之前,首先要做的是对数据进行预处理,处理数据中的"脏"数据,"脏"数据的主要表现形式为数据缺失、数据重复、数据错误、数据不可用等。数据预处理有多种方法,如数据清洗、数据规范化、数据归约等。

1. 数据清洗

人工输入错误、仪器设备测量精度以及数据收集过程机制缺陷等都会造成采集的数据存在质量问题,具体包括测量误差、数据收集错误、噪声、离群点、缺失值、不一致值、重复数据等。数据清洗阶段的主要任务就是填写缺失值、光滑噪声数据,删除离群点和解决属性的不一致性。

2. 数据规范化

大部分机器学习算法为达到性能最优的目的,将属性映射到[0,1]区间,或者使其满足方差为 1、均值为 0 的标准正态分布,从而使提取出的特征具有相同的度量标准。

3. 数据归约

用于机器的原始数据集属性数目可能有几十个,甚至更多,其中大部分属性与机器学习任务不相关,或者是冗余的。不相关和冗余的属性增加了数据量,可能减慢机器学习过程,降低机器学习算法的收敛速度或导致发现很差的规则。数据归约(也称数据消减、特征选择)技术用于帮助从原有庞大数据集中获得一个精简的数据集合,并使这一精简数据集保持原有数据集的完整性。

4. 数据降维

当源数据的某些属性间存在较高的关联,或存在一定的数据冗余时,使用机器学习算法中的降维技术将数据压缩到相对低维度的子空间中是非常有用的。数据降维算法不仅可以使得所需的存储空间更小,而且还能使得学习算法运行得更快。

5. 数据集切分

为了保证算法不仅在训练集上有效,同时还能很好地应用于新数据,通常需要随机地将数据集划分为训练数据集和测试数据集,使用训练数据集训练及优化机器学习模型,模型训练完成后使用测试数据集对模型进行评估。

数据预处理也称作特征工程。所谓的特征工程,就是为机器学习算法选择更合适的特征。

1.3.2 选择预测模型并进行训练、诊断与调优

任何分类算法都有其内在的局限性,如果不对分类任务预先做一些设定,没有任何一个分类模型会比其他模型更有优势。因此,在实际解决分类问题的过程中,必不可少的一个环节就是使用训练数据训练几种不同的模型,并比较它们的性能,从中选择最优的一个模型。

通常将样本数据分成训练数据集和测试数据集。训练数据集用来训练模型。测试数据集用来测试模型的好坏。比较模型好坏的指标有多个,一个常用的指标是分类的准确率,指的是被正确分类的样例所占的比例。

过拟合、欠拟合的模型状态的判断是模型诊断中至关重要的一步。常用的方法有:交叉验证、绘制学习曲线等。过拟合的基本调优思路是增加训练的数据量,降低模型复杂度。欠拟合的基本调优思路是提高特征数量和质量,增加模型复杂度。

诊断后的模型需要进一步调优,调优后的新模型需要重新诊断,这是一个反复迭代不断逼近的过程,需要不断地尝试,进而达到最优的状态。

1.3.3 模型验证与使用未知数据进行预测

在使用训练数据集构建出一个模型之后,需要使用测试数据集对模型进行测试,测试该模型在未知数据上的表现并对模型的泛化误差进行评估。如果满意模型的评估结果,就可以使用此模型对新的未知数据进行预测。

通常将模型的实际输出与样本的真实值之间的差异称为"误差",将模型在训练集上的误差称为"训练误差",将模型在测试样本上的误差称为"泛化误差(generalization error)"。

通过观察误差样本,分析误差产生的原因:是参数的问题还是选择的算法的问题,是特征的问题还是数据本身的问题,从中找到提升算法性能的突破点。

1.4 机器学习的典型应用

机器学习有广泛的用途,从机器视觉到自然语言处理、语音识别、数据挖掘领域都有它的应用。这些应用在日常生活中随处可见,例如,停车场出入口的车牌识别、语音输入法、人脸识别、电商网站的商品推荐、新闻推荐等。

与机器学习密切相关的一个领域是模式识别,它要解决的是对声音、图像以及其他类

型的数据对象的识别问题,机器学习是解决这类问题的一种工具。

1.4.1　语音识别

语音识别的目标是理解人说话的声音信号,将它转化成文字。语音识别技术主要包括特征提取技术、模式匹配准则及模型训练技术 3 个方面。早期的语音识别算法一般通过模板匹配实现,在训练阶段,用户将词汇表中的每个词依次说一遍,并且将其特征向量作为模板存入模板库;在识别阶段,用户将输入语音的特征向量依次与模板库中的每个模板进行相似度比较,将相似度最高者作为识别结果输出。

作为替代模板匹配技术的机器学习方案为语音识别提供了更灵活、更通用和更高精度的解决方案。在机器学习中,很长一段时间内语音识别的经典算法是隐马尔可夫模型(hidden Markov model,HMM)和高斯混合模型(Gaussian mixture model,GMM)结合所形成的 GMM-HMM 框架。

语音识别的应用领域非常广泛,常见的应用系统有语音输入系统,它相对于键盘输入方法更自然、更高效;语音控制系统,即用语音控制设备的运行;智能对话查询系统,根据客户的语音进行操作,为用户提供自然、友好的数据库检索服务,例如家庭服务、宾馆服务、旅行社服务系统、订票系统、医疗服务、银行服务、股票查询服务等。

1.4.2　人脸识别

人脸识别技术是基于人的脸部特征,对输入的图像或者视频流判断其中是否存在人脸,如果存在人脸,则进一步给出每个人脸的位置、大小和各个主要面部器官的位置信息,进而提取每个人脸中所蕴涵的身份特征,并将其与已知的人脸进行对比,从而识别每个人脸的身份。人脸识别技术包含人脸检测、人脸跟踪、人脸比对三方面。

1. 人脸检测

人脸检测是指在动态的场景与复杂的背景中判断是否存在人脸,并分离出人脸,一般有如下 4 种方法。

1) 参考模板法

首先设计一个或数个标准人脸的模板,然后计算测试采集的图像与标准模板之间的匹配程度,并通过阈值判断是否存在人脸。

2) 人脸规则法

由于人脸具有一定的结构分布特征,人脸规则法通过提取这些特征生成相应的规则以判断采集的图像是否包含人脸。

3) 样品学习法

先用大量的人脸和非人脸样本图像训练神经网络、支持向量机等模式识别模型,得到一个人脸二分类问题的分类器,这个分类器接收输入图片,判断输入图片是否为人脸。

4) 肤色模型法

依据面貌、肤色在色彩空间中分布相对集中的规律进行检测。

2. 人脸跟踪

人脸跟踪是指对被检测到的人脸进行动态目标跟踪。

3. 人脸比对

人脸比对是对被检测到的人脸进行身份确认或在人脸库中进行目标搜索。这实际上是说,将采样到的人脸与库存的人脸依次进行比对,并找出最佳的匹配对象。

1.4.3　机器翻译

机器翻译的目标是把一段话从一种语言翻译成另一种语言。随着深度学习的研究取得较大进展,基于人工神经网络的机器翻译逐渐兴起。其技术核心是一个拥有海量结点(神经元)的深度神经网络,可以自动地从语料库中学习翻译知识。一种语言的句子被向量化之后,在网络中层层传递,转化为计算机可以"理解"的表示形式,再经过多层复杂的传导运算,生成另一种语言的译文。

1.5　本章小结

本章对机器学习做了概述,介绍了机器学习的概念、机器学习的形式、构建机器学习系统的一般流程、机器学习的典型应用。后续各章将系统地对机器学习模型、机器学习算法与实践做深入的介绍。因此,本章内容是学习后续各章内容的基础和准备。

机器学习的数学基础

机器学习是一门涉及数学、统计学与计算机科学的交叉学科,需要有扎实的数学基础。在介绍机器学习算法原理时,常涉及的数学基础知识主要有线性代数、微积分、优化理论与概率论,本章对相关基础知识进行简单的介绍。

2.1 相似性和相异性的度量

相似性和相异性是机器学习中两个非常重要的概念。两个对象之间的相似度是这两个对象相似程度的数值度量,通常在 0(不相似)和 1(完全相似)之间取值。两个对象之间的相异度是这两个对象差异程度的数值度量,两个对象越相似,它们的相异度越低,通常用"距离"作为相异度的同义词。数据对象之间相似性和相异性的度量有很多种方法,如何选择度量方法依赖于对象的数据类型、数据的量值是否重要,以及数据的稀疏性等。

2.1.1 数据对象之间的相异度

我们通常所说的相异度其实就是距离。距离越小,相异度越低,对象越相似。度量对象间差异性的距离形式有:闵氏距离、马氏距离、汉明距离和杰卡德距离。

1. 闵氏距离

在 m 维欧氏空间中,每个点是一个 m 维实数向量,两个点 $\boldsymbol{x}_i = (x_{i1}, x_{i2}, \cdots, x_{im})$ 与 $\boldsymbol{y}_j = (y_{i1}, y_{i2}, \cdots, y_{im})$ 之间的闵氏距离 L_r 定义如下:

$$L_r = d(\boldsymbol{x}_i, \boldsymbol{y}_j) = \left(\sum_{k=1}^{m} |x_{ik} - y_{jk}|^r \right)^{1/r}$$

$r = 2$ 时,又称为 L_2 范式距离、欧几里得距离或欧氏距离,两个点 $\boldsymbol{x}_i = (x_{i1}, x_{i2}, \cdots, x_{im})$ 与 $\boldsymbol{y}_j = (y_{i1}, y_{i2}, \cdots, y_{im})$ 之间的欧氏距离 $d(\boldsymbol{x}_i, \boldsymbol{y}_j)$ 定义如下:

$$d(\boldsymbol{x}_i, \boldsymbol{y}_j) = \sqrt{\sum_{k=1}^{m} |x_{ik} - y_{jk}|^2}$$

另一个常用的距离是 L_1 范式距离,又称曼哈顿距离。两个点的曼哈顿距离为每维距离之和。之所以称为"曼哈顿距离",是因为在两个点之间行进时必须沿着网格线前进,就如同沿着城市(如曼哈顿)的街道行进一样。

另一个有趣的距离形式是 L_∞ 范式距离,即切比雪夫距离,也就是当 r 趋向无穷大时 L_r 范式的极限值。当 r 增大时,只有具有最大距离的维度才真正起作用,因此,通常 L_∞ 范式距离定义为在所有维度下 $|x_i - x_j|$ 中的最大值。

考虑二维欧氏空间(即通常所说的平面)上的两个点 $(2,5)$ 和 $(5,9)$,它们的 L_2 范式距离为 $\sqrt{(2-5)^2 + (5-9)^2} = 5$,$L_1$ 范式距离为 $|2-5| + |5-9| = 7$,而 L_∞ 范式距离为 $\max(|2-5|, |5-9|) = \max(3,4) = 4$。

距离(如欧几里得距离)具有一些众所周知的性质。如果 $d(x, y)$ 表示两个点 x 和 y 之间的距离,则如下性质成立。

(1) $d(x, y) \geqslant 0$(距离非负),当且仅当 $x = y$ 时,$d(x, y) = 0$(只有点到自身的距离为0,其他的距离都大于0)。

(2) $d(x, y) = d(y, x)$(距离具有对称性)。

(3) $d(x, y) \leqslant d(x, z) + d(z, y)$(三角不等式)。

2. 马氏距离

马氏距离为数据的协方差距离,它是一种有效的计算两个未知样本集的相似度的方法,与欧氏距离不同的是,它考虑各种特性之间的联系,并且是尺度无关的(独立于测量尺度)。向量 x_i 与 y_j 之间的马氏距离定义如下:

$$d(x_i, y_j) = \sqrt{(x_i - y_j)^\top S^{-1} (x_i - y_j)}$$

其中,S 为协方差矩阵,若 S 为单位矩阵,则马氏距离变为欧氏距离。

3. 汉明距离

两个等长字符串之间的汉明距离是两个字符串对应位置的不同字符的个数。换句话说,它就是将一个字符串变换成另外一个字符串所需要替换的字符个数。例如:

"1011101"与"1001001"之间的汉明距离是2。

"2143896"与"2233796"之间的汉明距离是3。

"toned"与"roses"之间的汉明距离是3。

4. 杰卡德距离

杰卡德距离(Jaccard distance)用于衡量两个集合的差异性,它是杰卡德相似度的补集,被定义为1减去 Jaccard 相似度。Jaccard 相似度用来度量两个集合之间的相似性,它被定义为两个集合交集的元素个数除以并集的元素个数,即集合 A 和 B 的相似度 $\text{sim}(A, B)$ 为:

$$\text{sim}(A, B) = \frac{|A \cap B|}{|A \cup B|}$$

集合 A、B 的杰卡德距离 $d_J(A, B)$ 为:

$$d_J(A, B) = 1 - \text{sim}(A, B)$$

5. 非度量的相异度

有些相异度不满足一个或多个距离性质,如集合差。

设有两个集合 A 和 B，A 和 B 的集合差 $A-B$ 定义为由所有属于 A 且不属于 B 的元素组成的集合。例如，如果 $A=\{1,2,3,4\}$，而 $B=\{2,3,4\}$，则 $A-B=\{1\}$，而 $B-A=$ 空集。若将两个集合 A 和 B 之间的距离定义为 $d(A,B)=\text{size}(A-B)$，其中 size 是一个函数，则它返回集合元素的个数。该距离是大于或等于零的整数值，但不满足非负性的第二部分，也不满足对称性，同时还不满足三角不等式。然而，如果将相异度修改为 $d(A,B)=\text{size}(A-B)+\text{size}(B-A)$，则这些性质都成立。

2.1.2 数据对象之间的相似度

对象(或向量)之间的相似性可用距离和相似系数度量。距离常用来度量对象之间的相似性，距离越小，相似性越大。相似系数常用来度量向量之间的相似性，相似系数越大，相似性越大。

将距离用于相似度大小度量时，距离的三角不等式(或类似的性质)通常不成立，但是对称性和非负性通常成立。更明确地说，如果 $s(x,y)$ 是数据点 x 和 y 之间的相似度，则相似度具有如下典型性质。

(1) 仅当 $x=y$ 时，$s(x,y)=1$。($0\leqslant s\leqslant1$)

(2) 对于所有的 x 和 y，$s(x,y)=s(y,x)$。(对称性)

对于相似度，没有三角不等式性质。然而，有时可以将相似度简单地变换成一种度量距离，余弦相似性度量和 Jaccard 相似性度量就是这样的两个例子。

令 x_i、x_j 是 m 维空间中的两个向量，r_{ij} 是 x_i 和 x_j 之间的相似系数，r_{ij} 通常满足以下条件：

(1) $r_{ij}=1\Leftrightarrow x_i=x_j$。

(2) 对 $\forall x_i$、x_j，$r_{ij}\in[0,1]$。

(3) 对 $\forall x_i$、x_j，$r_{ij}=r_{ji}$。

常用的相似系数度量方法有相关系数法、夹角余弦法。

1. 二元数据的相似性度量

两个仅包含二元属性的对象之间的相似性度量也称为相似系数，并且通常在 0 和 1 之间取值，值为 1 表明两个对象完全相似，值为 0 表明对象一点也不相似。

设 x 和 y 是两个仅包含二元属性的对象，记

$f_{00}=x$ 取 0 并且 y 取 0 的属性个数；

$f_{01}=x$ 取 0 并且 y 取 1 的属性个数；

$f_{10}=x$ 取 1 并且 y 取 0 的属性个数；

$f_{11}=x$ 取 1 并且 y 取 1 的属性个数。

一种常用的相似性系数是简单匹配系数。简单匹配系数(Simple Matching Coefficient，SMC)的定义如下：

$$\text{SMC}=\frac{\text{值匹配的属性个数}}{\text{属性个数}}=\frac{f_{11}+f_{00}}{f_{01}+f_{10}+f_{11}+f_{00}}$$

该度量对出现和不出现都进行计数。因此，SMC 可以在一个仅包含是非题的测验中

用来发现回答问题相似的学生。

Jaccard 系数(Jaccard coefficient),假定 x 和 y 是两个数据对象,代表一个事务矩阵的两行(两个事务)。如果每个非对称的二元属性对应商店的一种商品,则 1 表示该商品被购买,而 0 表示该商品未被购买。由于未被顾客购买的商品数远大于被其购买的商品数,因而像 SMC 这样的相似性度量将会判定所有的事务都是类似的。这样,常常使用 Jaccard 系数处理仅包含非对称的二元属性的对象。Jaccard 系数通常用符号 J 表示,由如下等式定义:

$$J = \frac{匹配的个数}{不涉及 0-0 匹配的属性个数} = \frac{f_{11}}{f_{01} + f_{10} + f_{11}}$$

【例 2-1】 SMC 和 J 相似性系数。

为了解释 SMC 和 J 这两种相似性度量之间的差别,我们对如下二元向量计算 SMC 和 J:

$$x = (1, 0, 0, 0, 0, 0, 0, 0, 0, 0)$$
$$y = (0, 0, 0, 0, 0, 0, 1, 0, 0, 1)$$

x 取 0 并且 y 取 1 的属性个数,$f_{01} = 2$;

x 取 1 并且 y 取 0 的属性个数,$f_{10} = 1$;

x 取 0 并且 y 取 0 的属性个数,$f_{00} = 7$;

x 取 1 并且 y 取 1 的属性个数,$f_{11} = 0$。

$$SMC = \frac{f_{11} + f_{00}}{f_{01} + f_{10} + f_{11} + f_{00}} = \frac{0+7}{2+1+0+7} = 0.7$$

$$J = \frac{f_{11}}{f_{01} + f_{10} + f_{11}} = \frac{0}{2+1+0} = 0$$

2. 相关系数法度量向量之间的相似性

令 x_i、x_j 是 m 维空间中的两个向量,$x_i = \frac{1}{m}\sum_{k=1}^{m} x_{ik}$,$x_j = \frac{1}{m}\sum_{k=1}^{m} x_{jk}$,$x_i$ 和 x_j 之间的相

关系数 $r_{ij} = \dfrac{\sum_{k=1}^{m}(x_{ik}-x_i)(x_{jk}-x_j)}{\sqrt{\sum_{k=1}^{m}(x_{ik}-x_i)^2}\sqrt{\sum_{k=1}^{m}(x_{jk}-x_j)^2}}$,取值范围为 $[-1,1]$,其中,0 表示不

相关,1 表示正相关,−1 表示负相关。相关系数的绝对值越大,表明 x_i 与 x_j 相关度越高。当 x_i 与 x_j 线性相关时,相关系数取值为 1(正线性相关)或 −1(负线性相关)。

3. 余弦相似度

余弦相似度也称为余弦距离,是用向量空间中两个向量夹角的余弦值作为衡量两个个体间差异的大小的度量。余弦距离在有维度的空间下才有意义,这些空间有欧氏空间和离散欧氏空间。在上述空间下,点可以表示方向,两个点的余弦距离实际上是点所代表的向量之间的夹角的余弦值。

给定向量 x 和 y，其夹角 θ 的余弦 $\cos\theta$ 等于它们的内积除以两个向量的 L_2 范式距离（即它们到原点的欧氏距离）的乘积：

$$\cos\theta = \frac{x \cdot y}{\|x\| \cdot \|y\|}$$

$\cos\theta$ 的范围为 $[-1,1]$，$\cos\theta=0$，即两向量正交时，表示完全不相似。

相比距离度量，余弦相似度更注重两个向量在方向上的差异，而非在距离或长度上的差异。

【例 2-2】 假设新闻 a 和新闻 b 对应的向量分别是 $x(x_1,x_2,\cdots,x_{100})$ 和 $y(y_1,y_2,\cdots,y_{100})$，则新闻 a 和新闻 b 的余弦相似度 $\cos\theta = \dfrac{x_1y_1+x_2y_2+\cdots+x_{100}y_{100}}{\sqrt{x_1^2+x_2^2+\cdots+x_{100}^2}\sqrt{y_1^2+y_2^2+\cdots+y_{100}^2}}$。

当两条新闻向量夹角等于 0° 时，这两条新闻完全重复；当夹角接近于 0° 时，两条新闻相似；夹角越大，两条新闻越不相关。

4. 编辑距离

编辑距离只适用于比较两个字符串之间的相似性。字符串 $x=x_1x_2\cdots x_n$ 与 $y=y_1y_2\cdots y_n$ 的编辑距离指的是用最少的字符操作数目将字符串 x 转换为字符串 y。这里所说的字符操作包括：将一个字符替换成另一个字符，插入一个字符，删除一个字符。将字符串 x 变换为字符串 y 所用的最少字符操作数称为字符串 x 到 y 的编辑距离，表示为 $d(x,y)$。一般来说，字符串编辑距离越小，两个串的相似度越大。

【例 2-3】 两个字符串 $x=$ "eeba" 和 $y=$ "abac" 的编辑距离为 3。将 x 转换为 y，需要进行如下操作：

(1) 将 x 中的第一个 e 替换成 a；

(2) 删除 x 中的第二个 e；

(3) 在 x 的最后添加一个 c。

编辑距离具有下面几个性质。

(1) 两个字符串的最小编辑距离是两个字符串的长度差。

(2) 两个字符串的最大编辑距离是两字符串中较长字符串的长度。

(3) 只有两个相等字符串的编辑距离才会为 0。

(4) 编辑距离满足三角不等式，即 $d(x,z)\leqslant d(x,y)+d(y,z)$。

2.2　基于梯度的优化方法

2.2.1　方向导数

1. 方向导数的定义

定义　方向导数. 设 l 是 xOy 平面上以 $P_0(x_0,y_0)$ 为始点的一条射线，$e_l=(\cos\alpha,\cos\beta)$ 是与 l 同方向的单位向量，如图 2-1 所示，射线 l 的参数方程为

$$\begin{cases} x = x_0 + \rho\cos\alpha \\ y = y_0 + \rho\cos\beta \end{cases} \quad (\rho \geqslant 0)$$

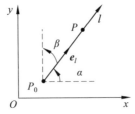

图 2-1　方向导数示意图(一)

函数 $z = f(x, y)$ 在点 $P_0(x_0, y_0)$ 的某个邻域 $U(P_0)$ 内有定义, $P(x_0 + \rho cosa, y_0 + \rho\cos\beta)$ 为 l 上另一点,且 $P \in U(P_0)$,则 $|PP_0| = \rho$,

$$\Delta z = f(P) - f(P_0) = f(x_0 + \rho\cos\alpha, y_0 + \rho\cos\beta) - f(x_0, y_0)$$

若 $\lim\limits_{P \to P_0} \dfrac{\Delta z}{|PP_0|} = \lim\limits_{P \to 0^+} \dfrac{f(x_0 + \rho\cos\alpha, y_0 + \rho\cos\beta) - f(x_0, y_0)}{\rho}$ 的极限存在,则称此极限为

函数 $f(x, y)$ 在点 P_0 沿方向 l 的方向导数,记作 $\dfrac{\partial f}{\partial l}\Big|_{(x_0, y_0)}$,即

$$\frac{\partial f}{\partial l}\Big|_{(x_0, y_0)} = \lim\limits_{\rho \to 0^+} \frac{f(x_0 + \rho\cos\alpha, y_0 + \rho\cos\beta) - f(x_0, y_0)}{\rho}$$

方向导数的另一种表现形式(示意图如图 2-2 所示)如下。

$$\begin{aligned} \frac{\partial f}{\partial l}\Big|_{(x_0, y_0)} &= \lim\limits_{\rho \to 0^+} \frac{f(x_0 + \rho\cos\alpha, y_0 + \rho\cos\beta) - f(x_0, y_0)}{\rho} \\ &= \lim\limits_{\substack{\Delta x \to 0 \\ \Delta y \to 0}} \frac{f(x_0 + \Delta x, y_0 + \Delta y) - f(x_0, y_0)}{\sqrt{(\Delta x)^2 + (\Delta y)^2}} \end{aligned}$$

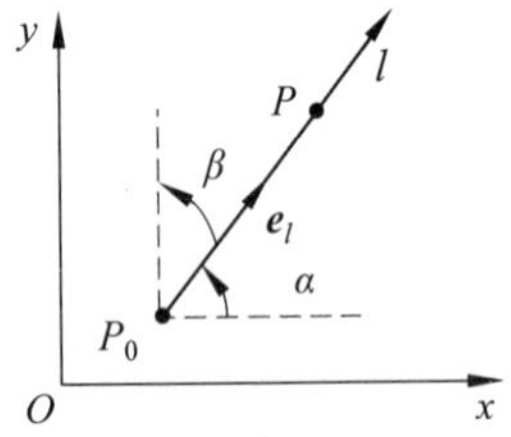

图 2-2　方向导数示意图(二)

其中 $\Delta x = \rho\cos\alpha, \Delta y = \rho\cos\beta, \rho = |PP_0| = \sqrt{(\Delta x)^2 + (\Delta y)^2}$。

2. 方向导数的几何意义

方向导数 $\dfrac{\partial f}{\partial l}\Big|_{P_0}$ 就是函数 $z = f(x, y)$ 在点 P_0 沿方向 l 的变化率。

3. 方向导数的计算

1) 用定义

令 $\varphi(\rho) = f(x_0 + \rho\cos\alpha, y_0 + \rho\cos\beta)$,则

$$\begin{aligned} \frac{\partial f}{\partial l}\Big|_{(x_0, y_0)} &= \lim\limits_{\rho \to 0^+} \frac{f(x_0 + \rho\cos\alpha, y_0 + \rho\cos\beta) - f(x_0, y_0)}{\rho} \\ &= \lim\limits_{\rho \to 0^+} \frac{\varphi(\rho) - \varphi(\rho)}{\rho} = \varphi'_+(0) \end{aligned}$$

本质上,方向导数的计算可归结为一元函数导数的计算。

【例 2-4】　求 $f(x,y)=xy$ 在点 $(1,2)$ 处沿方向 $e_l=(\cos m,\cos n)$ 的方向导数。

解：$(x_0,y_0)=(1,2)$，$\cos\alpha=\cos m$，$\cos\beta=\cos n$，

$$\varphi(\rho)=(1+\rho\cos m)(2+\rho\cos n)=2+\rho(2\cos m+\cos n)+\rho^2\cos m\cos n$$

$$\left.\frac{\partial f}{\partial l}\right|_{(1,2)}=\varphi'_+(0)=2\cos m+\cos n$$

2）用公式

定理：若函数 $f(x,y)$ 在点 $P_0(x_0,y_0)$ 处可微，则函数在该点沿任一方向 l 的方向导数都存在，且有 $\left.\dfrac{\partial f}{\partial l}\right|_{(x_0,y_0)}=f_x(x_0,y_0)\cos\alpha+f_y(x_0,y_0)\cos\beta$，其中 $\cos\alpha$、$\cos\beta$ 为 l 的方向余弦。

证明：由函数 $f(x,y)$ 在点 $P_0(x_0,y_0)$ 可微，得

$$\Delta f=f_x(x_0,y_0)\Delta x+f_y(x_0,y_0)\Delta y+o(\rho)$$
$$=\rho[f_x(x_0,y_0)\cos\alpha+f_y(x_0,y_0)\cos\beta]+o(\rho)$$

故 $\left.\dfrac{\partial f}{\partial l}\right|_{(x_0,y_0)}=\lim\limits_{\rho\to0^+}\dfrac{\Delta f}{\rho}=f_x(x_0,y_0)\cos\alpha+f_y(x_0,y_0)\cos\beta$

【例 2-5】　求函数 $z=xe^{2y}$ 在点 $P(1,0)$ 处沿点 $P(1,0)$ 到点 $Q(2,1)$ 方向的方向导数。

解　$l=PQ=(1,-1)$，$\dfrac{l}{l}=\left(\dfrac{1}{\sqrt2},-\dfrac{1}{\sqrt2}\right)=(\cos\alpha,\cos\beta)$

因为 $\left.\dfrac{\partial z}{\partial x}\right|_{(1,0)}=e^{2y}\big|_{(1,0)}=1$，$\left.\dfrac{\partial z}{\partial y}\right|_{(1,0)}=2xe^{2y}\big|_{(1,0)}=2$

所以所求方向导数 $\left.\dfrac{\partial z}{\partial l}\right|_{(1,0)}=\left(\dfrac{\partial z}{\partial x}\cos\alpha+\dfrac{\partial z}{\partial x}\cos\beta\right)\Big|_{(1,0)}=1\times\dfrac{1}{\sqrt2}+2\times\left(-\dfrac{1}{\sqrt2}\right)=-\dfrac{\sqrt2}{2}$。

【例 2-6】　设从 x 轴正方向到射线 l 的转角为 α，求函数 $z=2-(x^2+y^2)$ 在点 $P(1,1)$ 沿射线 l 方向的方向导数，问 l 是怎样的方向时，此方向导数（1）取得最大值；（2）取得最小值；（3）等于零。

解：由方向导数的计算公式知

$$\left.\frac{\partial z}{\partial l}\right|_{(1,1)}=z_x(1,1)\cos\alpha+z_y(1,1)\cos\beta$$
$$=(-2x)\big|_{(1,1)}\cos\alpha+(-2y)\big|_{(1,1)}\sin\alpha$$
$$=-2(\cos\alpha+\sin\alpha)=-2\sqrt2\sin\left(\alpha+\frac{\pi}{4}\right)$$

故当 $\alpha=\dfrac{\pi}{4}$ 时，方向导数达到最小值 $-2\sqrt2$；当 $\alpha=\dfrac{5\pi}{4}$ 时，方向导数达到最大值 $2\sqrt2$；当 $\alpha=\dfrac{3\pi}{4}$ 和 $\alpha=\dfrac{7\pi}{4}$ 时，方向导数等于 0。

2.2.2　梯度

设三元函数 $f(x,y,z)$ 在三维空间域 V 上存在所有的偏导数。

定义 梯度.向量 $\left(\dfrac{\partial f}{\partial x}, \dfrac{\partial f}{\partial y}, \dfrac{\partial f}{\partial z}\right) = \dfrac{\partial f}{\partial x}\boldsymbol{i} + \dfrac{\partial f}{\partial y}\boldsymbol{j} + \dfrac{\partial f}{\partial z}\boldsymbol{k}$ 称为函数 $f(x,y,z)$ 在点 $P(x,$ $y,z)$ 的梯度,记为 $\mathbf{grad}\,f(P)$ 或 $\nabla f(P)$,即

$$\mathbf{grad}\,f(P) = \nabla f(P) = \left(\dfrac{\partial f}{\partial x}, \dfrac{\partial f}{\partial y}, \dfrac{\partial f}{\partial z}\right)$$

如果 l 是过点 P 的射线,l 的方向余弦是 $\cos\alpha$、$\cos\beta$、$\cos\gamma$,函数 $f(x,y,z)$ 在点 P 沿射线 l 的方向导数 $\dfrac{\partial f}{\partial l} = \dfrac{\partial f}{\partial x}\cos\alpha + \dfrac{\partial f}{\partial y}\cos\beta + \dfrac{\partial f}{\partial x}\cos\gamma$。

已知 $\boldsymbol{l} = (\cos\alpha, \cos\beta, \cos\gamma)$ 是射线 l 的单位向量,由向量内积公式,有

$$\dfrac{\partial f}{\partial l} = \left(\dfrac{\partial f}{\partial x}, \dfrac{\partial f}{\partial y}, \dfrac{\partial f}{\partial z}\right)(\cos\alpha, \cos\beta, \cos\gamma) = \mathbf{grad}\,f(P) \cdot \boldsymbol{l}$$

$$= \mathbf{grad}\,f(P) \mid \mid \boldsymbol{l} \mid \cos\theta = \mid \mathbf{grad}\,f(P) \mid \cos\theta \tag{2-1}$$

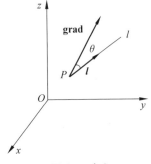

图 2-3 角 θ

其中角 θ 是在点 P 的梯度向量 $\mathbf{grad}f(P)$ 与单位向量 $\boldsymbol{l}$ 的夹角,如图 2-3 所示。

由式(2-1)不难看出,仅当 $\theta=0$ 时,即单位向量 $\boldsymbol{l}$(也就是射线 l)的方向与梯度 $\mathbf{grad}f(P)$ 的方向一致时,方向导数 $\dfrac{\partial f}{\partial l}$ 才能取到最大值。换句话说,梯度的方向就是函数 $f(x, y,z)$ 在点 P 变化率最快(或最大)的方向。

梯度的几何意义:当函数 $f(x,y,z)$ 沿梯度方向变化时,其增加最快,函数在这个方向的方向导数达到最大值,其最大值等于梯度的模,即 $\max\limits_{l}\dfrac{\partial f}{\partial l}\Big|_{P} = \mid \mathbf{grad}\,f(P) \mid$;当函数 $f(x,y,z)$ 沿与梯度方向相反的方向变化时,其减少最快,函数在这个方向的方向导数达到最小值,其最小值等于梯度的模的负值,即 $\max\limits_{l}\dfrac{\partial f}{\partial l}\Big|_{P} = \mid \mathbf{grad}\,f(P) \mid$。

2.2.3 梯度下降优化方法

在机器学习中经常用梯度下降优化方法最小化目标函数 $J(\theta)$,进而求出目标函数取最小值时函数的参数 θ。为了直观,这里以含有两个未知参数的目标函数 $J(\theta_1, \theta_2)$ 为代表讨论梯度下降优化方法。对于二元函数 $y=J(\theta_1, \theta_2)$,沿梯度正方向,函数值将以最快速度增大;沿梯度负方向,函数值将以最快速度下降。

1. 梯度下降方法的基本思路

对于 $y=J(\theta_1, \theta_2)$,如果在 $\theta^0 = (\theta_1^0, \theta_2^0)^{\mathrm{T}}$ 点选取负梯度方向 $\boldsymbol{l}_0 = -\nabla J(\theta_1^0, \theta_2^0)$ 作为迭代方向,那么目标函数 $y=J(\theta_1, \theta_2)$ 的值将以最快速度下降,即自变量取

$$\theta = \theta^0 + \eta \cdot \boldsymbol{l}_0 = \theta^0 - \eta \cdot \nabla J(\theta_1^0, \theta_2^0)$$

函数值将以最快速度下降,其中步长 η 的值尚未确定,为了确定 η 值,沿半直线方向 $\theta^0 +$ $\eta \cdot \boldsymbol{l}_0 (\eta \geqslant 0)$ 作一维搜索,即求 $\min\limits_{\eta \geqslant 0} J(\theta^0 + \eta \cdot \boldsymbol{l}_0)$,将求得的 η 值记为 η_0,从而可以得到一

个新点 $\theta^1=\theta^0+\eta\cdot l_0$，将这种步骤继续进行下去，就可得到一串最快下降点列：

$$\theta^0,\theta^1,\theta^2,\cdots$$
$$\theta^1=\theta^0-\eta_0\cdot\nabla J(\theta^0)$$
$$\theta^2=\theta^1-\eta_1\cdot\nabla J(\theta^1)$$
$$\cdots$$
$$\theta^{k+1}=\theta^k-\eta_k\cdot\nabla J(\theta^k),\quad k=0,1,2,\cdots$$

上述式子称为梯度下降迭代公式。

可以证明，在一定条件下，最速下降点列 $\{\theta^k\}$ 当 $k\rightarrow+\infty$ 时，收敛于函数 $y=J(\theta_1,\theta_2)$ 的某个局部极小点 θ^*，并且它的收敛速度是线性(一阶)收敛的。

2. 梯度下降方法的迭代步骤

(1) 给出初始点 θ^0，计算精度 $\varepsilon>0$，并令 $k=0$；

(2) 计算 $\nabla J(\theta^k)$；

(3) 如果 $\|\nabla J(\theta^k)\|<\varepsilon$，则迭代结束，取 $\theta^*=\theta^k$，否则转(4)；

(4) 进行一维搜索 $\min\limits_{\eta\geqslant0}J(\theta^k+\eta\cdot\nabla J(\theta^k))$，将求得的 η 值记为 η_k；

(5) 令 $\theta^{k+1}=\theta^k-\eta_k\nabla J(\theta^k)$；$k=k+1$，返回(2)。

【例 2-7】 用梯度下降法求解 $f(x)=f(x_1,x_2)=0.8x_1^2+x_2^2$ 的最小值，初始点取为 $x^0=(1,1)^\mathrm{T}$，计算精度要求为 $\varepsilon=0.05$。

解：

第一轮迭代：

(1) 初始值：$x^0=(1,1)^\mathrm{T}$，$\varepsilon=0.05$，令 $k=0$；

(2) 计算 $\nabla f(x)=(1.6x_1,2x_1)^\mathrm{T}$，$\nabla f(x^0)=(1.6,2)^\mathrm{T}$；

(3) 判断 $\|\nabla f(x^0)\|=\sqrt{1.6+2^2}=2.56>\varepsilon$；

(4) 进行一维搜索

$$x=x^0-\eta\cdot\nabla f(x^0)=\begin{pmatrix}1\\1\end{pmatrix}-\eta\cdot\begin{pmatrix}1.6\\2\end{pmatrix}=\begin{pmatrix}1-1.6\\1-2\eta\end{pmatrix}$$

$$\min_{\eta\geqslant0}f(x)=\min_{\eta\geqslant0}f(1-1.6\eta,1-2\eta)=\min_{\eta\geqslant0}(0.8(1-1.6\eta)^2+(1-2\eta^2))$$

求得 $\eta_0=0.54$；

(5) 由此得 $x^1=\begin{pmatrix}1-1.6\times0.54\\1-2\times0.54\end{pmatrix}=\begin{pmatrix}0.136\\-0.081\end{pmatrix}$，返回(2)。

第二轮迭代：

(2) 计算 $\nabla f(x^1)=\begin{pmatrix}1-1.6\times0.136\\2\times(-0.081)\end{pmatrix}=\begin{pmatrix}0.217\\-0.016\end{pmatrix}$；

(3) 判断 $\|\nabla f(x^2)\|=\sqrt{0.217^2+(-0.16)^2}=0.269>\varepsilon$；

(4) 进行一维搜索

$$x=x^1-\eta\cdot\nabla f(x^1)=\begin{pmatrix}0.136-0.217\eta\\-0.081+0.16\eta\end{pmatrix}$$

$$\min f(x) = \min_{\eta \geqslant 0} f(0.136 - 0.217\eta, -0.081 + 0.16\eta)$$

求得 $\eta_1 = 0.58$;

(5) 求得 $x^2 = x^1 - \eta_1 \cdot \nabla f(x^1) = \begin{pmatrix} 0.136 - 0.217 \times 0.58 \\ -0.081 + 0.16 \times 0.58 \end{pmatrix} = \begin{pmatrix} 0.0124 \\ 0.0128 \end{pmatrix}$,返回(2)。

第三轮迭代:

(2) 计算 $\nabla f(x^2) = \begin{pmatrix} 0.0198 \\ 0.0256 \end{pmatrix}$;

(3) 判断 $\| \nabla f(x^2) \| = 0.032 < \varepsilon$,结束。

因此,精确的最优解是 $x^* = \begin{pmatrix} 0 \\ 0 \end{pmatrix}$,在所给计算精度要求下,用 $x^* \approx x^2 = \begin{pmatrix} 0.0124 \\ 0.0128 \end{pmatrix}$ 是可以的。

【例 2-8】 下面用简化梯度下降算法求函数 $f(x) = x^2$ 的最小值。

解:简化梯度下降算法的解题步骤如下。

(1) 求梯度,∇;

(2) 向梯度相反的方向移动 x,如下:

$$x = x - \alpha \nabla$$

其中,α 为步长,它在迭代过程中为常数。如果步长足够小,则可以保证每一次迭代都可使函数值减小,但可能导致收敛太慢;如果步长太大,则不能保证每一次迭代都使函数值减少,也不能保证收敛。

(3) 循环迭代步骤(2),直到 x 的值变化到使得 $f(x)$ 在两次迭代之间的函数值的差值足够小,比如 0.000 000 01。也就是说,直到两次迭代计算出来 $f(x)$ 基本没有变化,则说明此时 $f(x)$ 已经达到局部最小值了。

(4) 此时,输出 x,这个 x 就是使得函数 $f(x)$ 最小时的 x 的取值。

2.3 概率与统计基础

2.3.1 概率基础

概率是概率论的基本概念。随机试验所有可能结果组成的集合称为它的样本空间,用符号 Ω 表示。样本空间可以是有限(或无限)多个离散点,也可以是有限(或无限)的区间。

随机事件是随机试验结果(样本点)组成的集合,一般用大写字母 A、B、…表示。随机事件里有 3 个特殊的随机事件:基本事件,仅由一个样本点组成的集合;必然事件,全部样本点组成的集合,用 Ω 表示;不可能事件,不包含任何样本点的集合,用 $\varnothing$ 表示。

若事件 A 和 B 满足 $A \cap B = \varnothing$,则称事件 A 与 B 互斥,也叫互不相容事件,它们没有公共样本点,表示这些事件不会同时发生。

其中必有一个事件发生的两个互斥事件叫作对立事件。若 A 与 B 是对立事件(互逆),则 A 与 B 互斥且 $A + B$ 为必然事件。事件 A 的对立事件可表示为 $\overline{A}$。

注意：对立必然互斥，互斥不一定对立。

一般地，对于 Ω 中的一个随机事件 A，我们把刻画其发生可能性大小的数值称为随机事件 A 发生的概率，记为 $P(A)$。概率从数量上刻画了一个随机事件发生的可能性大小，$P(A)$ 满足如下性质。

非负性：对任意事件 A，有 $P(A) \geqslant 0$；

规范性：对必然事件 Ω，有 $P(\Omega) = 1$；

无穷可加：对任意两两不相容的随机事件 $A_1 + A_2 + \cdots$，都有：

$$P(A_1 + A_2 + \cdots) = P(A_1) + P(A_2) + \cdots$$

概率的运算性质：

性质 1. 不可能事件的概率为零：$P(\varnothing) = 0$；

性质 2. 有限可加性：对有限个两两不相容的随机事件 $A_1 + A_2 + \cdots + A_m$，有：

$$P(A_1 + A_2 + \cdots + A_m) = P(A_1) + P(A_2) + \cdots + P(A_m)$$

性质 3. 对立事件的概率：$P(\overline{A}) = 1 - P(A)$。

性质 4. 加法公式：对任意两个事件 A、B，都有 $P(A \bigcup B) = P(A) + P(B) - P(AB)$。

推论：$P(A \bigcup B) \leqslant P(A) + P(B)$

性质 5. 设 A、B 是两个事件，若 $A \subset B$，则 $P(A) \leqslant P(B)$。

性质 6. 对任意的事件 A，有 $P(A) \leqslant 1$。

性质 7. 概率的乘法公式，设 A、B 是同一样本空间中的两个事件，若 $P(A) > 0$，则

$$P(AB) = P(A)P(B \mid A)$$

一般的乘法公式：

若 $A_1, A_2, \cdots, A_n$ 是任意 n 个随机事件，并且 $P(A_1 A_2 \cdots A_n)$，则有：

$$P(A_1 A_2 \cdots A_n) = P(A_1)P(A_2 \mid A_1)P(A_3 \mid A_1 A_2) \cdots P(A_n \mid A_1 A_2 \cdots A_{n-1})$$

下面给出条件概率、全概率公式、先验概率、后验概率的描述。

1. 条件概率

条件概率是一种带有附加条件的概率，即事件 A 发生的概率随事件 B 是否发生而变化，则在事件 B 已发生的前提下，事件 A 发生的概率叫作事件 B 发生下事件 A 的条件概率，记为 $P(A|B)$。设 A、B 是同一样本空间中的两个事件，若 $P(B) > 0$，则计算条件概率 $P(A|B)$ 的公式如下：

$$P(A \mid B) = \frac{P(AB)}{P(B)}$$

从条件概率公式可知：事件 B 发生的前提下，事件 A 发生的条件概率 $P(A|B)$ 等于事件 AB 同时发生的概率 $P(AB)$ 除以事件 B 发生的概率 $P(B)$。

条件概率满足概率的所有性质与计算公式，只把条件添加在相应的公式后即可。

$$0 \leqslant P(A \mid B) \leqslant 1$$
$$P(A \bigcup C \mid B) = P(A \mid B) + P(C \mid B) - P(AC \mid B)$$
$$P(\overline{A} \mid B) = 1 - P(A \mid B)$$

事实上,无条件概率可以看成条件概率的特例:
$$P(B) = P(A \mid B)$$

【例 2-9】 盒中有 4 个产品,其中 3 个一等品,1 个二等品,从中取两次,每次任取一个。已知第一次取出的是一等品,求第二次取到一等品的概率。

解. 分别用 A、B 表示两个随机事件:$A = \{$第一次取出的是一等品$\}$,$B = \{$第二次取出的是一等品$\}$。问题转化为计算条件概率 $P(B \mid A)$,根据定义,需要求出 $P(A)$ 与 $P(AB)$。

从 4 个产品(包含 3 个一等品)中随机取出一个一等品,因此 $P(A) = 3/4 = 0.75$。

AB 含义是"从 3 个一等品和 1 个二等品的 4 个产品中无放回地接连取两个产品,取到的都是一等品",因此 $P(AB) = C_3^2/C_4^2 = 0.5$。

最后,根据条件概率的定义,有:$P(B \mid A) = 0.5/0.75 = 2/3$。

2. 全概率公式

概率的乘法公式:$P(AB) = P(A)P(B \mid A)$,其中 $P(A) > 0$。

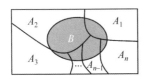

图 2-4 $A_1, A_2, \cdots, A_n$ 与 B 之间的维恩图

设 $A_1, A_2, \cdots, A_n$ 为一个完备事件组,即它们两两互不相容,其和为全集,对任一事件 B,有 $B = \Omega B = (A_1 + A_2 + \cdots + A_n)B = A_1 B + A_2 B + \cdots + A_n B$,$A_1, A_2, \cdots, A_n$ 与 B 的关系可用图 2-4 所示的维恩图表示。

显然,$A_1 B$、$A_2 B$、$\cdots$、$A_n B$ 也两两互不相容,由概率的可加性及乘法公式,有

$$P(B) = P(A_1 B + A_2 B + \cdots + A_n B) = \sum_{i=1}^{n} P(A_i B)$$

$$= \sum_{i=1}^{n} P(A_i)P(B \mid A_i)$$

这个公式称为全概率公式。

全概率公式的主要用途是将一个复杂事件的概率计算问题分解为若干简单事件的概率计算问题,最后应用概率的可加性求出最终结果。

【例 2-10】 一个公司有甲、乙、丙 3 个分厂生产的同一品牌的产品,已知 3 个分厂生产的产品所占的比例分别为 30%、20%、50%,且 3 个分厂的次品率分别为 3%、3%、1%,试求市场上该品牌产品的次品率。

解: 设 A_1、A_2、A_3 分别表示买到一件甲、乙、丙的产品;B 表示买到一件次品,显然 A_1、A_2、A_3 构成一个完备事件组,由题意有 $P(A_1) = 0.3$,$P(A_2) = 0.2$,$P(A_3) = 0.5$,$P(B \mid A_1) = 0.03$,$P(B \mid A_2) = 0.03$,$P(B \mid A_3) = 0.01$,由全概率公式,有

$$P(B) = \sum_{i=1}^{3} P(A_i)P(B \mid A_i)$$

$$= 0.3 \times 0.03 + 0.2 \times 0.03 + 0.5 \times 0.01 = 0.02$$

【例 2-11】 小王从家到公司上班总共有 3 条路可以直达,但是每条路每天拥堵的可能性不太一样,由于路的远近不同,选择每条路的概率如下:

$$P(L_1)=0.5, \quad P(L_2)=0.3, \quad P(L_3)=0.2$$

每天上述 3 条路不拥堵的概率分别为：

$$P(C_1)=0.2, \quad P(C_2)=0.4, \quad P(C_3)=0.7$$

假设遇到拥堵会迟到，那么小王从家到公司不迟到的概率是多少？

解：事实上，不迟到就对应着不拥堵，设事件 C 为到公司不迟到，事件 L_i 为选择第 i 条路，则：

$$P(C)=P(L_1)P(C\,|\,L_1)+P(L_2)P(C\,|\,L_2)+P(L_3)P(C\,|\,L_3)$$
$$P(C)=P(L_1)P(C_1)+P(L_2)P(C_2)+P(L_3)P(C_3)$$
$$P(C)=0.5\times0.2+0.3\times0.4+0.2\times0.7=0.3$$

总结：全概率表示达到某个目的有多种方式（或者造成某种结果有多种原因），问达到目的的概率是多少（造成这种结果的概率是多少）。

在生活中经常遇到这种情况：虽然可以很容易地直接得出 $P(A\,|\,B)$，$P(B\,|\,A)$ 却很难直接得出，但我们更关心 $P(B\,|\,A)$。下面的贝叶斯定理能帮助我们由 $P(A\,|\,B)$ 求得 $P(B\,|\,A)$。

3. 先验概率

事情还没有发生，根据以往的经验判断事情发生的概率，是"由因求果"的体现。

扔一个硬币，在扔之前就知道正面向上的概率为 0.5。这是根据我们之前的经验得到的。这个 0.5 就是先验概率。

4. 后验概率

事情已经发生了，有多种原因，判断事情的发生是由哪一种原因引起的，是"由果求因"的体现。

今天上班迟到了，有两个原因：一个是堵车；一个是生病了。后验概率就是根据结果（迟到）计算原因（堵车/生病）的概率。

数学表达上，后验概率和条件概率有相同的形式。

$$P(堵车\,|\,迟到)=\frac{P(堵车且迟到)}{P(迟到)}=\frac{P(迟到\,|\,堵车)P(堵车)}{P(迟到)}$$

2.3.2　常用的概率分布

概率分布用于表述随机变量取值的概率规律。

1. 离散型概率分布

1) 两点分布

如果随机变量 X 只可能取 0 与 1 两个值，则它的分布满足

$$p_k=P(X=k)=\begin{cases}p, & k=1 \\ 1-p, & k=0\end{cases}$$

这里，$0<p<1$，则称 X 服从 0-1 分布或两点分布，记为 $X\sim b(1,p)$。由于 k 的取值只能

为 0 或者 1,因此上面的 $P(X=k)$ 可写为如下形式:

$$P(X=k)=p^k(1-p)^{1-k}$$

两点分布是最简单的一种分布,任何一个只有两种可能结果的随机现象,比如明天是否下雨、种籽是否发芽等,都可用两点分布刻画。

2) 几何分布

如果随机变量 X 满足

$$P(X=k)=p(1-p)^{k-1}$$

其中 $k=1,2,3,\cdots,0<p<1$,则称 X 服从几何分布 $g(p)$,记为 $X\sim g(p)$。在实际应用中,若多次随机试验相互独立,则可以定义服从几何分布的随机变量来描述随机事件的"首次出现"。

3) 二项分布

若试验 E 只有两种结果,发生(A)或不发生($\overline{A}$),并且 $P(A)=p$,$P(\overline{A})=1-p$,$0<p<1$,则把 E 独立地重复 n 次的试验称为 n 重伯努利试验。n 重伯努利试验中事件 A 发生的次数 X 所服从的分布即为二项分布,记为 $X\sim B(n,p)$,其概率公式如下:

$$P(X=k)=C_n^k p^k(1-p)^k$$

在实际应用中,若多次随机试验相互独立,则可以定义服从二项分布的随机变量来描述随机事件的出现次数。

2. 连续型概率分布

概率密度函数 $f(x)$ 给出了随机变量落在某值 x_i 邻域内的概率变化快慢,概率密度函数的值不是概率,而是概率的变化率。随机变量落在某个区域之内的概率则为概率密度函数在这个区域上的积分。

1) 均匀分布

若连续型随机变量 X 具有概率密度函数 $f(x)$:

$$f(x)=\begin{cases}\dfrac{1}{b-a}, & a<x<b \\ 0, & \text{其他}\end{cases}$$

则称 X 在区间 (a,b) 上服从均匀分布,记为 $X\sim U(a,b)$,X 落在区间 (a,b) 中任意等长度的子区间的可能性是相同的。在实际应用中,若随机试验的结果落在区间 (a,b) 内任意一点的可能性都相等,则可以定义服从均匀分布的随机变量加以描述。

若 X 服从均匀分布,则 X 的分布函数为:

$$F(x)=\begin{cases}0, & x<a \\ \dfrac{x-a}{b-a}, & a\leqslant x\leqslant b \\ 1, & x\geqslant b\end{cases}$$

2) 指数分布

若连续型随机变量 X 具有概率密度函数 $f(x)$:

$$f(x)=\begin{cases}\lambda e^{-\lambda x}, & x>0 \\ 0, & \text{其他}\end{cases}$$

其中,若 $\lambda > 0$,为常数,则称 X 服从参数为 λ 的指数分布,记为 $X \sim E(\lambda)$。指数分布具有无记忆性,对任意的 $s,t > 0$,有 $P(X > s + t \mid X > s) = P(X > t)$。

若 X 服从指数分布,则 X 的分布函数为:

$$F(x) = \begin{cases} 1 - \lambda e^{-\lambda x}, & x > 0 \\ 0, & x \leqslant 0 \end{cases}$$

某些元件或设备的寿命服从指数分布,例如无线电元件的寿命、电力设备的寿命等都服从指数分布。

3)正态分布

正态分布是应用最广泛的一种连续型分布。若随机变量 X 的概率密度为:

$$f(x) = \frac{1}{\sigma \sqrt{2\pi}} e^{-\frac{(x-\mu)^2}{2\sigma^2}}, \quad -\infty < x < \infty$$

其中 μ、$\sigma(\sigma > 0)$ 为参数,则称 X 服从参数为 μ、σ 的正态分布(又称高斯分布),记为 $X \sim N(\mu\sigma^2)$。$f(x)$ 所确定的曲线叫作正态曲线。

正态分布的概率密度函数 $f(x)$ 的图形具有以下性质:

① 曲线关于 $x = \mu$ 对称。

② 当 $x = \mu$ 时取到最大值 $f(\mu) = \dfrac{1}{\sigma \sqrt{2\pi}}$。

③ 如果固定 σ,改变 μ 的值,则图形沿着 x 轴平移,而不改变其形状,因此 μ 称为位置参数,μ 决定了图形的中心位置。

④ 如果固定 μ,改变 σ 的值,则 σ 越小,图形变得越尖,因而 X 落在 μ 附件的概率越大,σ 决定了图形中峰的陡峭程度。

若 $X \sim N(\mu\sigma^2)$,则 X 分布函数是:

$$F(x) = \frac{1}{\sqrt{2\pi} \cdot \sigma} \int_{-\infty}^{x} e^{-\frac{(t-\mu)^2}{2\sigma^2}} dt, \quad -\infty < x\infty$$

在正常条件下,年降雨量、各种产品的质量指标(如零件的尺寸)、纤维的强度和张力、农作物的产量(如小麦的穗长、株高)、测量误差(如射击目标的水平或垂直偏差)、信号噪声等,都服从或近似服从正态分布。

特别地,称 $\mu = 0$、$\sigma = 1$ 的正态分布为标准正态分布。其密度函数和分布函数常用 $\varphi(x)$ 和 $\Phi(x)$ 表示,即

$$\varphi(x) = \frac{1}{\sqrt{2\pi}} e^{-\frac{x^2}{2}}, \quad -\infty < x\infty$$

$$\Phi(x) = \frac{1}{\sqrt{2\pi}} \int_{-\infty}^{x} e^{-\frac{t^2}{2}} dt$$

对于标准正态分布,有:

(1) $\Phi(0) = \dfrac{1}{2}$;

(2) $\Phi(-x) = 1 - \Phi(x)$。

任何一个一般的正态分布都可以通过线性变换 $\dfrac{x - \mu}{\sigma}$ 转化为标准正态分布。

2.3.3 联合分布

1. 离散型联合分布

对于二维离散随机向量,设 X 和 Y 都是离散型随机变量,$\{x_i\}$ 和 $\{y_j\}$ 分别是 X 和 Y 的一切可能的集合,则 X 和 Y 的联合概率分布可以表示为 $P\{x_i, y_j\} = p_{ij}$,其中,$p_{ij} \geqslant 0$,$\sum_i \sum_j p_{ij} = 1$。

对于多维(维数大于或等于3)离散型随机变量,$X_1, X_2, \cdots X_m$ 的联合概率分布以此类推。

2. 连续型联合分布

对于二维连续随机向量,设 X 和 Y 为连续型随机变量,其联合概率分布,或连续型随机变量 (X, Y) 的概率分布 $F(x, y)$ 通过一非负函数 $f(x, y) \geqslant 0$ 的积分表示,则称函数 $f(x, y)$ 为联合概率密度。

它们两者的关系如下:

$$F(x, y) = \int_{-\infty}^{x} \int_{-\infty}^{y} f(u, v) \mathrm{d}u \, \mathrm{d}v$$

$$f(x, y) = \frac{\partial^2 F(x, y)}{\partial x \partial y}$$

对于多维(维数大于或等于3)连续型随机变量,$X_1, X_2, \cdots X_m$ 的联合概率分布以此类推。

2.3.4 随机变量的数字特征

1. 数学期望

设离散型随机变量 X 的分布律为:

$$p(x_i) = P(X = x_i) = p_i, \quad i = 1, 2, \cdots, n, \cdots$$

若 $\sum_{i=1}^{\infty} |x_i| p_i < +\infty$,则称 $E(X) = p_1 x_1 + p_2 x_2 + \cdots + p_k x_k + \cdots = \sum_k p_k x_k$ 为随机变量 X 的数学期望,或称为该分布的数学期望,简称期望或均值。

对于连续型随机变量 X,设其概率密度函数为 $f(x)$,如果 $\int_{-\infty}^{+\infty} |x| f(x) \mathrm{d}x < +\infty$,则称 $E(X) = \int_{-\infty}^{+\infty} x f(x) \mathrm{d}x$ 为随机变量 X 的数学期望,记为 $E(X)$。

2. 方差

数学期望体现了随机变量取值的平均程度,方差则描述了数据相对于数学期望的分散程度。

设随机变量 X 的数学期望为 $E(X)$,则称 $E\{[X - E(X)]^2\}$ 为随机变量 X 的方差,

记为 $D(X)$,或 $\mathrm{Var}(X)$,并称 $\sqrt{D(X)}$ 为 X 的标准差。

若 X 为离散型随机变量,概率分布为 $p_i = P(X = x_i)$,$i = 1, 2, \cdots$,则

$$D(X) = E\{[X - E(X)]^2\} = \sum_{i=1}^{\infty} [x_i - E(X)]^2 p_i$$

若 X 为连续型随机变量,概率密度函数为 $f(x)$,则

$$D(X) = E\{[X - E(X)]^2\} = \int_{-\infty}^{+\infty} [X - E(X)]^2 f(x) \mathrm{d}x$$

在很多场合,计算方差经常用到如下公式:

$$D(X) = E(X)^2 - [E(X)]^2$$

方差有如下性质:

(1) 设 c 是常数,则 $D(c) = 0$;

(2) 设 c 是常数,X 是随机变量,则 $D(cX) = c^2 D(X)$,$D(X + c) = D(X)$;

(3) 设 X、Y 是两个随机变量,则有

$$D(X + c) = D(X) + D(Y) + 2E\{[X - E(X)][Y - E(Y)]\}$$

3. 协方差与相关系数

设有二维随机变量 (X, Y),如果 $E\{[X - E(X)][Y - E(Y)]\}$ 存在,则称其为随机变量 X 与 Y 的协方差,记为 $\mathrm{Cov}(X, Y)$,即

$$\mathrm{Cov}(X, Y) = E\{[X - E(X)][Y - E(Y)]\} = E(XY) - E(X)E(Y)$$

即相乘的均值减去均值的相乘,其中 $E(X)$ 和 $E(Y)$ 可通过边缘分布计算得到。对于离散型随机变量,假设 X、Y 的概率分布律为 $P(X = x_i, Y = y_j) = p_{ij}$,$i = 1, 2, \cdots$,$j = 1, 2, \cdots$,则

$$E(XY) = \sum_i \sum_j x_i y_j p_{ij}$$

对于连续型随机变量,假设 X、Y 的联合概率密度为 $f(x, y)$,则

$$E(XY) = \int_{-\infty}^{+\infty} \int_{-\infty}^{+\infty} xy f(x, y) \mathrm{d}y \mathrm{d}x$$

设 $\boldsymbol{X} = (X_1, X_2, \cdots, X_n)^{\mathrm{T}}$ 为 n 维随机变量,则称矩阵

$$\boldsymbol{C} = (c_{ij})_{nn} = \begin{bmatrix} c_{11} & c_{12} & \cdots & c_{1n} \\ c_{21} & c_{22} & \cdots & c_{2n} \\ \vdots & \vdots & & \vdots \\ c_{n1} & c_{n2} & \cdots & c_{nn} \end{bmatrix}$$

为 n 维随机变量 $\boldsymbol{X}$ 的协方差矩阵,其中 $c_{ij} = \mathrm{Cov}(X_i, X_j)$,$i, j = 1, 2, \cdots, n$。

若 $D(\boldsymbol{X}) \neq 0$、$D(\boldsymbol{Y}) \neq 0$,则称 $\rho_{XY} = \dfrac{\mathrm{Cov}(\boldsymbol{X}, \boldsymbol{Y})}{\sqrt{D(\boldsymbol{X})}\sqrt{D(\boldsymbol{Y})}}$ 为变量 X 与 Y 的相关系数。

相关系数的两条性质如下:

(1) $|\rho_{XY}| \leqslant 1$;

(2) $|\rho_{XY}| = 1$ 的充要条件是存在常数 a、b,使得 $P\{Y = aX + b\} = 1$。

若 $\rho_{XY} = 0$,则称 $\boldsymbol{X}$ 与 $\boldsymbol{Y}$ 不相关;若 $0 < \rho_{XY} \leqslant 1$,则称 X 与 Y 正相关;若 $-1 \leqslant \rho_{XY} < 0$,

则称 **X** 与 **Y** 负相关。

2.3.5 最大似然参数估计

　　最大似然参数估计就是利用已知的样本结果,反推最有可能(最大概率)导致这样结果的参数值(模型已知,参数未知)。当从模型总体随机抽取 n 组样本观测值后,最合理的参数估计量应该使得从模型中抽取该 n 组样本观测值的概率最大。简言之,假设要统计全国人口的身高,首先假设这个身高服从正态分布,但是该分布的均值与方差未知。可以通过采样获取部分人的身高,然后通过最大似然参数估计获取上述假设中的正态分布的均值与方差。最大似然参数估计中,采样需满足一个很重要的假设,就是所有的采样都是独立同分布的。下面具体描述最大似然参数估计:

　　若 $X_1, X_2, \cdots, X_n$ 为总体 X 的一组样本,当这组样本的观测值为 $x_1, x_2, \cdots, x_n$ 时,若要估计总体 X 中的未知参数 θ,自然要选取使 $x_1, x_2, \cdots, x_n$ 出现的概率达到最大的 $\hat{\theta}$ 作为 θ 的估计值。

　　若 X 是离散型总体,其分布律为 $P\{X=x\}=p(x;\theta)$,则 $x_1, x_2, \cdots, x_n$ 出现的概率是:

$$L(\theta)=L(x_1,x_2,\cdots,x_n;\theta)=\prod_{i=1}^{n}p(x_i;\theta)$$

其被称为基于 $x_1, x_2, \cdots, x_n$ 的似然函数。于是,θ 的估计值 $\hat{\theta}$ 应为 $L(\theta)$ 的最大值点,即

$$L(\hat{\theta})=L(x_1,x_2,\cdots,x_n;\hat{\theta})=\max_{\theta\in\Theta}L(x_1,x_2,\cdots,x_n;\theta)=\max_{\theta\in\Theta}\prod_{i=1}^{n}p(x_i;\theta)$$

其中 Θ 为 θ 的取值范围,通常称这样得到的 $\hat{\theta}=\hat{\theta}(x_1,x_2,\cdots,x_n)$ 为 θ 的最大似然估计值。

　　若 X 是连续型总体,其概率密度为 $f(x;\theta)$,由于

$$L(\theta)=L(x_1,x_2,\cdots,x_n;\theta)=\prod_{i=1}^{n}f(x_i;\theta)$$

刻画了 $X_1, X_2, \cdots, X_n$ 在 $x_1, x_2, \cdots, x_n$ 附近小邻域内出现的概率,于是 θ 的估计值 $\hat{\theta}$ 也应为 $L(\theta)$ 最大值点,即

$$L(\hat{\theta})=L(x_1,x_2,\cdots,x_n;\hat{\theta})=\max_{\theta\in\Theta}L(x_1,x_2,\cdots,x_n;\theta)=\max_{\theta\in\Theta}\prod_{i=1}^{n}f(x_i;\theta)$$

　　其中 Θ 为 θ 的取值范围,通常称此 $\hat{\theta}=\hat{\theta}(x_1,x_2,\cdots,x_n)$ 为 θ 的最大似然估计值,称 $\hat{\theta}(X_1,X_2,\cdots,X_n)$ 为 θ 的最大似然估计量。

　　可见,求总体参数 θ 的最大似然估计实际上就是求似然函数 $L(\theta)=L(x_1,x_2,\cdots,x_n;\theta)$ 的最大值点 $\hat{\theta}(x_1,x_2,\cdots,x_n)$ 的问题。由于 $\ln L(\theta)=\ln L(x_1,x_2,\cdots,x_n;\theta)$ 与 $L(\theta)=L(x_1,x_2,\cdots,x_n;\theta)$ 有相同的最大值点,为了计算方便,常常通过求 $\ln L(\theta)=\ln L(x_1,x_2,\cdots,x_n;\theta)$ 的最大值点得到 $\hat{\theta}(x_1,x_2,\cdots,x_n)$。

　　【例 2-12】 总体 X 服从参数为 λ 的泊松分布,$\lambda(\lambda>0)$ 未知,求参数 λ 的最大似然估计值。 $\left(\text{泊松分布的分布律为 } P\{X=k\}=\dfrac{\lambda^k}{k!}e^{-\lambda}, \lambda>0\right)$

解：设 $X_1, X_2, \cdots, X_n$ 为总体 X 的一组样本，这组样本的观测值为 $x_1, x_2, \cdots, x_n$，由于 X 的分布律为 $P\{X=k\}=p(x;\lambda)=\dfrac{\lambda^x}{x!}\mathrm{e}^{-\lambda}, x=0,1,2,\cdots$，故基于 $x_1, x_2, \cdots, x_n$ 的似然函数为

$$L(\lambda)=L(x_1,x_2,\cdots,x_n;\lambda)=\prod_{i=1}^{n}\frac{\lambda^{x_i}}{x_i!}\mathrm{e}^{-\lambda}=\mathrm{e}^{-n\lambda}\frac{\lambda^{\sum\limits_{i=1}^{n}x_i}}{\prod\limits_{i=1}^{n}x_i!}$$

对数似然函数为

$$\ln L(\lambda)=-n\lambda+\sum_{i=1}^{n}x_i\ln\lambda-\sum_{i=1}^{n}\ln x_i!$$

对数似然函数对 λ 求导，并令其等于 0：

$$\frac{\mathrm{d}}{\mathrm{d}\lambda}\ln L(\lambda)=-n+\frac{1}{\lambda}\sum_{i=1}^{n}x_i=0$$

所以 λ 的最大似然估计值为 $\hat{\lambda}=\dfrac{1}{n}\sum\limits_{i=1}^{n}x_i=\bar{x}$。

【例 2-13】 设总体 X 的分布律为：$P(X=0)=\theta^2, P(X=1)=2\theta(1-\theta), P(X=2)=\theta^2, P(X=3)=1-2\theta$，其中 $0<\theta<\dfrac{1}{2}$ 为未知参数，试利用 X 的如下样本值 3、1、3、0、3、1、2、3，求 θ 的最大似然估计。

分析：最大似然估计的求解步骤如下。

（1）写出似然函数。离散型的似然函数为 $L=\sum\limits_{i=1}^{n}P\{X_i=x_i,\theta\}$，连续型的似然函数为 $L=\sum\limits_{i=1}^{n}f\{x_i,\theta\}$，其中 θ 为待求解的参数。

（2）对似然函数取对数 $\ln L$。

（3）求导数。令导数等于 0，$\dfrac{\partial\ln L}{\partial\theta}=0$，解方程求得 θ 的最大似然估计值。

解：$X=3$ 出现了 4 次，$X=2$ 出现了 1 次，$X=1$ 出现了 2 次，$X=0$ 出现了 1 次。

最大似然函数为 $L=(1-2\theta)^4\theta^2[2\theta(1-\theta)]^2\theta^2=4\theta^6(1-2\theta)^4(1-\theta)^2$。

下面求 θ，使最大似然函数取最大值。首先对 L 取对数：

$$\ln L=\ln[4\theta^6(1-2\theta)^4(1-\theta)^2]=\ln4+6\ln\theta+4\ln(1-2\theta)+2\ln(1-\theta)$$

然后对 θ 求对数：

$$\frac{\partial\ln L}{\partial\theta}=\frac{6}{\theta}+\frac{-8}{1-2\theta}+\frac{-2}{1-\theta}=\frac{24\theta^2-28\theta+6}{\theta(1-2\theta)(1-\theta)}$$

由 $\dfrac{\partial\ln L}{\partial\theta}=0$，求得 θ 的最大似然估计值为 $\dfrac{7-\sqrt{13}}{12}$。

【例 2-14】 设 $X_1, X_2, \cdots, X_n$ 是来自总体 X 的简单随机样本，假设 X 的概率密度为 $f(x,\theta)=\begin{cases}(\theta+1)x^\theta, & 0<x<1\\0, & \text{其他}\end{cases}$，其中 $\theta>0$，为未知参数，求 θ 的最大似然估计量。

分析：估计量用 X_i 表示，估计值用 x_i 表示。

解：一共有 n 个样本 $X_1, X_2, \cdots, X_n$，若 X_i 对应的概率密度为 $(\theta+1)x_i^\theta$，则最大似然函数为：

$$L = \prod_{i=1}^{n} (\theta+1)x_i^\theta,$$

$$\ln L = \ln \prod_{i=1}^{n} (\theta+1)x_i^\theta = n\ln(\theta+1) + \theta \sum_{i=1}^{n} \ln x_i$$

令 $\dfrac{\partial \ln L}{\partial \theta} = \dfrac{n}{1+\theta} + \sum_{i=1}^{n} \ln x_i = 0$，求得 $\theta = -\dfrac{n + \sum\limits_{i=1}^{n} \ln x_i}{\sum\limits_{i=1}^{n} \ln x_i}$

求得 θ 的最大似然估计量 $\hat{\theta} = -\dfrac{n + \sum\limits_{i=1}^{n} \ln X_i}{\sum\limits_{i=1}^{n} \ln X_i}$。

2.4 矩阵基础

在机器学习的过程中，经常会用到矩阵和矩阵的一些操作。

2.4.1 矩阵的基本概念

1. 矩阵的定义

通常将 $m \times n$ 个数 $a_{ij}(i=1,2,\cdots,m; j=1,2,\cdots,n)$ 排成的 m 行 n 列的表格

$$\begin{bmatrix} a_{11} & a_{12} & \cdots & a_{1n} \\ a_{21} & a_{22} & \cdots & a_{2n} \\ \vdots & \vdots & & \vdots \\ a_{m1} & a_{m2} & \cdots & a_{mn} \end{bmatrix}$$

称为 $m \times n$ 矩阵，当 $m=n$ 时，称其为 m 阶矩阵或 n 阶方阵。矩阵通常用大写字母表示，例如，上述矩阵可以简记为 $\boldsymbol{A} = (a_{ij})_{m \times n}$。

如果一个矩阵的所有元素都是 0，则称这个矩阵是零矩阵，简记为 O。两个矩阵 $\boldsymbol{A} = (a_{ij})_{m \times n}$，$\boldsymbol{B} = (b_{ij})_{s \times t}$，如果 $m=s, n=t$，则称 $\boldsymbol{A}$ 与 $\boldsymbol{B}$ 是同型矩阵。

矩阵的含义取决于其应用场景。

(1) 矩阵是一列列向量，如果每一列向量列举了对同一个客观事物的多方面的观察值。

(2) 矩阵是一个图像，它的每个元素代表对应位置的像素值。

(3) 矩阵是一个线性变换，它可以将一些向量变换为另一些向量。

2. 矩阵的运算

（1）（加法）两个同型矩阵可以相加，且

$$\boldsymbol{A} + \boldsymbol{B} = (a_{ij})_{m \times n} + (b_{ij})_{m \times n} = (a_{ij} + b_{ij})_{m \times n}$$

注意：只有同型矩阵才能相加，对应位置上的元素相加。

（2）（数量乘法，简称数乘）数 λ 与矩阵 $\boldsymbol{A}$ 的乘积记作 $\lambda\boldsymbol{A}$ 或 $\boldsymbol{A}\lambda$，规定为

$$\lambda\boldsymbol{A} = \boldsymbol{A}\lambda = \begin{pmatrix} \lambda a_{11} & \lambda a_{12} & \cdots & \lambda a_{1n} \\ \lambda a_{21} & \lambda a_{22} & \cdots & \lambda a_{2n} \\ \vdots & \vdots & & \vdots \\ \lambda a_{m1} & \lambda a_{m2} & \cdots & \lambda a_{mn} \end{pmatrix}$$

矩阵的每一个元素都要乘以 λ 这个数。

（3）（矩阵的乘法）设矩阵 $\boldsymbol{A} = (a_{ij})_{m \times l}$ 的列数与矩阵 $\boldsymbol{B} = (b_{ij})_{l \times n}$ 的行数相等，则由元素 $c_{ij} = a_{i1}b_{1j} + a_{i2}b_{2j} + \cdots + a_{il}b_{lj} = \sum\limits_{k=1}^{l} a_{ik}b_{kj}$ 构成的 $m \times n$ 矩阵 $\boldsymbol{C} = (c_{ij})_{m \times n}$ 称为矩阵 $\boldsymbol{A}$ 与矩阵 $\boldsymbol{B}$ 的乘积，记作 $\boldsymbol{C} = \boldsymbol{AB}$，其中 $i = 1, 2, \cdots, m; j = 1, 2, \cdots, n$。

（4）（转置）将 $m \times n$ 矩阵 $\boldsymbol{A}(a_{ij})_{m \times n}$ 的行列互换得到的 $n \times m$ 矩阵 $(a_{ji})_{m \times n}$ 称为 $\boldsymbol{A}$ 的转置矩阵，记为 $\boldsymbol{A}^{\mathrm{T}}$，即

$$\text{若 } \boldsymbol{A} = \begin{bmatrix} a_{11} & a_{12} & \cdots & a_{1n} \\ a_{21} & a_{22} & \cdots & a_{2n} \\ \vdots & \vdots & & \vdots \\ a_{m1} & a_{m2} & \cdots & a_{mn} \end{bmatrix}, \quad \text{则 } \boldsymbol{A}^{\mathrm{T}} = \begin{bmatrix} a_{11} & a_{21} & \cdots & a_{m1} \\ a_{12} & a_{22} & \cdots & a_{m2} \\ \vdots & \vdots & & \vdots \\ a_{1n} & a_{2n} & \cdots & a_{mn} \end{bmatrix}$$

（5）方阵的行列式。

由 n 阶方阵 $\boldsymbol{A}$ 的元素所构成的行列式（各元素的位置不变）称为方阵 $\boldsymbol{A}$ 的行列式，记为 $|\boldsymbol{A}|$ 或 $\det\boldsymbol{A}$。

注意：行列式与方阵是两个不同的概念，且它们的记号也是不同的。

方阵的行列式满足以下运算规律（设 $\boldsymbol{A}$、$\boldsymbol{B}$ 为 n 阶方阵，λ 为实数）：

（1）$|\boldsymbol{A}^{\mathrm{T}}| = |\boldsymbol{A}|$　　　（2）$|\lambda\boldsymbol{A}^{\mathrm{T}}| = \lambda^n|\boldsymbol{A}|$

（3）$|\boldsymbol{AB}| = |\boldsymbol{A}||\boldsymbol{B}|$　　　（4）$|\boldsymbol{AB}| = |\boldsymbol{BA}|$

3. 特殊矩阵

矩阵 $\boldsymbol{A} = (a_{ij})_{m \times n}$ 有如下几种常见的特殊类型。

（1）对称矩阵：如果方阵 $\boldsymbol{A}$ 满足 $\boldsymbol{A}^{\mathrm{T}} = \boldsymbol{A}$，则称 $\boldsymbol{A}$ 为对称矩阵，即矩阵 $\boldsymbol{A}$ 中关于主对角线对称位置上的每一对元素都相等，$a_{ij} = a_{ji}$；若 $\boldsymbol{A}^{\mathrm{T}} = -\boldsymbol{A}$，即 $a_{ij} = -a_{ji}$，则称矩阵 $\boldsymbol{A}$ 为反对称矩阵。

（2）对角矩阵：如果 n 阶方阵除主对角线上的元素外，其余元素都等于零，这样的 n 阶方阵称为对角矩阵，记作 $\boldsymbol{A} = \mathrm{diag}(\lambda_1, \lambda_2, \cdots, \lambda_n)$。

（3）单位矩阵：如果 n 阶方阵满足主对角线上的元素全为 1，其余元素全为零，这样的 n 阶矩阵称为 n 阶单位矩阵，记作 $\boldsymbol{E}_n$、$\boldsymbol{I}_n$ 或已 $\boldsymbol{I}$、$\boldsymbol{E}$。

(4) 正交矩阵:若 n 阶方阵 A 满足 $AA^T=A^TA=E$,则称 A 为正交矩阵。

(5) 伴随矩阵:设 $A=(a_{ij})_{n\times n}$,矩阵 A 中元素 a_{ij} 的代数余子式 A_{ij} 构成的如下矩阵

$$\begin{bmatrix} A_{11} & A_{21} & \cdots & A_{n1} \\ A_{12} & A_{22} & \cdots & A_{n2} \\ \vdots & \vdots & & \vdots \\ A_{1n} & A_{2n} & \cdots & A_{nn} \end{bmatrix}$$

称为矩阵 A 的伴随矩阵,记为 A^*。元素 a_{ij} 的代数余子式 A_{ij} 位于第 j 行第 i 列。

伴随矩阵的一个重要性质: $AA^*=A^*A=(\det A)E$。

(6) 正交矩阵:设 A 是 n 阶矩阵,若 $A^TA=AA^T=E$,则称 A 为正交矩阵,即 $A^T=A^{-1}$,A 的列(行)向量组是正交规范向量组,$|A|=1$ 或 -1。

4. 矩阵的秩

矩阵 A 的非零子式的最高阶数称为矩阵 A 的秩,记作 $r(A)$。规定零矩阵的秩是零。

5. 可逆矩阵

对于 n 阶方阵 A,若存在 n 阶方阵 B 使得 $AB=BA=E$ 恒成立,则称矩阵 A 可逆,B 称为 A 的逆矩阵,记为 $B=A^{-1}$。若 $|A|\neq 0$,则 A 可逆,且 $A^{-1}=\frac{1}{|A|}A^*$。

如果 n 阶方阵 A、B 均可逆,那么 A^{-1}、A^T、$\lambda A(\lambda\neq 0)$ 与 AB 也可逆,且有如下等式成立。

(1) $(A^{-1})^{-1}=A$;

(2) $(A^T)^{-1}=(A^{-1})^T$;

(3) $(\lambda A)^{-1}=\frac{1}{\lambda}A^{-1}$;

(4) $(AB)^{-1}=B^{-1}A^{-1}$;

(5) $|A^{-1}|=\frac{1}{|A|}$。

2.4.2 特征值与特征向量

设 A 是 n 阶方阵,若存在数 λ 和 n 维非零列向量 x,使关系式 $Ax=\lambda x$ 成立,则称数 λ 为 A 的特征值,非零向量 x 称为 A 的对应于特征值 λ 的特征向量。

注意:

(1) 特征向量 $x\neq 0$,特征值问题是对方阵而言的;

(2) 由于 $Ax=\lambda x$ 亦可写成齐次线性方程组 $(A-\lambda E)x=0$,因此,使得 $(A-\lambda E)x=0$ 有非零解的 λ 值都是矩阵 A 的特征值。

齐次线性方程组 $(A-\lambda E)x=0$ 有非零解的充分必要条件是 $|A-\lambda E|=0$,即

$$| \boldsymbol{A} - \lambda \boldsymbol{E} | = \begin{vmatrix} \boldsymbol{a}_{11} - \lambda & \boldsymbol{a}_{12} & \cdots & \boldsymbol{a}_{1n} \\ \boldsymbol{a}_{21} & \boldsymbol{a}_{22} - \lambda & \cdots & \boldsymbol{a}_{2n} \\ \vdots & \vdots & & \vdots \\ \boldsymbol{a}_{n1} & \boldsymbol{a}_{n2} & \cdots & \boldsymbol{a}_{nn} - \lambda \end{vmatrix} = 0 \qquad (2\text{-}2)$$

$(\boldsymbol{A} - \lambda \boldsymbol{E}) \boldsymbol{x} = \boldsymbol{0}$ 是以 λ 为未知数的一元 n 次方程,也称为方阵 $\boldsymbol{A}$ 的特征方程,$|\boldsymbol{A} - \lambda \boldsymbol{E}|$ 称为 $\boldsymbol{A}$ 的特征多项式。使得 $|\boldsymbol{A} - \lambda \boldsymbol{E}| = 0$ 的 λ 值都是矩阵 $\boldsymbol{A}$ 的特征值。

方程 $\boldsymbol{A}\boldsymbol{x} = \lambda \boldsymbol{x}$ 的左边是把向量 $\boldsymbol{x}$ 变到另一个位置,右边是把向量 $\boldsymbol{x}$ 作了一个拉伸。任意给定一个矩阵 $\boldsymbol{A}$,并不是对所有的向量 $\boldsymbol{x}$ 它都能拉长(缩短)。凡是能被矩阵 $\boldsymbol{A}$ 拉长(缩短)的向量 $\boldsymbol{x}$ 都称为矩阵 $\boldsymbol{A}$ 的特征向量;拉长(缩短)的量 λ 就是这个特征向量对应的特征值。

设 n 阶矩阵 $\boldsymbol{A} = (a_{ij})_{n \times n}$ 的特征值为 $\lambda_1, \lambda_2, \cdots, \lambda_n$,由多项式的根与系数之间的关系,可得:

$$\lambda_1, \lambda_2, \cdots, \lambda_n = a_{11} + a_{22} + \cdots + a_{nn}$$
$$\lambda_1 \lambda_2 \cdots \lambda_n = | \boldsymbol{A} |$$

设 $\lambda = \lambda_i$ 为方阵 $\boldsymbol{A}$ 的一个特征值,则由方程 $(\boldsymbol{A} - \lambda_i \boldsymbol{E}) \boldsymbol{x} = \boldsymbol{0}$ 可求得非零解 $x = \boldsymbol{p}_i$,那么 $\boldsymbol{p}_i$ 便是 $\boldsymbol{A}$ 的对应于特征值 λ_i 的特征向量。显然,若 $\boldsymbol{p}_i$ 是方阵 $\boldsymbol{A}$ 的对应于特征值 λ_i 的特征向量,则 $k \boldsymbol{p}_i (k \neq 0)$ 也是对应于 λ_i 的特征向量。

特征向量具有以下性质。

(1) 设 λ_i 是矩阵 $\boldsymbol{A}$ 的特征值,ξ 是 $\boldsymbol{A}$ 的属于 λ_i 的特征向量,则

① $k\lambda_i$ 是 $k\boldsymbol{A}$ 的特征值(k 是任意常数);

② λ_i^m 是 $\boldsymbol{A}^m$ 的特征值(m 是正整数);

③ 设一个 k 次多项式 $\phi(x) = a_k x^k + a_{k-1} x^{k-1} + \cdots + a_0$,则 $\phi(\lambda_i)$ 是矩阵 $\boldsymbol{A}$ 的 k 次多项式 $\phi(\boldsymbol{A})$ 的特征值;

④ 若 $\boldsymbol{A}$ 可逆,则 λ_i^{-1} 是 $\boldsymbol{A}^{-1}$ 的特征值,并且,ξ 仍然是①②③④中这些矩阵的分别属于特征值 $k\lambda_i$、λ_i^m、$\varphi(\lambda_i)$、λ_i^{-1} 的特征向量。

(2) $\boldsymbol{A}$ 和 $\boldsymbol{A}^{\mathrm{T}}$ 的特征值相同(即特征多项式相同),特征向量不一定相同。

(3) 矩阵 $\boldsymbol{A}$ 属于不同特征值的特征向量是线性无关的。

(4) 矩阵 $\boldsymbol{A}$ 的属于 k 重特征值的线性无关的特征向量的最大个数不超过 k。

2.4.3　矩阵相似

设 $\boldsymbol{A}$ 与 $\boldsymbol{B}$ 都是 n 阶矩阵,若存在可逆矩阵 $\boldsymbol{P}$,使得 $\boldsymbol{P}^{-1} \boldsymbol{A} \boldsymbol{P} = \boldsymbol{B}$,则称 $\boldsymbol{A}$ 与 $\boldsymbol{B}$ 相似,记作 $\boldsymbol{A} \sim \boldsymbol{B}$。

对 $\boldsymbol{A}_{n \times n}$,求可逆矩阵 $\boldsymbol{P}$,使得 $\boldsymbol{P}^{-1} \boldsymbol{A} \boldsymbol{P} = \Sigma$($\Sigma$ 为对角矩阵)的步骤如下。

(1) 由 $|\boldsymbol{A} - \lambda \boldsymbol{E}| = 0$,求得 $\boldsymbol{A}$ 的特征值 $\lambda_1, \lambda_2, \cdots, \lambda_n$。

(2) 对每个 λ_i,由 $(\boldsymbol{A} - \lambda_i \boldsymbol{E}) \boldsymbol{x} = \boldsymbol{0}$,求基础解系,这些基础解系构成了 $\boldsymbol{A}$ 的一组特征向量。

(3) 令 $\boldsymbol{P} = (\xi_1, \xi_2, \cdots, \xi_n)$,其中 $\boldsymbol{\xi}_i$ 为 $\boldsymbol{A}$ 的特征向量,当 $\boldsymbol{P}$ 可逆时,

$$P^{-1}AP = \Sigma = \begin{bmatrix} \lambda_1 & 0 & \cdots & 0 \\ 0 & \lambda_2 & \cdots & 0 \\ \vdots & \vdots & & \vdots \\ 0 & 0 & \cdots & \lambda_n \end{bmatrix}$$

注意：$P = (\xi_1, \xi_2, \cdots, \xi_n)$ 中向量的排列顺序与 Σ 中 $\lambda_1, \lambda_2, \cdots, \lambda_n$ 的排列顺序一致。

2.4.4 矩阵分解

1. 基于特征值与特征向量的分解

设方阵 $A = (a_{ij})_{n \times n}$ 的 n 个特征值分别为 $\lambda_1, \lambda_2, \cdots, \lambda_n$，对应的特征向量分别为 ξ_1, $\xi_2, \cdots, \xi_n$。由特征值和特征向量的定义可得

$$A\xi_i = \lambda_i \xi_i, \quad i = 1, 2, \cdots n$$

可将上述 n 个等式写成矩阵的形式：

$$A[\xi_1, \xi_2, \cdots, \xi_n] = [\xi_1, \xi_2, \cdots, \xi_n] \begin{bmatrix} \lambda_1 & 0 & \cdots & 0 \\ 0 & \lambda_2 & \cdots & 0 \\ \vdots & \vdots & & \vdots \\ 0 & 0 & \cdots & \lambda_n \end{bmatrix}$$

若将 $[\xi_1, \xi_2, \cdots, \xi_n]$ 记为 Q，将 $n \times n$ 的对角矩阵 $\begin{bmatrix} \lambda_1 & 0 & \cdots & 0 \\ 0 & \lambda_2 & \cdots & 0 \\ \vdots & \vdots & & \vdots \\ 0 & 0 & \cdots & \lambda_n \end{bmatrix}$ 记为 Σ，则式 $A\xi_i = \lambda_i \xi_i$

可写为：

$$AQ = Q\Sigma$$

如果矩阵 Q 可逆，则可以将矩阵 A 表示为

$$A = Q\Sigma Q^{-1}$$

注意：Q 是矩阵 A 的特征向量组成的矩阵。Σ 是一个对角矩阵，每一个对角线上的元素就是一个特征值。基于特征值与特征向量的分解是将矩阵 A 分解成 $A = Q\Sigma Q^{-1}$ 的形式。

对于 $A = Q\Sigma Q^{-1}$，若矩阵 A 是对称矩阵，则矩阵 Q 是正交矩阵（意味着 $Q^T Q = QQ^T = E$，即 $Q^{-1} = Q^T$），这时候矩阵 A 可表示为

$$A = Q\Sigma Q^T$$

注意：只有方阵才能进行特征值分解。

一个矩阵其实就是一个线性变换，因为一个矩阵乘以一个向量后得到的向量其实就相当于将这个向量进行了线性变换。比如下面的矩阵：

$$M = \begin{bmatrix} 3 & 0 \\ 0 & 1 \end{bmatrix}$$

M 对应的线性变换如图 2-5 所示。

因为矩阵 M 乘以一个向量 (x, y) 的结果是：

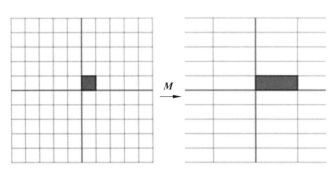

图 2-5　矩阵 M 对应的线性变换

$$\begin{bmatrix} 3 & 0 \\ 0 & 1 \end{bmatrix}\begin{bmatrix} x \\ y \end{bmatrix} = \begin{bmatrix} 3x \\ y \end{bmatrix}$$

矩阵 M 是对称的,这个变换是一个对 x、y 轴方向的一个拉伸变换(每一个对角线上的元素将会对一个维度进行拉伸变换,当值>1 时,是拉长,当值<1 时是缩短)。当矩阵不是对称的时候,比如下面的 N 矩阵:

$$N = \begin{bmatrix} 1 & 1 \\ 0 & 1 \end{bmatrix}$$

它所描述的变换如图 2-6 所示。

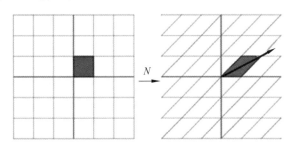

图 2-6　矩阵 N 对应的线性变换

这其实是在平面上对一个轴进行的拉伸变换(如图 2-6 中的箭头所示)。在图 2-6 中,箭头是一个最主要的变化方向(变化方向可能不止一个),如果想描述好一个变换,就描述好这个变换主要的变化方向。对于特征值分解的式子,分解得到的 Σ 矩阵是一个对角阵,里面的特征值是由大到小排列的,这些特征值所对应的特征向量就是描述这个矩阵变化方向(从主要的变化到次要的变化排列)的。

在矩阵是高维的情况下,这个矩阵就是高维空间下的一个线性变换,这个线性变换可能没法通过图片表示,但是可以想象,这个变换同样有很多的变换方向,通过特征值分解得到的前 N 个特征向量,就对应了这个矩阵最主要的 N 个变化方向。利用这前 N 个变化方向,就可以近似这个矩阵(变换),也就提取了这个矩阵最重要的特征。

特征值分解可以得到特征值与特征向量。特征值表示的是这个特征到底有多重要,而特征向量表示这个特征是什么。

由上述分析可知,如果矩阵对某些向量只发生伸缩变换,而不对这些向量产生旋转效果,那么这些向量就称为这个矩阵的特征向量,伸缩的比例就是特征值。

2. 奇异值分解

特征值分解是一种提取矩阵特征的方法,但是它只是对方阵而言的。在现实世界中,大部分矩阵都不是方阵,比如有 N 个学生,每个学生有 M 科成绩,这样形成的一个 $N \times M$ 的矩阵就可能不是方阵,怎样才能描述这样普通的矩阵的重要特征呢？奇异值分解可以用来解决这个问题。奇异值分解是一个能适用于任意矩阵的一种矩阵分解方法。

奇异值分解(Singular Value Decomposition,SVD)不仅可用于降维算法中的特征,还可用于推荐系统,以及自然语言处理等领域。

SVD 对矩阵进行分解,SVD 不要求要分解的矩阵为方阵。假设矩阵 A 是一个 $m \times n$ 的矩阵,矩阵 A 的 SVD 为:

$$A = U\Sigma V^T$$

其中 U 是一个 $m \times m$ 的矩阵,Σ 是一个 $m \times n$ 的矩阵,除主对角线上的元素外全为 0,V 是一个 $n \times n$ 的矩阵。U 和 V 的列分别叫作 A 的左奇异向量和右奇异向量,Σ 的对角线上的值叫作 A 的奇异值。U 和 V 都是正交矩阵。所谓正交矩阵,指的是一个方阵其行与列皆为正交的单位向量,正交矩阵的转置和其逆相等。两个向量正交的意思是两个向量的内积为 0。也就是说,U 和 V 满足:$U^TU = I, V^TV = I, U^T = U^{-1}, V^T = V^{-1}$,其中 I 是单位矩阵。

求解 SVD 的过程就是求解 U、Σ 和 V 这 3 个矩阵的过程,而求解这 3 个矩阵的过程就是求解特征值和特征向量的过程,其中 U 的列由 AA^T 的单位化过的特征向量构成,V 的列由 A^TA 的单位化过的特征向量构成,Σ 的对角元素来源于 AA^T 或 A^TA 的特征值的平方根,并且是按从大到小顺序排列的。因此,求解 SVD 就是求 AA^T 的特征值和特征向量,用单位化的特征向量构成 U；求 A^TA 的特征值和特征向量,用单位化的特征向量构成 V；将 AA^T 或 A^TA 的特征值求平方根,然后构成 Σ。

2.4.5　主成分分析

在对某一事物进行分析研究时,为了更全面、准确地反映事物的特征,人们往往要考虑与其有关系的多个度量指标,也称为变量(属性),这样就产生了如下问题。

(1) 一方面,人们为了避免遗漏重要的信息而考虑尽可能多的度量指标。

(2) 另一方面,考虑到增加指标将增加问题求解的复杂性,同时,由于各指标均是对同一事物的反映,因此不可避免地会出现信息的大量重叠,即很多特征变量之间存在一定的相关性。

基于上述问题,人们希望用较少的变量表示尽可能多的信息。既然研究某一问题涉及的众多变量之间有一定的相关性,就必然存在着起支配作用的共同因素。根据这一点,基于原始变量相关矩阵或协方差矩阵内部结构关系,通过将原始变量进行恰当的线性组合,形成几个综合指标(主成分),这样就能在保留原始变量主要信息的前提下起到降维数据,从而达到简化问题的作用。

因此,人们希望能够从特征变量提取最主要的信息,用较少的新变量表达原来数据中的主要信息,主成分分析(principal component analysis,PCA)就能很好地解决这个问题。在机器学习中,主成分分析技术主要应用于高维数据的可视化表示和高维数据的特征选择。PCA 的基本原理是:利用线性变换将高维空间中的数据投影到低维空间中,每个投影维度都是原始数据维度的一个线性组合。对于一个矩阵来说,将其对角化就是产生特征根及特征向量的过程,也是将其在标准正交基上投影的过程,而特征值对应的即为该特征向量方向上的投影长度。

PCA 求解的基本操作步骤如下。

(1) 按列的方式排列对象的属性数据组成矩阵 X。

(2) 对 X 进行数据标准化,使其均值变为零,方差变为 1,这有助于确保具有较大定义域的属性不会支配具有较小定义域的属性。

(3) 求 X 的协方差矩阵 C。

(4) 求协方差矩阵 C 的特征值 λ_i 和对应的特征向量,按特征值由大到小的顺序排列相应的特征向量,取前 k 个特征向量按行组成矩阵 P,通常要求提取的主成分的数量 k 满足 $\left(\sum_{i=1}^{k}\lambda_i \Big/ \sum \lambda_j\right) > 0.85$。

(5) 通过计算 $Y = PX$,得到 X 的降维数据 Y。

【例 2-15】　二维平面有 5 个点,5 个点的数据集用 2×5 的矩阵表示为 $X = \begin{bmatrix} 1 & 2 & 3 & 4 & 5 \\ 1 & 3 & 2 & 5 & 4 \end{bmatrix}$,给出通过主成分分析将二维数据降为一维后的数据集。

解:对 X 进行归一化,使 X 每一行的各数据元素减去该行元素的均值,得到:

$$X = \begin{bmatrix} -2 & -1 & 0 & 1 & 2 \\ -2 & 0 & -1 & 2 & 1 \end{bmatrix}$$

求 X 的协方差矩阵:

$$C = \frac{1}{5}XX^{\mathrm{T}} = \begin{bmatrix} 2 & 1.6 \\ 1.6 & 2 \end{bmatrix}$$

求解 C 的特征值,求得特征值为 $\lambda_1 = 3.6, \lambda_2 = 0.4$,对应的特征向量分别为

$$\boldsymbol{\theta}_1 = (0.7071 \quad 0.7071), \quad \boldsymbol{\theta}_2 = (-0.7071 \quad 0.7071)$$

将原数据降为一维,选择最大的特征值对应的特征向量,因此 P 为:

$$P = (0.7071 \quad 0.7071),$$

降维后的数据:

$$Y = PX = \begin{bmatrix} -2.8284 & -0.7071 & -0.7071 & 2.1213 & 2.1213 \end{bmatrix}$$

下面给出 PCA 的 Python 代码实现。

```
import numpy as np
def pca(X,k):                                    #k 为要选取的主成分数目
    n_samples, n_features =X.shape               #获取 X 的数据形状
    mean=np.array([np.mean(X[:,i]) for i in range(n_features)])
                                                 #获取每维特征的平均值
    norm_X=X-mean                                #均值化
```

```
    scatter_matrix=np.dot(np.transpose(norm_X),norm_X)    #求协方差矩阵
    eig_val, eig_vec =np.linalg.eig(scatter_matrix)
                                              #求协方差矩阵的特征值和特征向量
    eig_pairs =[(eig_val[i], eig_vec[:,i]) for i in range(n_features)]
    eig_pairs.sort(reverse=True)              #按特征值从大到小排序对应的特征向量
    feature=np.array([ele[1] for ele in eig_pairs[:k]])  #选择前k个向量
    data=np.dot(norm_X,np.transpose(feature))        #获取降维后的数据
    return data
X =np.array([[-2, -2], [-1, 0], [0, -1], [1, 2], [2, 1]])
print(pca(X,1))
```

上述代码的运行结果是：

```
[[-2.82842712]
 [-0.70710678]
 [-0.70710678]
 [ 2.12132034]
 [ 2.12132034]]
```

和例 2-15 计算的结果一致。

用 sklearn 的 PCA 进行降维的代码如下。

```
>>>from sklearn.decomposition import PCA
>>>import numpy as np
>>>X =np.array([[-2, -2], [-1, 0], [0, -1], [1, 2], [2, 1]])
>>>pca=PCA(n_components=1)
>>>pca.fit(X)                    #返回降维后的数据,参数 n_components 为主成分数目
PCA(copy=True, iterated_power='auto', n_components=1, random_state=None,
  svd_solver='auto', tol=0.0, whiten=False)
>>>print(pca.transform(X))
[[ 2.82842712]
 [ 0.70710678]
 [ 0.70710678]
 [-2.12132034]
 [-2.12132034]]
```

2.4.6　矩阵运算 Python 实现

在 NumPy 中，用"＊"进行两个数组相乘是两个数组对应位置上的元素相乘。NumPy 用 dot()函数执行一般意义上的矩阵（用 ndarray 数组表示）乘积，矩阵 A、B 进行乘积运算时要求矩阵 A 的列数必须等于矩阵 B 的行数，A、B 的乘积结果是一个矩阵，其第 m 行第 n 列的元素等于矩阵 A 的第 m 行元素与矩阵 B 的第 n 列元素的乘积之和。

```
>>>import numpy as np
>>>A=np.arange(1,10).reshape((3,3))
>>>A
```

```
array([[1, 2, 3],
       [4, 5, 6],
       [7, 8, 9]])
>>>B=np.ones(shape=(3,3),dtype=int)        #通过 shape 指定生成 3×3 的全为 1 的数组
>>>B
array([[1, 1, 1],
       [1, 1, 1],
       [1, 1, 1]])
>>>np.dot(A,B)                              #执行两个矩阵的乘积运算
array([[ 6, 6, 6],
       [15, 15, 15],
       [24, 24, 24]])
```

注意：A、B 都是一维数组时，dot()函数返回一个标量。

```
>>>a=np.array([1,2,3])
>>>b=np.array([1,2,3])
>>>np.dot(a,b)
14
```

矩阵乘积的另外一种写法是把 dot()函数当作其中一个矩阵对象的方法。

```
>>>A.dot(B)
array([[ 6, 6, 6],
       [15, 15, 15],
       [24, 24, 24]])
```

NumPy 的 linalg 模块提供了一些进行线性代数运算的函数，使用这个模块可以计算逆矩阵、求特征值、解线性方程组以及求解行列式等。linalg 模块中常用的函数见表 2-1。

表 2-1　linalg 模块中常用的函数

函　　数	描　　述
det(A)	计算矩阵 A 的行列式
eig(A)	计算方阵 A 的特征值和特征向量
inv(A)	计算方阵 A 的逆
svd(A，full_matrices＝1，compute_uv＝1)	对矩阵进行奇异值分解，该函数返回 3 个矩阵——U、Sigma 和 V，其中 U 和 V 是正交矩阵，Sigma 包含输入矩阵的奇异值
solve(A，B)	求解形如 $AX＝B$ 的线性方程组，其中 A 是一个 $N×N$ 的二维数组，而 B 是一个长度为 N 的一维数组，数组 X 是待求解的线性方程组的解

1. 求方阵的逆矩阵

求方阵逆矩阵的 Python 代码举例如下。

```
>>>import numpy as np
```

```
>>>A=np.array([[1,2,3],[1,0,-1],[0,1,1]])
>>>A
array([[ 1,  2,  3],
       [ 1,  0, -1],
       [ 0,  1,  1]])
>>>B=np.linalg.inv(A)
>>>B
array([[ 0.5,  0.5, -1. ],
       [-0.5,  0.5,  2. ],
       [ 0.5, -0.5, -1. ]])
>>>np.dot(A,B)                        #检查原矩阵 A 和求得的逆矩阵 B 相乘的结果是否为单位矩阵
array([[ 1.,  0.,  0.],
       [ 0.,  1.,  0.],
       [ 0.,  0.,  1.]])
```

2. 求解线性方程组

下面给出使用 solve()方法求解线性方程组 $\begin{cases} 2x+3y-5z=3 \\ x-2y+z=0 \\ 3x+y+3z=7 \end{cases}$ 的举例。

```
>>> import numpy as np
>>>A=np.array([[2,3,-5],[1,-2,1],[3,1,3]])
>>>b=np.array([3,0,7])
>>>c =np.linalg.solve(A,b)            #用 c 存储函数的返回值
>>>c                                   #展示求出的解
array([ 1.42857143,  1.     ,  0.57142857])
```

3. 求解特征值和特征向量

numpy.linalg 模块中,eigvals()函数可以计算矩阵的特征值;而 eig()函数可以返回一个包含特征值和对应的特征向量的元组,第一列为特征值,第二列为特征向量。

```
>>>A=np.array([[1,2,2],[2,1,2],[2,2,1]])
>>>np.linalg.eigvals(A)               #调用 eigvals()函数求解特征值
array([-1., 5., -1.])
>>>np.linalg.eig(A)                   #调用 eig()函数求解特征值和特征向量
(array([-1., 5., -1.]), array([[-0.81649658, 0.57735027, 0.   ],
       [ 0.40824829, 0.57735027, -0.70710678],
       [ 0.40824829, 0.57735027, 0.70710678]]))
```

4. 奇异值分解

奇异值分解的 Python 代码举例如下。

```
>>>import numpy as np
>>>A=np.array([[0,1],[1,1],[1,0]])
>>>A
array([[0, 1],
       [1, 1],
       [1, 0]])
'''使用 svd() 函数分解矩阵,返回 U、Σ 和 V 这 3 个矩阵(由数组表示),但这里的 Σ 是由奇异值
构成的一维数组,可使用 diag() 函数生成完整的奇异值矩阵'''
>>>np.linalg.svd(A)
(array([[-0.40824829,  0.70710678,   0.57735027],
        [-0.81649658,  0.     ,    -0.57735027],
        [-0.40824829,  -0.70710678,  0.57735027]]), array([1.73205081,
        1.   ]), array([[-0.70710678,  -0.70710678],
        [-0.70710678,  0.70710678]]))
>>>U,Sigma,V=np.linalg.svd(A)
>>>U
array([[-0.40824829,  0.70710678,   0.57735027],
       [-0.81649658,  0.     ,    -0.57735027],
       [-0.40824829,  -0.70710678, 0.57735027]])
>>>V
array([[-0.70710678,  -0.70710678],
       [-0.70710678,   0.70710678]])
>>>Sigma
array([1.73205081,    1.   ])
>>>np.diag(Sigma)              #使用 diag() 函数生成完整的奇异值矩阵,忽略全为 0 的行
array([[1.73205081,    0.],
       [0.,            1.   ]])
```

2.5　本章小结

　　数学作为表达与刻画机器学习模型的工具,是深入理解机器学习算法原理的基石,也是算法创新的基础技能。本章对梯度优化方法、概率与统计、矩阵相关运算进行了简单介绍。

第 3 章

不同格式数据的读取与写入

数据往往存在于各种各样的数据库、各种各样的文件中,从外部文件读写数据是机器学习的前提,是机器学习必不可少的部分。在读写数据时可以对数据做一定的处理,为接下来使用数据集训练机器模型打好基础。

3.1 使用 csv 模块读取和写入 csv 文件

csv(comma separated values,逗号分隔值)文件是一种用来存储表格数据(数字和文本)的纯文本格式文件,文档的内容是由",",分隔的一列列数据构成的,它可以被导入各种电子表格和数据库中。纯文本意味着该文件是一个字符序列。在 csv 文件中,数据"栏"(数据所在列,相当于数据库的字段)以逗号分隔,可允许程序通过读取文件为数据重新创建正确的栏结构(如把两个数据栏的数据组合在一起)。csv 文件由任意数目的记录组成,记录间以某种换行符分隔,一行即为数据表的一行;每条记录由字段组成,字段间的分隔符最常见的是逗号或制表符。可使用 Word、记事本、Excel 等方式打开 csv 文件。

创建 csv 文件的方法有很多,最常用的方法是用电子表格创建,如 Microsoft Excel。在 Microsoft Excel 中,选择"文件">"另存为"命令,然后在"文件类型"下拉选择框中选择"CSV(逗号分隔)(＊.csv)",最后单击"保存"按钮即创建了一个 csv 格式的文件。

Python 的 csv 模块提供了多种读取和写入 csv 格式文件的方法。

本节基于 consumer.csv 文件,其内容为:

```
客户年龄,平均每次消费金额,平均消费周期
23,318,10
22,147,13
24,172,17
27,194,67
```

3.1.1 使用 csv.reader()读取 csv 文件

csv.reader()用来读取 csv 文件,其语法格式如下:

```
csv.reader(csvfile, dialect='excel', * * fmtparams)
```

作用：返回一个 reader 对象，这个对象是可以迭代的，有一个参数 line_num，表示当前行数。

参数说明如下。

csvfile：可以是文件(file)对象或者列表(list)对象。如果 csvfile 是文件对象，则要求该文件以 newline＝"的方式打开。

dialect：编码风格，默认为 excel 的风格，也就是用逗号分隔。dialect 方式也支持自定义，通过调用 register_dialect()方法来注册。

fmtparams：用于指定特定格式，以覆盖 dialect 中的格式。

【例 3-1】　使用 reader 读取 csv 文件(csv_reader.py)。

```
import csv
with open('consumer.csv',newline='') as csvfile:
    spamreader =csv.reader(csvfile)            #返回的是迭代类型
    for row in spamreader:
        print(', '.join(row))                 #以逗号连接各字段
    csvfile.seek(0)                            #文件指针移动到文件开始
    for row in spamreader:
        print(row)
```

说明：newline 用来指定换行控制方式，可取 None、'\n'、'\r'或'\r\n'。读取时，不指定 newline，文件中的'\n'、'\r'或'\r\n'默认被转换为'\n'；写入时，不指定 newline，若换行符为各系统默认的换行符('\n'、'\r'或'\r\n')指定为 newline＝'\n'，则都替换为'\n'；若设定 newline＝"，不论读或者写，都表示不转换换行符。

将上述程序代码保存在 csv_reader.py 文件中，在 IDLE 中运行该程序文件，输出的结果如下。

客户年龄，平均每次消费金额，平均消费周期

```
23,   318,   10
22,   147,   13
24,   172,   17
27,   194,   67
['客户年龄', '平均每次消费金额', '平均消费周期']
['23', '318', '10']
['22', '147', '13']
['24', '172', '17']
['27', '194', '67']
```

3.1.2　使用 csv.writer()写入 csv 文件

csv.writer()用来写入 csv 文件，其语法格式如下：

```
csv.writer(csvfile, dialect='excel', * * fmtparams)
```

作用：返回一个 writer 对象。使用 writer 对象可将用户的数据写入该 writer 对象所对应的文件里。

参数说明如下。

csvfile：可以是文件(file)对象或者列表(list)对象。

dialect：编码风格，默认为 excel 的风格，也就是用逗号分隔。dialect 方式也支持自定义，通过调用 register_dialect()方法来注册。

fmtparams：用于指定特定格式，以覆盖 dialect 中的格式。

csv.writer()所生成的 csv.writer 文件对象支持以下写入 csv 文件的方法。

writerow(row)：写入一行数据。

writerows(rows)：写入多行数据。

【例 3-2】 使用 writer 写入 csv 文件(csv_writer.py)。

```python
import csv
#写入的数据将覆盖 consumer.csv 文件
with open('consumer.csv', 'w', newline='') as csvfile:
    spamwriter =csv.writer(csvfile)                #生成 csv.writer 文件对象
    spamwriter.writerow(['55','555','55'])         #写入一行数据
    spamwriter.writerows([('35','355','35'),('18','188','18')])
with open('consumer.csv',newline='') as csvfile:   #重新打开文件
    spamreader =csv.reader(csvfile)
    for row in spamreader:                         #输出用 writer 对象的写入方法写入数据后的文件
        print(row)
```

csv_writer.py 在 IDLE 中运行的结果如下：

```
['55', '555', '55']
['35', '355', '35']
['18', '188', '18']
```

【例 3-3】 使用 writer 向 csv 文件追加数据(csv_writer_add.py)。

```python
import csv
with open('consumer.csv', 'a+', newline='') as csvfile:
    spamwriter =csv.writer(csvfile)
    spamwriter.writerow(['55','555','55'])
    spamwriter.writerows([('35','355','35'),('18','188','18')])
with open('consumer.csv',newline='') as csvfile:   #重新打开文件
    spamreader =csv.reader(csvfile)
    for row in spamreader:                         #输出用 writer 对象的写入方法写入数据后的文件
        print(row)
```

csv_writer_add.py 在 IDLE 中运行的结果如下：

```
['客户年龄', '平均每次消费金额', '平均消费周期']
['23', '318', '10']
```

```
['22', '147', '13']
['24', '172', '17']
['27', '194', '67']
['55', '555', '55']
['35', '355', '35']
['18', '188', '18']
```

3.1.3　使用 csv.DictReader()读取 csv 文件

把一个关系型数据库保存为 csv 文档,再用 Python 读取数据或写入新数据,在数据处理中是很常见的。很多情况下,读取 csv 数据时,往往先把 csv 文件中的数据读成字典的形式,即为读出的每条记录中的数据添加一个说明性的关键字,这样便于理解。为此,csv 库提供了能直接将 csv 文件读取为字典的函数 DictReader(),也有相应的将字典写入csv 文件的函数 DictWriter()。

csv.DictReader()的语法格式如下:

```
csv.DictReader(csvfile, fieldnames=None, dialect='excel')
```

作用:DictReader()用于返回一个 DictReader 对象,该对象的操作方法与 reader 对象的操作方法类似,可以将读取的信息映射为字典,其关键字由可选参数 fieldnames 指定。

参数说明如下。

csvfile:可以是文件(file)对象或者列表(list)对象。

fieldnames:是一个序列,用于为输出的数据指定字典关键字,如果没有指定,则以第一行的各字段名作为字典关键字。

dialect:编码风格,默认为 excel 的风格,也就是用逗号“,”分隔。dialect 方式也支持自定义,通过调用 register_dialect()方法注册。

【例 3-4】　使用 csv.DictReader()读取 csv 文件(csv_DictReader.py)。

```
import csv
with open('consumer.csv', 'r') as csvfile:
    dict_reader =csv.DictReader(csvfile)
    for row in dict_reader:
        print(row)
```

csv_DictReader.py 在 IDLE 中运行的结果如下:

```
OrderedDict([('客户年龄', '23'), ('平均每次消费金额', '318'), ('平均消费周期', '10')])
OrderedDict([('客户年龄', '22'), ('平均每次消费金额', '147'), ('平均消费周期', '13')])
OrderedDict([('客户年龄', '24'), ('平均每次消费金额', '172'), ('平均消费周期', '17')])
OrderedDict([('客户年龄', '27'), ('平均每次消费金额', '194'), ('平均消费周期', '67')])
```

【例 3-5】　使用 csv.DictReader()读取 csv 文件,并为输出的数据指定新的字段名(csv_DictReader1.py)。

```
import csv
print_dict_name=['年龄','消费金额','消费频率']
with open('consumer.csv', 'r') as csvfile:
    dict_reader =csv.DictReader(csvfile,fieldnames=print_dict_name)
    for row in dict_reader:
        print(row)
print("\nconsumer.csv 文件内容: ")
with open('consumer.csv',newline='') as csvfile:    #重新打开文件
    spamreader =csv.reader(csvfile)
    for row in spamreader:
        print(row)
```

csv_DictReader1.py 在 IDLE 中运行的结果如下:

```
OrderedDict([('年龄','客户年龄'), ('消费金额','平均每次消费金额'), ('消费频率',
'平均消费周期')])
OrderedDict([('年龄','23'), ('消费金额','318'), ('消费频率','10')])
OrderedDict([('年龄','22'), ('消费金额','147'), ('消费频率','13')])
OrderedDict([('年龄','24'), ('消费金额','172'), ('消费频率','17')])
OrderedDict([('年龄','27'), ('消费金额','194'), ('消费频率','67')])
```

consumer.csv 文件内容:

```
['客户年龄','平均每次消费金额','平均消费周期']
['23', '318', '10']
['22', '147', '13']
['24', '172', '17']
['27', '194', '67']
```

从上述输出结果可以看出,consumer.csv 文件中第一行的数据并没发生变化。

3.1.4 使用 csv.DictWriter() 写入 csv 文件

如果需要将字典形式的记录数据写入 csv 文件,则可以使用 csv.DictWriter()实现,其语法格式如下:

```
csv.DictWriter(csvfile, fieldnames, dialect='excel')
```

作用:DictWriter()用于返回一个 DictWriter 对象,该对象的操作方法与 writer 对象的操作方法类似。参数 csvfile、fieldnames 和 dialect 的含义与 DictReader()函数中的参数类似。

【例 3-6】 使用 csv.DictWriter()写入 csv 文件(csv_DictWriter.py)。

```
import csv
dict_record =[{'客户年龄': 23,'平均每次消费金额': 318,'平均消费周期': 10}, {'客户
年龄': 22,'平均每次消费金额': 147,'平均消费周期': 13}]
keys =['客户年龄','平均每次消费金额','平均消费周期']
```

```
#在该程序文件所在目录下创建 consumer1.csv 文件
with open('consumer1.csv', 'w+',newline='') as csvfile:
    #文件头以列表的形式传入函数,列表的每个元素表示每一列的标识
dictwriter =csv.DictWriter(csvfile, fieldnames=keys)
    #若此时直接写入内容,会导致没有数据名,需先执行 writeheader()将文件头写入
    #writeheader()没有参数,因为在建立 dictwriter 时已设定了参数 fieldnames
    dictwriter.writeheader()
    for item in dict_record:
        dictwriter.writerow(item)
print("以 csv.DictReader()方式读取 consumer1.csv: ")
with open('consumer1.csv', 'r') as csvfile:
    reader =csv.DictReader(csvfile)
    for row in reader:
        print(row)
print("\n 以 csv.reader()方式读取 consumer1.csv: ")
with open('consumer1.csv',newline='') as csvfile:  #重新打开文件
    spamreader =csv.reader(csvfile)
    for row in spamreader:
        print(row)
```

csv_ DictWriter.py 在 IDLE 中运行的结果如下:

以 csv.DictReader()方式读取 consumer1.csv:
OrderedDict([('客户年龄', '23'), ('平均每次消费金额', '318'), ('平均消费周期', '10')])
OrderedDict([('客户年龄', '22'), ('平均每次消费金额', '147'), ('平均消费周期', '13')])

以 csv.reader()方式读取 consumer1.csv:

['客户年龄', '平均每次消费金额', '平均消费周期']
['23', '318', '10']
['22', '147', '13']

3.2　使用 python-docx 模块处理 Word 文档

　　Python 可以利用 python-docx 模块处理 Word 文档,处理方式是面向对象的。也就是说 python-docx 模块会把 Word 文档、文档中的段落、段落中的文本内容都看作对象,对对象进行处理就是对 Word 文档的内容进行处理。python-docx 模块的 3 种类型对象如下。

　　(1) Document 对象,表示一个 Word 文档。

　　(2) Paragraph 对象,表示 Word 文档中的一个段落。

　　(3) Paragraph 对象的 text 属性对象,表示段落中的文本内容。

　　通过"pip install python-docx"进行 python-docx 库的安装。通过"import docx"导入 python-docx 库。

3.2.1　创建与保存 Word 文档

使用 docx 的 Document()可以新建或打开 Word 文档并返回 Document 对象,若 Document()中指定了 Word 文档路径,则是打开文档;若没有指定路径,即 Document() 中是空白的,则是新建的 Word 文档。

用 Document 对象的 save(path)方法保存文档,其中参数 path 是保存的文件 路径。

【例 3-7】　创建与保存 Word 文档。

```
from docx import Document
test = Document()                        #创建一个新的 Word 文档对象
test.save(r'D:\Python\testWord.docx')    #将新建的文档保存为 testWord.docx
```

运行上述程序代码,在 D 盘的 Python 文件夹下会创建一个名为 testWord.docx 的 文档。

3.2.2　读取 Word 文档

先创建一个"D:\Python\word.docx"文档,并在其中输入如下内容。

书中有日月山河
有生活的琐碎苟且
也有梦里的诗与远方
有醇香的酒
有动人的故事
但凡尘世间的一切人事
都在书里化作一朵文字的花
你若用心品
芬香自然来

【例 3-8】　读取"D:\Python\word.docx"文档。

```
import docx
file=docx.Document(r"D:\Python\word.docx")       #创建文档对象
print("段落数:"+str(len(file.paragraphs)))       #段落数为 9,每个回车隔一段
#输出每一段的内容
for para in file.paragraphs:
    print(para.text)
#输出段落编号及段落内容
for i in range(len(file.paragraphs)):
    print("第"+str(i)+"段的内容是: "+file.paragraphs[i].text)
```

运行上述程序代码,得到的输出结果如图 3-1 所示。

3.2.3　写入 Word 文档

【例 3-9】　向 Word 文档写入文字。

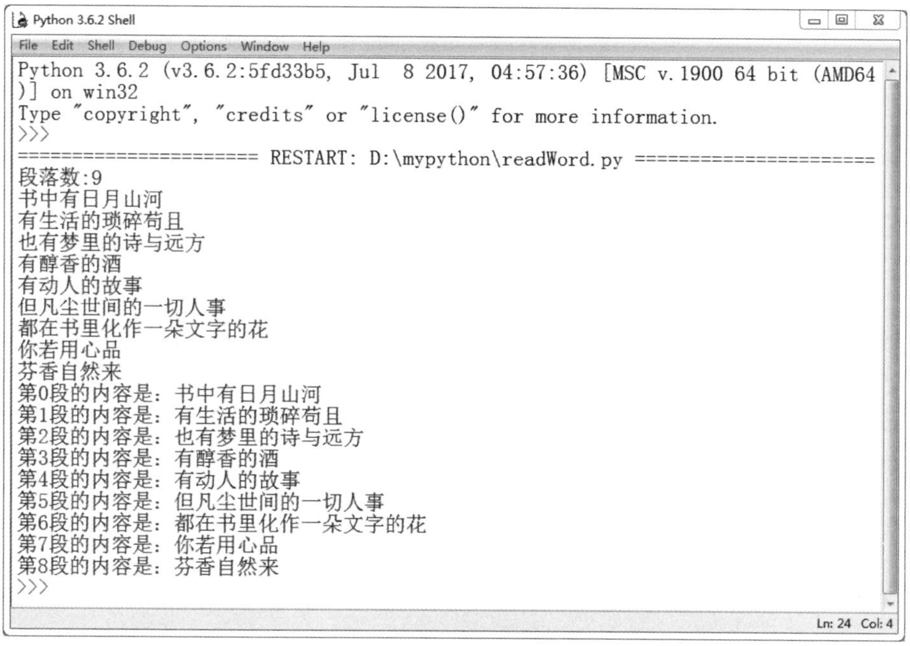

```
Python 3.6.2 Shell

File  Edit  Shell  Debug  Options  Window  Help

Python 3.6.2 (v3.6.2:5fd33b5, Jul  8 2017, 04:57:36) [MSC v.1900 64 bit (AMD64
)] on win32
Type "copyright", "credits" or "license()" for more information.
>>>
==================== RESTART: D:\mypython\readWord.py ====================
段落数:9
书中有日月山河
有生活的琐碎苟且
也有梦里的诗与远方
有醇香的酒
有动人的故事
但凡尘世间的一切人事
都在书里化作一朵文字的花
你若用心品
芬香自然来
第0段的内容是：书中有日月山河
第1段的内容是：有生活的琐碎苟且
第2段的内容是：也有梦里的诗与远方
第3段的内容是：有醇香的酒
第4段的内容是：有动人的故事
第5段的内容是：但凡尘世间的一切人事
第6段的内容是：都在书里化作一朵文字的花
第7段的内容是：你若用心品
第8段的内容是：芬香自然来
>>>
                                                                    Ln: 24  Col: 4
```

图 3-1　得到的输出结果

```
from docx import Document
from docx.shared import Pt
from docx.shared import Inches
from docx.oxml.ns import qn
document = Document()                                    #创建文档
document.add_heading('卜算子咏梅',0)                     #加入 0 级标题
document.add_heading('作者：[宋]陆游',1)                 #加入 1 级标题
document.add_heading('诗的正文',1)                       #加入 1 级标题
#插入段落,段落是 Word 文档最基本的对象之一
paragraph = document.add_paragraph('',style=None)
#给段落追加文字
for x in ['驿外断桥边,寂寞开无主。','已是黄昏独自愁,更著风和雨。','无意苦争春,一任
群芳妒。','零落成泥碾作尘,只有香如故。']:
    paragraph.add_run(x+'\n',style="Heading 2 Char")
#添加图像,此处用到图像"咏梅.png"
document.add_picture(r'D:\Python\咏梅.png', width=Inches(5),height =
Inches(3))
document.add_heading('【简析】',1)                       #加入 1 级标题
paragraph1 = document.add_paragraph('',style=None) #插入段落
#给段落追加文字和设置字符样式
run1 = paragraph1.add_run('陆游一生酷爱梅花,写有大量歌咏梅花的诗,歌颂梅花傲霜雪,凌
寒风,不畏强暴,不羡富贵的高贵品格。')
run1.font.size = Pt(18)                                  #设置字号
#设置中文字体
```

```
run1.font.name=u'隶书'
r =run1._element
r.rPr.rFonts.set(qn('w:eastAsia'), u'隶书')
document.add_heading('陆游生平',1)                    #加入 1 级标题
paragraph2 =document.add_paragraph('',style=None) #插入段落
#给段落追加文字
run2 =paragraph2.add_run(u'陆游(1125—1210 年),字务观,号放翁,汉族,越州山阴(今绍
兴)人,南宋文学家、史学家、爱国诗人。')
run2.font.size =Pt(16)#设置字号
run2.italic =True                                   #设置斜体
run2.bold =True                                     #设置粗体
document.save('writeWord.docx')                      #保存文件
```

运行上述程序代码,得到的 writeWord.docx 文档的内容如图 3-2 所示。

图 3-2　writeWord.docx 文档的内容

3.3　Excel 的文件读与写

　　一个以.xlsx 为扩展名的 Excel 文件打开后叫工作簿 workbook。每个工作簿可以包括多张表格 worksheet,正在操作的这张表格被认为是活跃的 active sheet。每张表格有

行和列,行号为 1、2、3…,列号为 A、B、C…。在某一个特定行和特定列的小格子叫单元格 cell。

Python 读写 Excel 的方式有很多,不同的模块在读写的语法格式上稍有区别,下面介绍用 xlrd 和 xlwt 库进行 Excel 文件的读与写。首先是安装第三方模块 xlrd 和 xlwt,输入命令"pip install xlrd"和"pip install xlwt"进行模块安装。

3.3.1　利用 xlrd 模块读 Excel 文件

1. 打开工作簿文件

```
>>>import xlrd
#打开工作簿文件 2016—2017 总成绩排名.xlsx,其部分内容如图 3-3 所示
>>>book =xlrd.open_workbook(r'G:\上课课件\Python 数学建模方法与实践\2016—2017
总成绩排名.xlsx')                          #创建 workbook 对象,即工作簿对象
```

	B	C	D	E	F	G	H	I	J	K	L	M	N	O	P	Q	R	S
1	课程/环节 [类别][学分]		[0403103] 操作系统	[1324102] 软件工程	[1326120] 基于项目的软件系统实训（ssh）	[1501101] 毛泽东思想和中国特色社会主义理论体系概论2	[1901100] 大学生就业指导	[0414101] 计算机组成原理	[0721200] 现代企业管理	[1303100] 数据库原理	[1313100] 计算机网络	[1324107] Java Web 框架技术	[1326125] 软件开发综合实训（jsp）2	[1501100] 毛泽东思想和中国特色社会主义理论体系概论1	德育学分1	德育学分2	总成绩	个人签名
2			[必修4.0]	[必修3.0]	[环节3.0]	[必修3.0]	[必修1.0]	[必修4.0]	[必修1.0]	[必修3.0]	[必修3.0]	[必修3.0]	[环节2.0]	[必修3.0]	[2.0]	[2.0]		
3	541413440244	武彦华	83	87	80	81	70	89	90	86	90	84	80	90	100	100	3202	
4	541413440132	刘文静	82	92	70	81	90	89	80	92	91	85	80	80	100	100	3187	
5	541413440126	李贤	87	91	80	83	90	88	80	87	88	87	80	80	88	95	3184	
6	5.41413E+11	贾云雷	83	85	80	82	80	82	90	81	90	85	80	90	100	100	3169	
7	541413440226	李雪杰	85	85	80	77	80	80	90	76	83	85	80	80	100	98	3084	
8	541413440250	颜梦林	79	89	70	80	80	84	90	86	83	87	80	90	80	85	3067	
9	541413440136	祁朋	76	86	70	75	80	88	80	90	90	85	90	70	82	98	3054	
10	541413440103	陈念	85	85	80	69	90	84	90	71	81	71	90	80	100	100	3047	
11	541413440123	李宁	77	90	70	81	80	83	80	79	83	77	80	80	98	100	3036	
12	541413440111	谷永慧	80	92	70	72	80	80	90	80	85	77	80	80	91	100	3020	
13	541413440222	李曼玉	80	83	70	85	80	71	90	87	80	76	80	80	100	100	3017	
14	541413440147	徐丹丹	81	90	80	66	90	87	80	76	88	87	60	70	93	91	3001	
15	541413440209	付雪华	78	80	80	91	80	69	90	69	76	82	80	80	100	100	2992	
16	541413440108	丰浩	77	82	80	83	90	80	70	75	83	66	80	80	98	100	2991	
17	541413440101	曹艳	81	88	80	70	80	76	80	77	84	73	80	80	93	100	2990	
18	541413440134	马越	78	80	60	64	90	87	80	87	91	78	80	80	90	100	2990	
19	541413440156	张孝帅	80	88	60	83	90	74	90	77	84	70	90	80	86	100	2974	

图 3-3　2016—2017 总成绩排名.xlsx 文件的部分内容

2. 获取表格 sheet

通过工作簿对象获取表格 sheet 的常用方法如下。

(1) 获取所有 sheet 名字：book.sheet_names()。

(2) 获取 sheet 数量：book.nsheets。

(3) 获取所有 sheet 对象：book.sheets()。

(4) 通过 sheet 名查找：book.sheet_by_name("test")。

(5) 通过索引查找：book.sheet_by_index(3)。

```
>>>book.sheet_names()                      #获取工作簿 book 的所有表格的名字
['Java 技术 14', '测试技术 14', '软件会计 14', '软件开发 14', '移动互联网 14', 'Java 技
术 15', '测试技术 15', '软件会计 15', '软件开发 15', '移动互联网 15', 'Java 技术 16',
'软件测试 16', '移动互联网 16', '软件开发 16']
```

```
>>>book.nsheets                          #获取工作簿 book 的表格数量
14
>>>book.sheet_by_name("测试技术14")       #通过 sheet 名查找表格
<xlrd.sheet.Sheet object at 0x0000000003224198>
>>>book.sheet_by_index(1)                #通过索引查找表格
<xlrd.sheet.Sheet object at 0x0000000003224198>
```

3. 获取表格 sheet 的汇总数据

```
>>>sheet1 =book.sheets()[0]             #获取第1个表格,创建表格对象 sheet1
```

表格对象的常用属性如下。

(1) 获取 sheet 名:sheet1.name。

(2) 获取总行数:sheet1.nrows。

(3) 获取总列数:sheet1.ncols。

```
>>>sheet1.name                          #获取 sheet 名
'Java 技术14'
>>>sheet1.nrows                         #获取总行数
113
>>>sheet1.ncols                         #获取总列数
22
```

4. 单元格批量读取

(1) 行操作。

```
• sheet1.row_values(3)         #获取表格对象 sheet1 第4行的所有内容,合并单元格
• sheet1.row(3)                         #获取第4行各单元格值的类型和内容
• sheet1.row_types(3)                   #获取第4行各单元格数据的类型
>>>sheet1.row_values(3)                 #获取第4行内容
[2.0, '541413440132', '刘文静', 82.0, 92.0, 70.0, 81.0, 90.0, 89.0, 80.0, 92.0,
91.0, 85.0, 80.0, 80.0, 100.0, 100.0, 3187.0, '', '', '', '']
>>>sheet1.row(3)                        #获取第4行各单元格值的类型和内容
[number:2.0, text:'541413440132', text:'刘文静', number: 82.0, number: 92.0,
number:70.0, number:81.0, number:90.0, number:89.0, number:80.0, number:92.0,
number:91.0, number: 85.0, number: 80.0, number: 80.0, number: 100.0, number:
100.0, number:3187.0, empty:'', empty:'', empty:'', empty:'']
>>>sheet1.row_types(3)                  #获取第4行各单元格数据的类型
array('B', [2, 1, 1, 2, 2, 2, 2, 2, 2, 2, 2, 2, 2, 2, 2, 2, 2, 2, 0, 0, 0, 0])
```

数据类型说明如下。

• 空:0;

• 字符串:1;

• 数字:2;

- 日期：3；
- 布尔：4；
- error：5。

（2）表操作。

- sheet1.row_values(0, 6, 10)　　　　　#取第 1 行,第 6~ 10 列(不含第 10 列)
- sheet1.col_values(0, 0, 5)　　　　　#取第 1 列,第 0~ 5 行(不含第 5 行)

```
>>> sheet1.row_values(0, 6, 10)
['[1501101]毛泽东思想和中国特色社会主义理论体系概论 2', '[1901100]大学生就业指导',
'[0414101]计算机组成原理', '[0721200]现代企业管理']
>>> sheet1.col_values(2, 0, 5)                   #取第 3 列,第 0~ 5 行(不含第 5 行)
['', '', '武彦华', '刘文静', '李贤']
```

5. 获取单元格值

（1）sheet1.cell_value(2，2)：取第 3 行、第 3 列的值。

（2）sheet1.cell(2，2).value：取第 3 行、第 3 列的值。

（3）sheet1.row(2)[2].value：取第 3 行、第 3 列的值。

```
>>> sheet1.cell_value(2, 2)
'武彦华'
>>> sheet1.cell(2, 2).value
'武彦华'
>>> sheet1.row(2)[2].value
'武彦华'
```

3.3.2　利用 xlwt 模块写 Excel 文件

目前，xlwt 支持 xls 格式的 Excel，还不支持 xlsx 格式的 Excel。

利用 xlwt 模块写 Excel 文件的过程如下。

（1）新建 Excel 工作簿。

（2）添加 sheet 工作表。

（3）写入内容。

（4）保存文件。

```
>>> import xlwt
#创建一个工作簿 workbook 并设置编码
>>> workbook =xlwt.Workbook(encoding ='utf-8')
#在工作簿中添加新的工作表,若不给名字,就是默认的名字,这里的名字是 chengji
>>> worksheet =workbook.add_sheet('chengji')
>>> worksheet.write(0,0,'Student ID')          #向第一个单元格写入 Student ID
#上面的语句是按照独立的单个单元格写入的
#下面按照行写入,因为有的时候需要按照行写入
>>> row2=worksheet.row(1)                       #在第 2 行创建一个行对象
```

```
>>>row2.write(0,'541513440106')          #向第 2 行第 1 列写入"541513440106"
#保存工作簿 workbook,会在当前目录生成一个 Students.xls 文件
>>>workbook.save('Students.xls')
```

3.4　pandas 读写不同格式的数据

从外部文件读写数据是数据分析处理的前提,是数据处理必不可少的部分。在读写数据时可以对数据做一定的处理,为接下来对数据做进一步分析打好基础。pandas 常用的读写不同格式文件的函数见表 3-1。

表 3-1　pandas 常用的读写不同格式文件的函数

读取函数	写入函数	描　　　述
read_csv()	to_csv()	读写 csv 格式的数据
read_table()		读取普通分隔符分割的数据
read_excel()	to_excel()	读写 excel 格式的数据
read_json()	to_json()	读写 json 格式的数据
read_html()	to_html()	读写 html 格式的数据
read_sql()	to_sql()	读写数据库中的数据

下面主要介绍常见的 csv 文件的读写、txt 文件的读取、Excel 文件的读写。

3.4.1　读写 csv 文件

1. 读取 csv 文件中的数据

在介绍读写 csv 格式的文件之前,先在 Python 的工作目录下创建一个短小的 csv 文件,将其保存为 student.csv。文件内容如下。

```
Name,Math,Physics,Chemistry
WangLi,93,88,90
ZhangHua,97,86,92
LiMing,84,72,77
ZhouBin,97,94,80
```

这个文件以逗号作为分隔符,可使用 pandas 的 read_csv()函数读取它的内容,返回 DataFrame 格式的文件。

```
>>>csvframe =pd.read_csv('student.csv')     #从 csv 中读取数据
>>>type(csvframe)
<class 'pandas.core.frame.DataFrame'>
>>>csvframe
```

```
        Name  Math  Physics  Chemistry
0     WangLi    93       88         90
1   ZhangHua    97       86         92
2     LiMing    84       72         77
3    ZhouBin    97       94         80
```

csv 文件中的数据为列表数据,位于不同列的元素用逗号隔开,csv 文件被视作文本文件,也可以使用 pandas 的 read_table()函数读取,但需要指定分隔符。

```
>>>pd.read_table('student.csv',sep=',')
        Name  Math  Physics  Chemistry
0     WangLi    93       88         90
1   ZhangHua    97       86         92
2     LiMing    84       72         77
3    ZhouBin    97       94         80
```

pd.read_csv()函数的语法格式如下。

```
pd.read_csv(filepath_or_buffer, sep=',', header='infer', names=None, index_
col=None, usecols=None)
```

作用:读取 csv(逗号分割)文件到 DataFrame 对象。

参数说明如下。

filepath_or_buffer:拟要读取的文件的路径,可以是本地文件,也可以是 http、ftp、s3 文件。

sep:其类型是 str,默认为',',用来指定分隔符。如果不指定 sep 参数,则会尝试使用逗号分隔。csv 文件中的分隔符一般为逗号分隔符。

header:其类型中 int 或 int 型列表指定第几行作为列名,默认为 0(第 1 行)。如果第 1 行不是列名,是内容,可以设置 header=None,以便不把第 1 行当作列名。header 参数可以是一个列表,例如[0,2],这个列表表示将文件中的这些行作为列标题(这样,每一列将有多个标题),介于中间的行将被忽略(例如本例中的第 2 行;本例数据中,行号为 0、2 的行将被作为多级标题出现,行号为 1 的行将被丢弃,dataframe 的数据从行号为 3 的行开始)。

names:用于结果的列名列表,对各列重命名,即添加表头。如果数据有表头,但想用新的表头,可以设置 header=0、names=['a','b']实现新表头的定制。

index_col:其类型为 int 或序列类型,默认为 None,用作行索引的列编号或者列名,可使用 index_col=[0,1]指定文件中的第 1 和 2 列为行索引。

usecols:其类型是列表,默认 None,返回一个数据子集,即选取某几列,不读取整个文件的内容,有助于加快速度和降低内存,如 usecols=[1,2]或 usercols=['a','b']。为 # 指定 csv 文件中的行号为 0、2 的行为列标题

```
>>>csvframe =pd.read_csv('student.csv',header=[0,2])
>>>csvframe
```

```
        Name    Math    Physics    Chemistry
     ZhangHua    97       86          92
0      LiMing    84       72          77
1     ZhouBin    97       94          80
>>>pd.read_csv('student.csv',usecols=[1,2])        #读取第2列和第3列
     Math    Physics
0     93       88
1     97       86
2     84       72
3     97       94
#设置header=0, names=['name','maths','physical','chemistry']实现表头定制
>>>pd.read_csv('student.csv',header=0,names=['name','maths','physical',
'chemistry'])
          name    maths    physical    chemistry
0       WangLi     93        88           90
1     ZhangHua     97        86           92
2       LiMing     84        72           77
3      ZhouBin     97        94           80
>>>pd.read_csv('student.csv',index_col=[0,1])        #指定前两列作为行索引
                  Physics    Chemistry
Name        Math
WangLi        93     88          90
ZhangHua      97     86          92
LiMing        84     72          77
ZhouBin       97     94          80
```

2. 向 csv 文件写入数据

把 DataFrame 对象中的数据写入 csv 文件,要用到 to_csv()函数,其语法格式如下。

```
DataFrame.to_csv(path_or_buf=None, sep=',', na_rep='',columns=None, header=
True, index=True)
```

作用:以逗号为分隔符将 DataFrame 对象中的数据写入 csv 文件中。

参数说明如下。

filepath_or_buffer:拟要写入的文件的路径或对象。

sep:默认字符为',',用来指定输出文件的字段分隔符。

na_rep:字符串,默认为'',缺失数据表示,即把空字段替换为 na_rep 所指定的值。

columns:指定要写入文件的列。

header:是否保存列名,默认为 True,保存。如果给定字符串列表,则将其作为列名的别名。

index:是否保存行索引,默认为 True,保存。

```
>>>import pandas as pd
```

```
>>>date_range =pd.date_range(start="20180801", periods=4)
>>>df=pd.DataFrame({'book':[12,13,15,22],'box':[3,8,13,18],'pen': [5,7,12,
15]},index=date_range)
>>>df
            book   box   pen
2018-08-01   12    3     5
2018-08-02   13    8     7
2018-08-03   15    13    12
2018-08-04   22    18    15
>>>df.to_csv('bbp.csv')              #把 df 中的数据写入默认工作目录下的 bbp.csv 文件
```

生成的 bbp.csv 文件的内容如下：

```
,book,box,pen
2018-08-01,12,3,5
2018-08-02,13,8,7
2018-08-03,15,13,12
2018-08-04,22,18,15
```

由上述例子可知，把 df 中的数据写入文件时，行索引和列名称连同数据一起写入，使用 index 和 header 选项，把它们的值设置为 False，可取消这一默认行为。

```
>>>df.to_csv('bbp1.csv',index=False,header=False)
```

生成的 bbp1.csv 文件的内容如下：

```
12,3,5
13,8,7
15,13,12
22,18,15
#写入时,为行索引指定列标签名
>>>df.to_csv("bbp2.csv",index_label="index_label")
```

bbp2.csv 文件内容：

```
index_label,book,box,pen
2018-08-01,12,3,5
2018-08-02,13,8,7
2018-08-03,15,13,12
2018-08-04,22,18,15
```

3.4.2　读取 txt 文件

txt 文件是一种常见的文本文件，可以把一些数据保存在 txt 文件里，用的时候再读取出来。pandas 的函数 read_table()可读取 txt 文件。

pd.read_table 函数的语法格式如下。

```
pandas.read_table(filepath_or_buffer, sep='\t', header='infer', names=None,
```

```
index_col=None, skiprows=None, nrows=None, delim_whitespace=False)
```

作用：读取以'\t'分隔的文件,返回 DataFrame 对象。

参数说明如下。

sep：其类型是 str,用来指定分隔符,默认为制表符,可以是正则表达式。

index_col：指定行索引。

skiprows：用来指定读取时要排除的行。

nrows：从文件中要读取的行数。

delim_whitespace：delim_whitespace＝True 表示用空格分隔每行。

首先在工作目录下创建名为 1.txt 的文本文件,其内容如下：

```
C  Python  Java
1    4      5
3    3      4
4    2      3
2    1      1
>>>pd.read_table('1.txt')                           #读取 1.txt 文本文件
   C  Python  Java
0  1    4      5
1  3    3      4
2  4    2      3
3  2    1      1
```

从上面的读取结果可以看出,文件读取后所显示的数据不整齐。读取文本文件时可以通过用 sep 参数指定正则表达式来匹配空格或制表符,即用通配符"\s＊",其中"\s"匹配空格或制表符,星号"＊"表示这些字符可能有多个。

```
>>>pd.read_table('1.txt',sep='\s＊')
   C  Python  Java
0  1    4      5
1  3    3      4
2  4    2      3
3  2    1      1
```

如上所示,得到了整齐的 DataFrame 对象,所有元素均处在和列索引对应的位置上。

当文件较大时,可以一次读取文件的一部分,这时须明确指明要读取的行号,要用到 nrows 和 skiprows 参数选项,skiprows 指定读取时要排除的行,nrows 指定从起始行开始向后读取多少行。

```
>>>pd.read_table('1.txt',sep='\s＊',skiprows=[1],nrows=2)
   C  Python  Java
0  3    3      4
1  4    2      3
```

在接下来这个例子中,2.txt 文件中数字和字母杂糅在一起,需要从中抽取数字部分。
2.txt 文件的内容如下:

```
0BEGIN11NEXT22A32
1BEGIN12NEXT23A33
2BEGIN13NEXT23A34
```

2.txt 文件显然没有表头,用 read_table 读取时需要将 header 选项设置为 None。

```
>>>pd.read_table('2.txt',sep='\D*',header=None)
   0   1   2   3
0  0  11  22  32
1  1  12  23  33
2  2  13  23  34
```

3.4.3　读写 Excel 文件

在数据分析处理中,用 Excel 文件存放列表形式的数据也非常常见,为此 pandas 提供了 read_excel( )函数来读取 Excel 文件,用 to_excel( )函数向 Excel 文件写入数据。

1. 读取 Excel 文件中的数据

pandas.read_excel( )函数的语法格式如下。

```
pandas.read_excel(io, sheet_name = 0, header = 0, names = None, index_col = None,
usecols=None,skiprows=None,skip_footer=0)
```

作用:读取 Excel 文件中的数据,返回一个 DataFrame 对象。
参数说明如下。
io:Excel 文件路径,是一个字符串。
sheet_name:返回指定的 sheet(表),如果将 sheet_name 指定为 None,则返回全表;如果需要返回多个表,可以将 sheet_name 指定为一个列表,例如['sheet1', 'sheet2'];可以根据 sheet 的名字字符串或索引指定所要选取的 sheet,例如[0,1,'Sheet5']将返回第一、第二和第五个表;默认返回第一个表。
header:指定作为列名的行,默认为 0,即取第 1 行,数据为列名行以下的数据;若数据不含列名,则设定 header = None。
names:指定所生成的 DataFrame 对象的列的名字,传入一个 list 数据。
index_col:指定某列为行索引。
usecols:通过名字或索引值读取指定的列。
skiprows:省略指定行数的数据。
skip_footer:int,默认值为 0,读取数据时省略最后的 skip_footer 行。
首先在工作目录下创建名为 chengji.xlsx 的 Excel 文件,Sheet1 的内容见表 3-2。

表 3-2　Sheet1 的内容

	A	B	C	D	E	F
1	Student ID	name	C	database	oracle	Java
2	541513440106	ding	77	80	95	91
3	541513440242	yan	83	90	93	90
4	541513440107	feng	85	90	92	91
5	541513440230	wang	86	80	86	91
6	541513440153	zhang	76	90	90	92
7	541513440235	lu	69	90	83	92
8	541513440224	men	79	90	86	90
9	541513440236	fei	73	80	85	89
10	541513440210	han	80	80	93	88
11						

Sheet2 的内容见表 3-3。

表 3-3　Sheet2 的内容

	A	B	C	D	E	F
1	Student ID	name	C	Java	Python	
2	106	lu	77	80	95	
3	142	wang	83	90	93	
4	147	ming	85	90	92	
5	180	han	86	80	86	
6	193	fei	76	90	90	
7	215	ma	69	90	83	
8	224	li	79	90	86	
9	236	zhang	73	80	85	
10	260	bao	80	80	93	
11						

接下来通过 pandas 的 read_excel()方法读取 chengji.xlsx 文件。

```
>>>pd.read_excel('chengji.xlsx')
     Student ID     name   C   database   oracle   Java
0   541513440106    ding  77        80       95     91
1   541513440242     yan  83        90       93     90
2   541513440107    feng  85        90       92     91
3   541513440230    wang  86        80       86     91
4   541513440153   zhang  76        90       90     92
5   541513440235      lu  69        90       83     92
6   541513440224     men  79        90       86     90
7   541513440236     fei  73        80       85     89
8   541513440210     han  80        80       93     88
```

#将 chengji.xlsx 的列名作为所生成的 DataFrame 对象的第 1 行数据,并重新生成索引

```
>>>pd.read_excel('chengji.xlsx',header=None)
            0        1    2        3         4
0   Student ID     name   C   database   oracle
1   541513440106    ding  77        80       95
2   541513440242     yan  83        90       93
3   541513440107    feng  85        90       92
4   541513440230    wang  86        80       86
5   541513440153   zhang  76        90       90
```

6	541513440235	lu	69	90	
7	541513440224	men	79	90	86
8	541513440236	fei	73	80	85
9	541513440210	han	80	80	93

\#skiprows 指定读取数据时要忽略的行,这里忽略第 1、2、3 行
```
>>>pd.read_excel('chengji.xlsx',skiprows =[1,2,3])
```

	Student ID	name	C	database	oracle	Java
0	541513440230	wang	86	80	86	91
1	541513440153	zhang	76	90	90	92
2	541513440235	lu	69	90	83	92
3	541513440224	men	79	90	86	90
4	541513440236	fei	73	80	85	89
5	541513440210	han	80	80	93	88

\#skip_footer=4,表示读取数据时忽略最后 4 行
```
>>>pd.read_excel('chengji.xlsx',skip_footer=4)
```

	Student ID	name	C	database	oracle	Java
0	541513440106	ding	77	80	95	91
1	541513440242	yan	83	90	93	90
2	541513440107	feng	85	90	92	91
3	541513440230	wang	86	80	86	91
4	541513440153	zhang	76	90	90	92

\#index_col="Student ID"表示指定 Student ID 为行索引
```
>>>pd.read_excel('chengji.xlsx',skip_footer=4,index_col="Student ID")
```

	name	C	database	oracle	Java
Student ID					
541513440106	ding	77	80	95	91
541513440242	yan	83	90	93	90
541513440107	feng	85	90	92	91
541513440230	wang	86	80	86	91
541513440153	zhang	76	90	90	92

\#names 参数用来重新命名列名称
```
>>>pd.read_excel('chengji.xlsx',skip_footer=5,names=["a","b","c","d","e","f"])
```

	a	b	c	d	e	f
0	541513440106	ding	77	80	95	91
1	541513440242	yan	83	90	93	90
2	541513440107	feng	85	90	92	91
3	541513440230	wang	86	80	86	91

\#sheet_name=[0,1]表示同时读取 Sheet1 和 Sheet2
```
>>>pd.read_excel('chengji.xlsx',skip_footer=5,sheet_name=[0,1])
```

```
OrderedDict([(0,    Student ID  name  C   database  oracle  Java
        0      541513440106  ding  77     80       95     91
        1      541513440242  yan   83     90       93     90
        2      541513440107  feng  85     90       92     91
        3      541513440230  wang  86     80       86    91),
        (1,         Student ID  name  C    Java    Python
        0         106      lu   77     80      95
        1         142    wang   83     90      93
        2         147    ming   85     90      92
        3         180     han   86     80     86)])
```

2. 向 Excel 文件写入数据

把 DataFrame 对象 df 中的数据写入 Excel 文件的函数为 df.to_excel()。

df.to_excel()的语法格式如下。

```
df.to_excel()(excel_writer, sheet_name='Sheet1', na_rep='', columns=None,
header=True, index=True, index_label=None, startrow=0, startcol=0, engine=
None)
```

作用：将 df 对象中的数据写入 Excel 文件。

参数说明如下。

excel_writer：输出路径。

sheet_name：将数据存储在 Excel 的哪个 Sheet 页面,如 Sheet1 页面。

na_rep：缺失值填充。

colums：选择输出的列。

header：指定列名,布尔或字符串列表,默认为 Ture,如果给定字符串列表,则假定它是列名称的别名。若 header = False,则不输出题头。

index：布尔型,默认为 True,显示行索引(名字)。若 index=False,则不显示行索引(名字)。

注意：使用 to_excel()函数之前,需要先通过"pip install openpyxl"安装 openpyxl 模块。

```
>>>df=pd.DataFrame({'course':['C','Java','Python','Hadoop'],'scores':[82,
96,92,88], 'grade':['B','A','A','B']})
>>>df
   course  grade  scores
0      C    B       82
1   Java    A       96
2 Python    A       92
3 Hadoop    B       88
'''sheet_name="sheet2"表示将 df 存储在 Excel 的 sheet2 页面, columns =["course",
"grade"]表示选择"course","grade"两列进行输出'''
>>> df.to_excel(excel_writer = 'cgs.xlsx', sheet_name="sheet2", columns =
```

["course","grade"])

生成的 cgs.xlsx 文件表见表 3-4。

表 3-4　生成的 cgs.xlsx 文件表

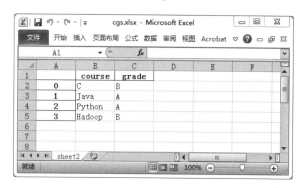

3.4.4　读写 MySQL 数据库

需要安装以下两个库以实现 Pandas 读写 MySQL 数据库。

sqlalchemy

pymysql

读写 MySQL
数据库

其中,pandas 模块提供 read_sql_query()函数实现了对数据库的查询,to_sql()函数
实现了对数据库的写入。sqlalchemy 模块实现了与不同数据库的连接,而 pymysql 模块
则使得 Python 能够操作 MySQL 数据库。

将使用 MySQL 数据库中的 students 数据库以及 scores 表,内容如下:

ID	Name	Python	C	Java
1	武彦青	89	86	90
2	刘涛	89	92	91
3	彦梦	84	86	83
4	李宁	83	79	81

```
>>> import pandas as pd
>>> from sqlalchemy import create_engine
#连接数据库 students
#MySQL 的用户: root;密码: root 密码: host: localhost;端口: 3306;数据库: students
>>> engine =create_engine('mysql+pymysql://root:root@localhost:3306/students')
#读取数据库 students 的 scores 数据表的数据
>>> df =pd.read_sql_table('scores', engine)
>>> df                                      #输出从数据表读取的数据
   ID   Name   Python   C   Java
0   1   武彦青     89   86   90
1   2   刘涛       89   92   91
2   3   彦梦       84   86   83
3   4   李宁       83   79   81
```

```
#也可以只读取指定的字段
>>> df1 = pd.read_sql_table('scores', engine, columns = ['ID', 'Python', 'C',
'Java'])
>>> df1
    ID  Python   C   Java
0    1      89   86    90
1    2      89   92    91
2    3      84   86    83
3    4      83   79    81
>>> scores1 = {'ID':[5,6,7],'C':[77,83,90],'Python':[80,83,87],'Java':[79,86,
85],'Name':['张丽','李明','王涛']}
>>> scores1_DF = pd.DataFrame(scores1)          #创建 DataFrame 对象
>>> scores1_DF
     C   ID  Java  Name   Python
0   77    5    79   张丽       80
1   83    6    86   李明       83
2   90    7    85   王涛       87
```

调用 scores1_DF 对象的 to_sql( )函数可把 scores1_DF 对象中的数据导入数据库 students 的 scores 数据表中。函数的第 1 个参数是指定要导入哪个表中,第 2 个参数是指已建立的数据库连接,第 3 个参数是指去掉索引,第 4 个参数是指如果数据库里已经有某个数据如何添加新数据,这个参数有几种不同的取值,如"覆盖"等。注意:要保证 scores1_DF 对象的列名与要插入的数据表的字段名一致,否则是无法插入的。

```
>>> scores1_DF.to_sql(
    name = 'scores',
    con = engine,
    index = False,
    if_exists = 'append'
)
>>> df2 = pd.read_sql_table('scores', engine)    #重新读取数据表
>>> df2                                          #输出结果表明数据表中的数据增多了
    ID   Name   Python   C   Java
0    1   武彦青       89   86    90
1    2    刘涛       89   92    91
2    3    彦梦       84   86    83
3    4    李宁       83   79    81
4    5    张丽       80   77    79
5    6    李明       83   83    86
6    7    王涛       87   90    85
```

3.5 NumPy 读写数据文件

NumPy 提供了读写文件的函数,可以把数据分析结果方便地写入文本或二进制文件中,也可以从文件中读取数据并将其转换为数组。

3.5.1　读写二进制文件

NumPy 中的 save()函数以二进制格式保存数组到一个文件中,文件的扩展名为 ".npy",该扩展名是由系统自动添加的。NumPy 中的 load()函数从二进制文件中读取数据。save()函数的语法格式如下。

```
numpy.save(file, arr)
```

参数说明如下。

file：用来保存数组的文件名或文件路径,是字符串类型。

arr：要保存的数组。

```
>>>import numpy as np
>>>A =np.arange(16).reshape(2,8)
>>>A
array([[ 0, 1, 2, 3, 4, 5, 6, 7],
       [ 8, 9, 10, 11, 12, 13, 14, 15]])
>>>np.save("C:/workspace/Python/A.npy",A)
#如果文件路径末尾没有扩展名".npy",系统会自动添加该扩展名
>>>B=np.load("C:/workspace/Python/A.npy")        #load用来读取二进制文件
>>>B
array([[ 0, 1, 2, 3, 4, 5, 6, 7],
       [ 8, 9, 10, 11, 12, 13, 14, 15]])
```

如果想将多个数组保存到一个文件中,可以使用 numpy.savez()函数。savez()函数的第一个参数是文件名,其后的参数都是需要保存的数组,也可以使用关键字参数为数组起一个名字,非关键字参数传递的数组会自动起名为 arr_0,arr_1,…。savez()函数的输出是一个压缩文件(扩展名为".npz"),其中每个文件都是一个 save()函数保存的 npy 文件。一个文件名对应一个数组名。load()函数自动识别 npz 文件,并返回一个类似于字典的对象,可以将保存时为数组起的名字作为关键字获取相应数组的内容。

```
>>>import numpy as np
>>>A =np.arange(16).reshape(2,8)
>>>B =np.arange(15).reshape(3,5)
>>>np.savez("C:/workspace/Python/C.npz",A,B)
>>>D=np.load("C:/workspace/Python/C.npz")
>>>D['arr_0']
array([[ 0, 1, 2, 3, 4, 5, 6, 7],
       [ 8, 9, 10, 11, 12, 13, 14, 15]])
>>>D['arr_1']
array([[ 0, 1, 2, 3, 4],
       [ 5, 6, 7, 8, 9],
       [10, 11, 12, 13, 14]])
```

3.5.2　读写文本文件

NumPy 中的 savetxt()函数用于将数组中的数据存放到文本文件中。savetxt()的语

法格式如下。

```
numpy.savetxt(filename, arr, fmt='%.18e', delimiter=' ', newline='\n')
```

参数说明如下。

filename：存放数据的文件名。

arr：要保存的数组。

fmt：指定数据存入的格式。

delimiter：数据列之间的分隔符，数据类型为字符串，默认值为''。

newline：数据行之间的分隔符。

```
>>>a=np.arange(0,10).reshape(2,5)
>>>a
array([[0, 1, 2, 3, 4],
       [5, 6, 7, 8, 9]])
#以空格分隔将数组 a 存放到文本文件中
>>>np.savetxt("C:/workspace/Python/a.txt",a)
```

numpy.loadtxt()函数用于从文本文件中读取数据到数组中，其语法格式如下。

```
numpy.loadtxt(fname, dtype=<class 'float'>, delimiter=None, converters=None)
```

参数说明如下。

fname：文件名/文件路径。

dtype：要读取的数据类型。

delimiter：读取数据时的数据列之间的分隔符，数据类型为字符串。

converters：读取数据时的数据行之间的分隔符。

注意：根据 numpy.savetxt()定制的保存格式，相应的加载数据的函数 numpy.loadtxt()也得变化。

```
>>>np.loadtxt("C:/workspace/Python/a.txt")
array([[ 0., 1., 2., 3., 4.],
       [ 5., 6., 7., 8., 9.]])
>>>b=np.arange(0,10,0.5).reshape(2,10)
#将数组元素保存为浮点数，以逗号分隔
>>>np.savetxt("C:/workspace/Python/b.txt",b,fmt="%f",delimiter=",")
#加载时也要指定以逗号分隔，指定要读取的数据类型为浮点型
>>>np.loadtxt("C:/workspace/Python/b.txt",dtype="f",delimiter=",")
array([[0., 0.5, 1., 1.5, 2., 2.5, 3., 3.5, 4., 4.5],
       [5., 5.5, 6., 6.5, 7., 7.5, 8., 8.5, 9., 9.5]], dtype=float32)
```

3.6 读写 JSON 数据

JSON 是一种轻量级、跨平台、跨语言的数据交换格式，广泛应用于各种语言的数据交换中，这些语言包括 C、C++ 、C♯、Java、JavaScript、Perl、Python 等。

3.6.1 JSON 数据格式

JSON 的全称是 JavaScript Object Notation，即 JavaScript 对象符号，它是一种轻量级的数据交换格式。最早的时候，JSON 是 JavaScript 语言的数据交换格式，后来慢慢发展成一种与语言无关的数据交换格式。

JSON 有两种数据结构：对象和数组。

(1) 对象(object)：用大括号表示，由 key-value 对(键值对)组成，每个键值对用逗号隔开。其中 key 必须为字符串且是双引号，value 可以是多种数据类型，如{"firstName"："Brett"，"lastName"："McLaughlin"}。

(2) 数组(array)：用中括号表示，每个元素之间用逗号隔开。

JSON 数据可以嵌套表示出结构更加复杂的数据。特别注意 JSON 字符串用双引号，而非单引号。用 JSON 表示中国部分省市数据如下：

```
{
    "name": "中国",
    "province": [{"name": "湖北", "cities": {"city": ["武汉", "黄冈"]}},
{"name": "广东", "cities": {"city": ["广州", "深圳"]}},
{"name": "河南", "cities": {"city": ["郑州", "洛阳"]}},
{"name": "江苏", "cities": {"city": ["南京", "苏州"]}}
]
}
```

3.6.2 Python 解码和编码 JSON 数据

Python 3 使用 json 模块的两个函数 json.dumps()和 json.loads()对 JSON 数据进行编码和解码。

json.dumps()：对数据进行编码，把一个 Python 对象编码转换成 JSON 格式字符串。

json.loads()：对数据进行解码，把 JSON 格式字符串解码转换成 Python 对象。

在 JSON 的编解码过程中，Python 数据类型与 JSON 数据类型会相互转换。Python 编码为 JSON 的转换对应表见表 3-5。JSON 编码为 Python 的转换对应表见表 3-6。

表 3-5　Python 编码为 JSON 的转换对应表

Python	JSON	Python	JSON
dict	object	True	true
list，tuple	array	False	false
str	string	None	null
int，float	number		

表 3-6　JSON 编码为 Python 的转换对应表

JSON	Python	JSON	Python
object	dict	number（real）	float
array	list	true	True
string	str	false	False
number（int）	int	null	None

```
>>> import json
>>>   #将 Python 对象转换为 JSON 字符串
>>> s =json.dumps(['ZhangSan', {'favorite': ('coding', None, 'game')}])
>>> print(s) #注意观察输出结果
["ZhangSan", {"favorite": ["coding", null, "game"]}]
>>> #将简单的 Python 字符串转换为 JSON 字符串
>>> s2 =json.dumps("\"Python\Java")
>>> print(s2)
"\"Python\\Java"
>>> #将 Python 的 dict 对象转换成 JSON,并对 key 排序
>>> s3 =json.dumps({"c": 3, "b": 2, "a": 1}, sort_keys=True)
>>> print(s3)
{"a": 1, "b": 2, "c": 3}
>>> #将 Python 列表转换成 JSON,并指定 JSON 分隔符:逗号和冒号之后没有空格(默认有空格)
>>> s4 =json.dumps([1, 2, 3, {'x': 5, 'y': 7}], separators=(',', ':'))
>>> print(s4)
[1,2,3,{"x":5,"y":7}]
```

【例 3-10】　Python 数据类型和 JSON 数据类型的转换。

```
>>> import json
>>> data1 ={'name':'jack','age':20,'like':('sing','dance')}
                                #定义 Python 字典类型数据
>>> json_str =json.dumps(data1)        #将 Python 字典类型转换为 JSON 对象
>>> type(json_str)
<class 'str'>
>>> print("Python 原始数据:", data1)
Python 原始数据: {'name': 'jack', 'age': 20, 'like': ('sing', 'dance')}
>>> print("转换成 json 格式:", json_str)
转换成 json 格式:{"name": "jack", "age": 20, "like": ["sing", "dance"]}
#将 JSON 对象转换为 Python 字典
>>> data2 =json.loads(json_str)
>>> print("再转换成 Python 格式:",data2)
再转换成 Python 格式: {'name': 'jack', 'age': 20, 'like': ['sing', 'dance']}
```

3.6.3　Python 操作 JSON 文件

首先创建一个 JSON 文件,其过程是:在某个位置新建一个文本文件,然后对其重命名,将文本文件后面的".txt"修改成".json"就创建成一个 JSON 文件了。

(1) 把一个 Python 类型数据直接写入 JSON 文件的语法格式如下。

```
json.dump(data1, open('xxx.json', "w"))
```

上面的函数将 data1 转换得到的 JSON 字符串输出到 xxx.json 文件中。

(2) 直接从 JSON 文件中读取数据返回 Python 对象的语法格式如下。

```
json.load(open('xxx.json'))
```

上面的函数从 JSON 文件 xxx.json 中读取数据并将该数据转换成 Python 对象返回。

【例 3-11】　使用 dump()函数将转换得到的 JSON 字符串输出到文件。

```
>>>import json
>>>f = open(r'D:\Python\a.json', 'w')          #以写的方式打开 a.json 文件
#将转换得到的字符串输出到 a.json 文件中,写入后以文本方式打开,如图 3-4 所示
>>>json.dump(['course', {'Python': 'excellent'}], f)
>>>data = json.load(open('a.json '))           #从 JSON 文件中读取数据返回 Python 对象
>>>print(data)                                 #输出 Python 对象 data
['course', {'Python': 'excellent'}]
```

图 3-4　以文本方式打开 a.json 文件

3.7　本章小结

本章主要介绍各种类型文件的读取与写入。首先介绍了如何使用 csv 模块读取与写入 csv 文件,如何使用 python-docx 模块处理 Word 文档,如何利用 xlrd 模块读 Excel 文件,如何利用 xlwt 模块写 Excel 文件,然后介绍了 pandas 如何读写 csv 文件、txt 文件、Excel 文件、MySQL 数据库,NumPy 如何读写文件,最后介绍了 JSON 文件的处理。

数据预处理

第 4 章

机器学习工作始终是以数据为中心开展的,采集到的原始数据通常来自多个异构数据源,数据在准确性、完整性和一致性等方面存在着多种问题。在机器学习之前,首先要做的就是对数据进行预处理,处理数据中的"脏"数据,从而提高机器学习模型的准确性和有效性。数据预处理通常包括缺失值处理、噪声数据处理、数据规范化、数据离散化、数据规约等过程。

4.1 缺失值处理

人工输入错误、仪器设备测量精度以及数据收集过程机制缺陷等都会造成采集的数据存在质量问题,具体包括测量误差、数据收集错误、噪声、离群点、缺失值、不一致值、重复数据等。处理缺失值的方法主要有 3 类:删除存在缺失值的元组、对缺失数据填充和不处理。

4.1.1 删除存在缺失值的元组

处理缺失数据最简单的方法是:将包含缺失数据的对象(也称元组、记录、样本)从数据集中删除,从而得到一个完备的信息表。这种方法简单易行,在对象有多个属性缺失值、被删除的含缺失值的对象与信息表中的数据量相比非常小的情况下是非常有效的。然而,这种方法有很大的局限性,它是以减少历史数据来换取信息的完备,会造成数据资源的浪费,丢弃了大量隐藏在这些对象中的信息。在信息表中本来包含的对象很少的情况下,删除少量对象就足以严重影响信息表信息的客观性和结果的正确性。因此,当遗漏数据所占比例较大,特别当遗漏数据非随机分布时,这种方法可能导致数据发生偏离,从而得出错误的结论。

pandas 扩展库的 DataFrame 对象的 dropna() 方法可用于删除含有缺失值的行或列,令 df 表示一个 DataFrame 对象,dropna() 方法的语法格式如下。

```
df.dropna(axis=0,how='any',thresh=None,subset=None,inplace=False)
```

作用:删除含有缺失值的行或列。

参数说明如下。

axis：axis＝0 表示删除含有缺失值的行，axis＝1 表示删除含有缺失值的列。

how：取值集合为｛ 'any', 'all'｝，默认为'any'，how＝'any'表示删除含有缺失值的行或列，how＝'all'表示删除全为缺失值的行或列。

thresh：指定要删除的行或列至少含有多少个缺失值。

subset：在哪些列中查看是否有缺失值。

inplace：为 True 时在原表上进行修改，为 False 时不在原表上进行修改。

下面给出 dropna()方法的具体示例。

```
>>>import numpy as np
>>>import pandas as pd
>>>df =pd.DataFrame({"name": ['ZhangSan', 'LiSi', 'WangWu',np.nan,'ZhangFei'],
"sex": ['male', 'male', 'female','female','male'],"grade": [np.nan, 86,90,np.
nan,85]})                                              #创建 DataFrame 对象
>>>print(df)
        name      sex   grade
0   ZhangSan     male     NaN
1       LiSi     male    86.0
2    WangWu   female    90.0
3       NaN   female     NaN
4   ZhangFei     male    85.0
>>>df.dropna()                                  #删除含有缺失值的行
         name      sex   grade
1        LiSi     male    86.0
2      WangWu   female    90.0
4     ZhangFei     male    85.0
>>>df.dropna(how='all')                         #删除全为缺失值的行
         name      sex   grade
0     ZhangSan     male     NaN
1         LiSi     male    86.0
2       WangWu   female    90.0
3          NaN   female     NaN
4     ZhangFei     male    85.0
>>>df.dropna(thresh=2)                           #删除至少含有两个缺失值的行
         name      sex   grade
0     ZhangSan     male     NaN
1         LiSi     male    86.0
2       WangWu   female    90.0
4     ZhangFei     male    85.0
>>>df.dropna(subset=['name', 'sex'])        #删除时只在'name'和'sex'列中查看缺失值
         name      sex   grade
0     ZhangSan     male     NaN
1         LiSi     male    86.0
2       WangWu   female    90.0
4     ZhangFei     male    85.0
```

4.1.2 对缺失数据填充

数据补齐是使用一定的值对缺失属性值进行填充补齐,从而使信息表完备化。面对大型的数据库,它的属性有几十个甚至上百个,因为一个属性值的缺失而放弃大量的其他属性值,这种删除是对信息的极大浪费,因此产生了以可能值对缺失值进行补齐的思想与方法,常用的有如下几种方法。

1. 均值填充

数据的属性分为数值型和非数值型。如果缺失值是数值型的,就以该属性存在值的平均值填充缺失的值;如果缺失值是非数值型的,就根据统计学中的众数原理,用该属性的众数(即出现频率最高的值)填充缺失的值。

2. 利用同类均值填充

同类均值填充首先利用聚类方法预测缺失记录所属种类,然后使用与存在缺失值的记录属于同一类的其他记录的平均值填充缺失值。可使用 sklearn.impute 中的 SimpleImputer 类方便地实现此方法,其语法格式如下。

```
SimpleImputer(missing_values=nan, strategy='mean', fill_value=None)
```

作用:缺失值填充。

参数说明如下。

missing_values:告诉 SimpleImputer,数据中的缺失值的表现形式是什么,默认空值 np.nan。

strategy:填充缺失值的策略,共有 4 种选择,分别是 mean、median、most_frequent、constant。如果是 mean,则每一列的缺失值由该列的均值填充(仅对数值型特征可用);如果是 median,则是中位数(仅对数值型特征可用);如果是 most_frequent,则是众数(对数值型和字符型特征都可用);如果是 constant,则用参数 fill_value 指定的值填充缺失值。

fill_value:当参数 strategy 的取值为 constant 时,fill_value 用指定值填充缺失值。

(1) 均值填充。

均值填充的代码示例如下。

```
>>> import numpy as np
>>> import pandas as pd
>>> from sklearn.impute import SimpleImputer
>>> df = pd.DataFrame([[101, 'WangLi', np.nan, 90], [102, 'LiHua', 85, np.nan],
[103, 'LiuFei', 95, 90], [104, 'WangMeng', np.nan, 92]], columns=['ID', 'Name',
'C', 'Python'])
>>> df
```

```
     ID      Name     C   Python
0   101    WangLi    NaN    90.0
1   102    LiHua    85.0    NaN
2   103    LiuFei   95.0    90.0
3   104   WangMeng   NaN    92.0
```
#实例化,均值填充
```
>>>imp_mean =SimpleImputer(missing_values=np.nan, strategy='mean')
>>>c=df['C'].values.reshape(-1,1)
>>>imp_mean.fit(c)
SimpleImputer(copy=True, fill_value=None, missing_values=nan, strategy='
mean',
      verbose=0)
```
#按指定的填充方案填充,并返回填充后的结果
```
>>>imp_mean_C=imp_mean.transform(c)
>>>imp_mean_C
array([[90.],
       [85.],
       [95.],
       [90.]])
>>>df['C']=imp_mean_C          #将填充好的数据传回到 df['C']列
>>>df['C'].isnull().sum()      #检验是否还有空值,为 0 即说明空值均已被填充
0
>>>df
     ID      Name      C   Python
0   101    WangLi    90.0    90.0
1   102    LiHua     85.0    NaN
2   103    LiuFei    95.0    90.0
3   104   WangMeng   90.0    92.0
```

（2）中值填充。

对 df 的 C 列进行中值填充的代码如下。

```
import numpy as np
import pandas as pd
from sklearn.impute import SimpleImputer
df =pd.DataFrame([[101, 'WangLi', np.nan,90],[ 102, 'LiHua',85, np.nan],[ 103,
'LiuFei', 95, 90],[ 104, 'WangMeng', np.nan, 92]],columns=['ID', 'Name', 'C',
'Python'])
imp_median=SimpleImputer(missing_values=np.nan,strategy='median')
                          #实例化,中值填充
c=df['C'].values.reshape(-1,1)
imp_median_C=imp_median.fit_transform(c)     #fit_transform 一步完成调取结果
df['C']=imp_mean_C                           #将填充好的数据传回到 df['C']列
print("C 列填充后的结果: ")
print(df)
```

整体运行上述代码得到的输出结果如下。

C 列填充后的结果：

```
    ID      Name      C    Python
0   101   WangLi    90.0    90.0
1   102    LiHua    85.0     NaN
2   103   LiuFei    95.0    90.0
3   104  WangMeng   90.0    92.0
```

3. 就近填充

对于一个包含空值的对象,就近填充法在完整数据中找到一个与它最相似的对象,然后用这个相似对象的值进行填充。不同的问题可能会选用不同的标准对相似进行判定。该方法的缺点在于难以定义相似标准,主观因素较多。

pandas 扩展库的 DataFrame 对象的 fillna()方法可用于缺失值填充,令 df 表示一个 DataFrame 对象,fillna()方法的语法格式如下。

```
df.fillna(value=None, method=None, axis=None, inplace=False, limit=None)
```

作用：用于按指定的方法填充 NA/NaN 缺失值。

参数说明如下。

value：用于填充缺失值的标量值或字典对象。

method：插值方式,可选值的集合为{ 'bfill', 'ffill',None},默认为 None,ffill 表示用前一个非缺失值填充该缺失值,bfill 表示用下一个非缺失值填充该缺失值,None 表示指定一个值替换缺失值。

axis：待填充的轴,默认 axis＝0,表示 index 行。

limit：对于前向或后向填充,可以连续填充的最大数量。

```
>>> import numpy as np
>>> import pandas as pd
>>> df = pd.DataFrame([[101, 'WangLi', np.nan, 90],[ 102, 'LiHua', 85, np.nan],
[ 103, 'LiuFei', 95, 90],[ 104, 'WangMeng', np.nan, 92]],columns=['ID','Name',
'C','Python'])
>>> df
    ID      Name      C   Python
0   101   WangLi     NaN    90.0
1   102    LiHua    85.0     NaN
2   103   LiuFei    95.0    90.0
3   104  WangMeng    NaN    92.0
>>> df.fillna('60')                              #用字符串'60'填充缺失值
    ID      Name      C   Python
0   101   WangLi     60      90
1   102    LiHua     85      60
2   103   LiuFei     95      90
3   104  WangMeng    60      92
```

```
>>>df.fillna(method='ffill')          #ffill:用前一个非缺失值填充该缺失值
     ID      Name     C   Python
0   101    WangLi   NaN    90.0
1   102     LiHua  85.0    90.0
2   103    LiuFei  95.0    90.0
3   104  WangMeng  95.0    92.0
>>>values ={'C': 75, 'Python': 85}
```
#将'C'和'Python'列中的 NaN 元素分别替换为 75 和 85
```
>>>df.fillna(value=values)
     ID      Name     C   Python
0   101    WangLi  75.0    90.0
1   102     LiHua  85.0    85.0
2   103    LiuFei  95.0    90.0
3   104  WangMeng  75.0    92.0
>>>df.fillna(value=values,limit=1)        #替换各列的第一个 NaN 元素
     ID      Name     C   Python
0   101    WangLi  75.0    90.0
1   102     LiHua  85.0    85.0
2   103    LiuFei  95.0    90.0
3   104  WangMeng   NaN    92.0
```

4. 拟合填充

基于完整的数据集,建立拟合曲线。对于包含空值的对象,将已知属性值代入拟合曲线来估计未知属性值,以此估计值进行填充。

5. 插值填充

插值法是函数逼近的重要方法之一,就是用给定函数 $f(x)$($f(x)$ 函数可以未知,只需已知若干点上的值)的若干点上的函数值构造 $f(x)$ 的近似函数 $\varphi(x)$,要求 $\varphi(x)$ 与 $f(x)$ 在给定点的函数值相等,这里的 $\varphi(x)$ 称为 $f(x)$ 的插值函数。插值法有多种,以拉格朗日插值和牛顿插值为代表的多项式插值法最有特点,即插值函数是多项式。

（1）拉格朗日插值法。

设 $y=f(x)$ 是定义在 $[a,b]$ 上的函数,在互异点 $x_0,x_1,\cdots,x_n$ 处的函数值分别为 $f(x_0),f(x_1),\cdots,f(x_n)$,构造 n 次多项式 $p_n(x)$,使得

$$p_n(x_i)=f(x_i),\quad i=0,1,\cdots,n$$

函数 $p_n(x)$ 为 $f(x)$ 的插值函数,通常称 x_0、x_1、$\cdots$、x_n 为插值结点,称 $p_n(x_i)=f(x_i)$ 为插值条件。构造的 n 次多项式可表示为:

$$p_n(x)=a_0+a_1x+a_2x^2+\cdots+a_nx^n$$

构造出 $p_n(x)$,对 $f(x)$ 在 $[a,b]$ 上函数值的计算,就转换为 $p_n(x)$ 在对应点上的计算。

首先看线性插值,即给定两个点 (x_0,y_0) 和 (x_1,y_1),$x_0\neq x_1$,确定一个一次多项式插值函数,简称线性插值。可使用待定系数法求出该一次多项式插值函数,设一次多项式插

值函数 $L_1(x)=a_0+a_1x$，将插值点代入 $L_1(x)$，得到

$$\begin{cases} a_0+a_1x_0=y_0 \\ a_0+a_1x_1=y_1 \end{cases}$$

当 $x_0 \neq x_1$ 时，方程组的解存在且唯一，解之得

$$a_0=\frac{x_0y_1-x_1y_0}{x_0-x_1}, \quad a_1=\frac{y_0-y_1}{x_0-x_1}$$

因此，

$$L_1(x)=\frac{x_0y_1-x_1y_0}{x_0-x_1}+\frac{y_0-y_1}{x_0-x_1}x=\frac{x-x_1}{x_0-x_1}y_0+\frac{x-x_0}{x_1-x_0}y_1$$

推广到一般的 n 次情况，拉格朗日差值函数为：$L_n(x)=\sum_{i=0}^{n}y_il_i(x)$，其中，

$$l_i(x)=\frac{(x-x_0)\cdots(x-x_{i-1})(x-x_{i+1})\cdots(x-x_n)}{(x_i-x_0)\cdots(x_i-x_{i-1})(x_i-x_{i+1})\cdots(x_i-x_n)}$$

下面是拉格朗日的使用举例。

```
>>> x =[-2,0,1,2]                        #生成已知点的 x 坐标
>>> y =[17,1,2,17]                       #生成已知点的 y 坐标
>>> def Larange(x,y,a):
    t =0.0
    for i in range(len(y)):
        c =y[i]
        for j in range(len(y)):
            if j !=i:
                c * =(a-x[j])/(x[i]-x[j])
        t +=c
    return t
>>> y2 =Larange(x,y,0.6)                  #求插值函数在 0.6处的函数值
>>> print(y2)
0.256
```

Python 的 scipy 库提供了拉格朗日插值函数，因此可通过直接调用拉格朗日插值函数实现插值计算。

```
from scipy.interplotate import lagrange
a=lagrange(x,y)
```

直接调用 lagrange(x,y)即可，返回一个对象。参数 x、y 分别是对应各个点的 x 值和 y 值。直接输出 a 对象，就能看到插值函数。a.order 得到插值函数的阶，a[]得到插值函数的系数，a(b)得到插值函数在 b 处的值。

```
from scipy.interpolate import lagrange
x =[-2,0,1,2]                            #生成已知点的 x 坐标
y =[17,1,2,17]                           #生成已知点的 y 坐标
a=lagrange(x,y)                          #四个点返回 3 阶拉格朗日插值多项式
```

```
print('插值函数的阶: '+str(a.order))
print('插值函数的系数: '+str(a[3])+':'+str(a[2])+':'+str(a[1])+':'+str(a[0]))
print(a)
print(a(0.6))                                    #插值函数在 0.6 处的值
```

执行上述代码得到的输出结果如下。

```
插值函数的阶: 3
插值函数的系数: 1.0:4.0:-4.0:1.0
   3     2
1 x + 4 x - 4 x + 1
0.2559999999999999
```

拉格朗日插值公式紧凑,但在插值结点增减时,插值多项式就会随之变化,这在实际计算中是很不方便的,为了克服这一缺点,提出了牛顿插值法。

（2）牛顿插值法。

牛顿插值法求解过程主要包括 3 个步骤。

步骤 1：求已知点对的所有阶差商。

一阶差商：$f(x)$ 关于点 x_0、x_1 的一阶差商记为 $f[x_0,x_1]$,

$$f[x_0,x_1]=\frac{f(x_0)-f(x_1)}{x_0-x_1}$$

$f(x)$ 关于点 x_0、x_1、x_2 的二阶差商记为 $f[x_0,x_1,x_2]$,

$$f[x_0,x_1,x_2]=\frac{f[x_0,x_1]-f[x_1,x_2]}{x_0-x_2}$$

n 阶差商 $f[x_0,x_1,\cdots,x_{n-1},x_n]$ 为,

$$f[x_0,x_1,\cdots,x_{n-1},x_n]=\frac{f[x_0,x_1,\cdots,x_{n-1}]-f[x_1,x_2,\cdots,x_n]}{x_0-x_n}$$

步骤 2：根据差商建立插值多项式。

线性插值：给定两个插值点 $(x_0,f(x_0))$,$(x_1,f(x_1))$,$x_0\neq x_1$,设

$$N_1(x)=a_0+a_1(x-x_0)$$

代入插值点,得

$$a_0=f(x_0),\quad a_1=\frac{f(x_0)-f(x_1)}{x_0-x_1}-f[x_0,x_1]$$

于是得线性牛顿插值公式：

$$N_1(x)=f(x_0)+f[x_0,x_1](x-x_0)$$

同理,给定 3 个互异插值点 $(x_0,f(x_0))$,$(x_1,f(x_1))$,$(x_2,f(x_2))$,可得二次牛顿插值公式：

$$N_2(x)=f(x_0)+f[x_0,x_1](x-x_0)+f[x_0,x_1,x_2](x-x_0)(x-x_1)$$

更一般的 n 次牛顿插值公式为：

$$N_n(x)=f(x_0)+(x-x_0)f[x_0,x_1]+(x-x_0)(x-x_1)f[x_0,x_1,x_2]+\cdots+$$
$$(x-x_0)(x-x_1)\cdots(x-x_{n-1})f[x_0,x_1,\cdots,x_n]$$

步骤 3：将缺失的函数值对应的点 x 代入插值多项式得到缺失值的近似值。

牛顿插值法也是多项式插值,但采用了另一种构造插值多项式的方法,本质上说,两者给出的结果是一样的(相同次数、相同系数的多项式),只是表示的形式不同而已。

6. 多重填充

多重填补的思想来源于贝叶斯估计,认为待填补的值是随机的,它的值来自已观测到的值。实际操作时,通常是估计出待插补的值,然后再加上不同的噪声,形成多组可选填补值。根据某种选择依据,选取最合适的填填充。多重填充方法分为 3 个步骤。

(1) 为每个空值产生一套可能的填补值,这些值反映了无响应模型的不确定性;每个值都可以用来填补数据集中的缺失值,产生若干个完整数据集合。

(2) 每个填补数据集合都用针对完整数据集的统计方法进行统计分析。

(3) 对来自各个填补数据集的结果,根据评分函数进行选择,产生最终的填补值。

7. 特殊值填充

将空值作为一种特殊的属性值来处理,它不同于其他的任何属性值。如所有的空值都用 unknown 填充,可能导致严重的数据偏离,一般不推荐使用。对于数据表中"驾龄"属性值的缺失,没有填写这一项的用户可能是没有车,为它填充为 0 较为合理。再如"本科毕业时间"属性值的缺失,没有填写这一项的用户可能是没有上大学,为它填充正无穷比较合理。

4.1.3 不处理

直接在包含空值的数据上进行机器学习,这类方法有贝叶斯网络和人工神经网络等。贝叶斯网络是用来表示变量间连接概率的图形模式,它提供了一种自然的表示因果信息的方法,用来发现数据间的潜在关系。在这个网络中,用结点表示变量,用有向边表示变量间的依赖关系。贝叶斯网络仅适合于对领域知识具有一定了解的情况,至少适合于对变量间的依赖关系较清楚的情况。

4.2 噪声数据处理

噪声是一个测量变量中的随机错误或偏差,包括错误值或偏离期望的孤立点值。造成这种误差有多方面原因,如数据收集工具的问题、数据输入、传输错误、技术限制等。噪声检查中比较常见的方法包括:

(1) 通过寻找数据集中与其他观测值及均值差距最大的点作为异常。

(2) 聚类方法检测,将类似的取值组织成"群"或"簇",落在"簇"集合之外的值被视为离群点。

在进行噪声检查后,通常采用分箱、聚类、回归、正态分布 3σ 原则等方法去掉数据中的噪声。

4.2.1　分箱法去噪

分箱法是指通过考察"邻居"(周围的值)平滑存储数据的值。所谓"分箱",就是按照属性值划分的子区间,如果一个属性值处于某个子区间范围内,就把该属性值归属于这个子区间所代表的"箱子"内。把待处理的数据(某列属性值)按照一定的规则放进一些箱子中,然后考察每一个箱子中的数据,采用某种方法分别对各个箱子中的数据进行处理。在采用分箱技术时,需要解决两个问题:如何分箱,以及如何对每个箱子中的数据进行平滑处理。数据平滑方法:按平均值平滑,对同一箱值中的数据求平均值,用平均值替代该箱子中的所有数据;按边界值平滑,箱中的最大值和最小值被视为箱边界,箱中的每一个值都被最近的边界值替换;按中值平滑,取箱子的中值,用来替代箱子中的所有数据。

分箱的方法主要有等深分箱法、等宽分箱法、用户自定义区间法等。

等深分箱法:将数据集按记录行数分箱,每箱具有相同的记录数,每箱记录数称为箱子的深度。

等宽分箱法:等宽指每个箱子的取值范围相同。

用户自定义区间法:用户可以根据需要自定义区间,当用户明确希望观察某些区间范围内的数据分布时,使用这种方法可以方便地帮助用户达到目的。

【例 4-1】 职员奖金排序后的值:2200 2300 2400 2500 2500 2800 3000 3200 3500 3800 4000 4500 4700 4800 4900 5000,按不同方式进行分箱的结果如下。

等深分箱法:设定箱子深度为 4,分箱后的结果如下。

箱 1: 2200 2300 2400 2500
箱 2: 2500 2800 3000 3200
箱 3: 3500 3800 4000 4500
箱 4: 4700 4800 4900 5000

等宽分箱法:设定箱子宽度为 1000 元,分箱后的结果如下。

箱 1: 2200 2300 2400 2500 2500 2800 3000 3200
箱 2: 3500 3800 4000 4500
箱 3: 4700 4800 4900 5000

用户自定义法:如将客户收入划分为 3000 元以下、3000～4000 元、4000～5000 元。

4.2.2　聚类去噪

簇是一组数据对象集合,同一簇内的所有对象具有相似性,不同簇间的对象具有较大差异性。聚类用来将物理的或抽象对象的集合分组为不同簇,聚类之后可找出那些落在簇之外的值(孤立点),这些孤立点被视为噪声,须清除这些点。聚类去噪通过直接形成簇并对簇进行描述,不需要任何先验知识。

4.2.3　回归去噪

发现两个相关的变量之间的变化模式,通过使数据适合一个回归函数来平滑数据,即利用回归函数对数据进行平滑。

4.2.4　正态分布 3σ 原则去噪

正态分布是连续随机变量概率分布的一种,自然界、人类社会、心理、教育中大量现象均按正态分布,如能力的高低、学生成绩的好坏都属于正态分布,可以把数据集的分布理解成一个正态分布。正态分布的概率密度函数如下:

$$f(x) = \frac{1}{\sqrt{2\pi}\sigma} \exp\left(-\frac{(x-\mu)^2}{2\sigma^2}\right)$$

σ 表示数据集的标准差,μ 代表数据集的均值,x 代表数据集的数据。相对于正常数据,噪声数据可以理解为小概率数据。正态分布具有这样的特点:x 落在 $(\mu - 3\sigma, \mu + 3\sigma)$ 以外的概率小于千分之三。根据这一特点,人们可以通过计算数据集的均值和标准差,把离开均值 3 倍于数据集的标准差的点设想为噪声数据排除。

4.3　数据规范化

数据采用不同的度量单位,可能导致不同的数据分析结果。通常,用较小的度量单位表示属性值将导致该属性具有较大的值域,该属性往往具有较大的影响或较大的"权重"。为了避免数据分析结果对度量单位选择的依赖,需要对数据进行规范化或标准化,使之落入较小的共同区间,如 $[-1, 1]$ 或 $[0, 1]$。

数据规范化一方面可以简化计算,提升模型的收敛速度;另一方面,在涉及一些距离计算的算法时,防止较大初始值域的属性与具有较小初始值域的属性相比权重过大,可以有效提高结果精度。常见的数据规范化方法有 3 种:最小-最大规范化、z-score 规范化和小数定标规范化。在下面的讨论中,令 A 是数值属性,具有 n 个观测值 $v_1, v_2, \cdots, v_n$。

4.3.1　最小-最大规范化

最小-最大规范化是对原始数据进行线性变换,假定 $\min_A$,$\max_A$ 分别为属性 A 的最小值和最大值。最小-最大规范化的计算公式如下:

$$v_i' = \frac{v_i - \min_A}{\max_A - \min_A} - (\text{new\_max}_A - \text{new\_min}_A) + \text{new\_min}_A$$

将 A 的值 v_i 转换到区间 $[\text{new\_min}_A, \text{new\_max}_A]$ 中的 v_i'。这种方法的缺陷是:当有新的数据加入时,如果该数据落在 A 的原数据值域 $[\min_A, \max_A]$ 之外,这时候需要重新定义 $\min_A$ 和 $\max_A$ 的值。另外,如果要做 0-1 规范化,上述式子可简化为:

$$v_i' = \frac{v_i - \min_A}{\max_A - \min_A}$$

下面使用 sklearn 库的 preproccessing 子库下的 MinMaxScaler 类对 Iris 数据集的数据进行最小-最大规范化处理。sklearn 是 scikit-learn 的简称,sklearn 是第三方提供的非常强大的机器学习库,它包含了从数据预处理到训练模型的各个方面。sklearn 库是在 NumPy、SciPy 和 Matplotlib 的基础上开发而成的,在安装 sklearn 之前,需要先安装这些依赖库,最后使用"pip install -U scikit-learn"命令安装 sklearn 库。sklearn 的基本功能主要分为 6 部分:数据预处理、数据降维、模型选择、分类、回归与聚类。对于具体的机器学习问题,通常可以分为 3 个步骤:数据准备与预处理;模型选择与训练;模型验证与参数调优。Iris 数据集是常用的分类实验数据集,由 Fisher 于 1936 年收集整理得到。Iris 数据集也称鸢尾花卉数据集,包含 150 个数据,分为 3 类,分别是 setosa(山鸢尾)、versicolor(变色鸢尾)和 virginica(维吉尼亚鸢尾)。鸢尾花卉数据集的部分数据见表 4-1。每类 50 个数据,每个数据包含 4 个划分属性和 1 个类别属性,4 个划分属性分别是 Sep_len、Sep_wid、Pet_len 和 Pet_wid,分别表示花萼长度、花萼宽度、花瓣长度、花瓣宽度,类别属性是 Iris_type,表示鸢尾花卉的类别。

表 4-1　鸢尾花卉数据集的部分数据

Sep_len	Sep_wid	Pet_len	Pet_wid	Iris_type
5.1	3.5	1.4	0.2	setosa
4.9	3	1.4	0.2	setosa
4.7	3.2	1.3	0.2	setosa
7	3.2	4.7	1.4	versicolor
6.4	3.2	4.5	1.5	versicolor
6.9	3.1	4.9	1.5	versicolor
6.3	3.3	6	2.5	virginica
5.8	2.7	5.1	1.9	virginica
7.1	3	5.9	2.1	virginica

对 Iris 数据集的数据进行最小-最大规范化处理的代码如下。

```
>>>from sklearn.preprocessing import MinMaxScaler
>>>from sklearn.datasets import load_iris
>>>iris =load_iris()
#获取 Iris(鸢尾花)数据集的前 6 行数据,每行数据包括花萼长度、花萼宽度、花瓣长度、花瓣宽度
>>>data=iris.data[0:6]
>>>data
array([[5.1, 3.5, 1.4, 0.2],
       [4.9, 3. , 1.4, 0.2],
       [4.7, 3.2, 1.3, 0.2],
       [4.6, 3.1, 1.5, 0.2],
       [5. , 3.6, 1.4, 0.2],
       [5.4, 3.9, 1.7, 0.4]])
#返回值为缩放到[0, 1]区间的数据
>>>MinMaxScaler().fit_transform(data)
array([[0.625    , 0.55555556, 0.25    , 0.    ],
```

```
[0.375      , 0.          , 0.25   , 0.    ],
[0.125      , 0.22222222  , 0.     , 0.    ],
[0.          , 0.11111111  , 0.5   , 0.    ],
[0.5        , 0.66666667  , 0.25   , 0.    ],
[1.          , 1.          , 1.    , 1.    ]])
```

4.3.2 z-score 规范化

z-score 规范化也叫标准差标准化、零均值规范化。经过处理的数据符合标准正态分布,即均值为 0,标准差为 1。属性 A 的值基于 A 的均值 $\overline{A}$ 和标准差 σ_A 规范化,转化函数为:

$$v'_i = \frac{v_i - \overline{A}}{\sigma_A}$$

其中,$\overline{A} = \frac{1}{n}(v_1 + v_2 + \cdots + v_n)$ 为原始数据的均值,σ_A 为原始数据的标准差。

假设 A 与 B 的考试成绩都为 80 分,A 的考卷满分是 100 分(及格 60 分),B 的考卷满分是 150 分(及格 90 分)。虽然两个人都考了 80 分,但是 A 的 80 分与 B 的 80 分代表完全不同的含义。

那么,如何用相同的标准比较 A 与 B 的成绩呢? 用上面的 z-score 就可以解决这一问题。

使用 preproccessing 库的 StandardScaler 类对数据进行标准化的代码如下:

```
>>> from sklearn.preprocessing import StandardScaler
>>> from sklearn.datasets import load_iris
>>> iris = load_iris()
#获取 Iris(鸢尾花)数据集的前 6 行数据,每行数据包括花萼长度、花萼宽度、花瓣长度、花瓣宽度
>>> data=iris.data[0:6]
#标准化,返回值为标准化后的数据
>>> StandardScaler().fit_transform(data)
array([[ 0.57035183,   0.37257241,  -0.39735971,  -0.4472136 ],
       [-0.19011728,  -1.22416648,  -0.39735971,  -0.4472136 ],
       [-0.95058638,  -0.58547092,  -1.19207912,  -0.4472136 ],
       [-1.33082093,  -0.9048187 ,   0.39735971,  -0.4472136 ],
       [ 0.19011728,   0.69192018,  -0.39735971,  -0.4472136 ],
       [ 1.71105548,   1.64996352,   1.98679854,   2.23606798]])
```

4.3.3 小数定标规范化

通过移动属性 A 的值的小数点位置进行规范化,将数据转化到 $[-1,1]$。小数点的移动位数取决于属性 A 的最大绝对值。A 的值 v_i 被规范为 v'_i,通过式(4-1)计算:

$$v'_i = \frac{v_i}{10^j} \tag{4-1}$$

其中,j 是使 $\max(|v'_i|) < 1$ 的最小整数。

例如,属性 A 的取值范围是$-998\sim86$,那么其最大绝对值为 998,小数点就会移动
3 位,即新数值＝原数值$/1000$。那么,A 的取值范围就被规范化为$-0.998\sim0.086$。

```
#小数定标规范化
import numpy as np
x=np.array([[86.,-3.,3.],
            [-998.,1.,4.],
            [189.,1.,5.]])
#小数定标规范化
j=np.ceil(np.log10(np.max(abs(x))))
scaled_x=x/(10 * * j)
print(scaled_x)
```

运行上述程序代码,得到的输出结果如下。

```
[[ 0.086  -0.003  0.003]
 [-0.998   0.001  0.004]
 [ 0.189   0.001  0.005]]
```

4.4　数据离散化

有些机器学习算法要求数据属性是标称类别,当数据中包含数值属性时,为了使用这
些算法,需要将数值属性转换成标称属性。通过采取各种方法将数值属性的值域划分成
一些小的区间,并将这些连续的小区间与离散的值关联起来,每个区间看作一个类别。例
如,年龄属性一种可能的类别划分是:$[0, 11]\rightarrow$儿童,$[12, 17]\rightarrow$青少年,$[18, 44]\rightarrow$青
年,$[45, 59]\rightarrow$中年,$[60, \infty]\rightarrow$老年。这种将连续数据划分成不同类别的过程通常称为
数据离散化。

有效地离散化能够减少算法的时间和空间开销,提高算法对样本的聚类能力,增强算
法抗噪声数据的能力,以及提高算法的精度。

离散化技术可以根据如何对数据进行离散化加以分类:如果首先找出一点或几个点
(称作分裂点或割点)来划分整个属性区间,然后在结果区间上递归地重复这一过程,直到
达到指定数目的区间数,则称它为自顶向下离散化或分裂;自底向上离散化或合并正好相
反,首先将所有的连续值看作可能的分裂点,通过合并相邻域的值形成区间,然后递归地
应用这一过程于结果区间。

数据离散化过程按是否使用类信息可分为无监督离散化和监督离散化。在离散化过
程中使用类信息的方法是监督的,而不使用类信息的方法是无监督的。

4.4.1　无监督离散化

无监督离散化方法中最简单的方法是等宽离散化和等频离散化。等宽离散化将排好
序的数据从最小值到最大值均匀划分成 n 等份,每份的间距是相等的。假设 A 和 B 分别
是属性值的最小值和最大值,那么划分间距为 $w=(B-A)/n$,每个类别的划分边界将为

$A+w,A+2w,A+3w,\cdots,A+(n-1)w$。这种方法的缺点是对异常点比较敏感,倾向于不均匀地把数据分布到各个箱中。等频离散化将数据总记录数均匀分为 n 等份,每份包含的数据个数相同。如果 $n=10$,那么每一份中将包含大约 10% 的数据对象,这两种方法都需要人工确定划分区间的个数。

假设属性 X 的取值空间为 $X=\{X_1,X_2,\cdots,X_n\}$,离散化之后的类标号是 $Y=\{Y_1,Y_2,\cdots,Y_n\}$。下面介绍几种常用的无监督离散化方法:

1. 等宽离散化

根据用户指定的区间数目 K,将属性 X 的值域 $[X_{min},X_{max}]$ 划分成 K 个区间,并使每个区间的宽度相等,即都等于 $(X_{max}-X_{min})/K$。等宽离散化的缺点是容易受离群点的影响而使性能不佳。下面给出等宽离散化的代码实现。

```
>>> import pandas as pd
>>> x=[1,2,5,10,12,14,17,19,3,21,18,28,7]
>>> x=pd.Series(x)
>>> s=pd.cut(x,bins=[0,10,20,30])      #此处是等宽离散化方法,bins 表示区间的间距
>>> s                                   #获取每个数据的类标号
0      (0, 10]
1      (0, 10]
2      (0, 10]
3      (0, 10]
4      (10, 20]
5      (10, 20]
6      (10, 20]
7      (10, 20]
8      (0, 10]
9      (20, 30]
10     (10, 20]
11     (20, 30]
12     (0, 10]
dtype: category
Categories (3, interval[int64]): [(0, 10] < (10, 20] < (20, 30]]
```

2. 等频离散化

等频离散化是根据用户自定义的区间数目 K,将属性的值域划分成 K 个小区间,要求落在每个区间的对象数目相同或近似相同。

3. k-means(k 均值)离散化

初始时,从包含 n 个数据对象的数据集中随机选择 k 个对象,每个对象代表一个簇的平均值或质心或中心,其中 k 是用户指定的参数,即所期望的要划分成的簇的个数;对剩余的每个数据对象点根据其与各个簇中心的距离,将它指派到最近的簇;然后,根据指派

到簇的数据对象点,更新每个簇的质心;重复指派和更新步骤,直到簇不发生变化,或等价地,直到质心不发生变化,这时就说 n 个数据被划分为 k 类。

4.4.2 监督离散化

无监督离散化通常比不离散化好,但是使用附加的信息(如类标号)常常能够产生更好的结果,因为未使用类标号知识所构成的区间常常包含混合的类标号。为了解决这一问题,一些基于统计学的方法用每个属性值分隔区间,并通过合并类似于根据统计检验得出的相邻区间来创造较大的区间,基于熵的方法便是这类离散化方法之一。

熵是一种基于信息的度量。设 k 是类标号的个数,m_i 是第 i 个划分区间中值的个数,而 m_{ij} 是区间 i 中类 j 的值的个数。第 i 个区间的熵 e_i 如下:

$$e_i = -\sum_{j=1}^{k} p_{ij} \log_2 p_{ij}$$

其中,$p_{ij} = \dfrac{m_{ij}}{m_i}$ 是第 i 个区间中类 j 的概率(值个数的比例)。该划分的总熵 e 是每个区间的熵的加权平均,即

$$e = \sum_{i=1}^{n} w_i e_i$$

其中,m 是值的个数;$w_i = \dfrac{m_i}{m}$ 是第 i 个区间的值个数占总值个数的比例,而 n 是区间个数。如果一个区间只包含一个类的值,则熵为 0。如果一个区间中的值类出现的频率相等,则其熵最大。基于熵划分连续属性的步骤:假定区间包含有序值的集合,一开始,将初始值切分成两部分,让两个结果区间产生最小熵,该技术只需要把每个值看作可能的分割点;然后,取一个区间,通常选取具有最大熵的区间,重复此分割过程,直到区间的个数达到用户指定的个数,或者满足终止条件。

4.5 数据归约

数据归约

用于机器学习的原始数据集属性数目可能有几十个,甚至更多,其中大部分属性可能与机器学习任务不相关,或者是冗余的。例如,数据对象的 ID 号通常对挖掘任务无法提供有用的信息;生日属性和年龄属性相互关联存在冗余,因为可以通过生日日期推算出年龄。不相关和冗余的属性增加了数据量,可能会减慢机器学习过程,降低机器学习的准确率,或导致发现很差的模式。

数据归约(也称数据消减、特征选择)技术用于帮助从原有庞大数据集中获得一个精简的数据集合,并使这一精简数据集保持原有数据集的完整性。

数据归约必须满足两个准则:一是用于数据归约的时间不应当超过或"抵消"在归约后的数据上挖掘节省的时间;另一个是归约得到的数据比原数据小得多,但可以产生相同或几乎相同的分析结果。

数据归约策略包括维归约、数量归约和数据压缩。下面重点介绍维归约。维归约指

的是减少所考虑的属性个数,体现在两个方面:一是通过创建新属性,将一些旧属性合并在一起来降低数据集的维度;二是通过选择属性的子集降低数据集的维度,这种归约称为属性子集选择或特征选择。

数据归约的好处:如果维度(数据属性的个数)较低,许多机器学习算法的效果会更好,这是因为维规约可以删除不相关的特征并降低噪声;维规约可以使模型更容易理解,因为模型可以只涉及较少的属性;此外,维归约可让数据可视化更容易。

根据特征选择形式的不同,又可将属性(特征)选择方法分为如下 3 种类型。

过滤法:按照发散性或者相关性对各个特征进行评分,设定阈值,进行特征选择。

包装法:根据目标函数(通常是预测效果评分)值,每次选择若干特征,或者排除若干特征。

嵌入法:先使用某些机器学习的算法和模型进行训练,得到各个特征的权值系数,根据系数从大到小选择特征。类似于过滤法,但是是通过训练确定特征的优劣。

4.5.1 过滤法

1. 方差选择法

使用方差选择法,先计算各个特征的方差,然后根据阈值选择方差大于阈值的特征。使用 feature_selection 库的 VarianceThreshold 类实现方差选择特征的代码如下。

```
>>> from sklearn.feature_selection import VarianceThreshold
>>> from sklearn.datasets import load_iris
>>> iris = load_iris()
#使用方差选择法选择特征,参数 threshold 用于指定方差的阈值,返回值为选择出来的特征
>>> VarianceThreshold(threshold=0.2).fit_transform(iris.data)[0:5]
array([[5.1, 1.4, 0.2],
       [4.9, 1.4, 0.2],
       [4.7, 1.3, 0.2],
       [4.6, 1.5, 0.2],
       [5. , 1.4, 0.2]])
```

从返回结果可以看出:方差阈值设置为 0.2 时,方差大于 0.2 的特征有 3 个,即第 1 个、第 3 个和第 4 个特征。

2. 相关系数法

使用相关系数法,先计算各个特征对目标值的相关系数以及相关系数的 p 值,然后从中选择相关性较大的特征。用 sklearn.feature_selection 库的 SelectKBest 类可选择出前 k 个与目标值(也称类别值)最相关的特征。

```
sklearn.feature_selection.SelectKBest(score_func=f_classif, k=10)
```

作用:选择出前 k 个与目标值(也称类别值)最相关(得分最高)的特征。

参数说明如下。

　　score_func：特征选择要使用的打分函数。函数输入两个数组 X 和 y,并返回一对数组(分数,p_value)或带分数的单个数组。默认值为适合分类问题的 F 检验分类函数 f_classif,默认功能仅适用于分类任务。除了 f_classif,可选的函数还有分类任务的非负特征卡方统计函数 chi2、回归任务的标签/特征间的 F 值函数 f_regression。

　　k：取得分最高的前 k 个特征,默认 10 个,指定要选择的最相关的特征个数。

　　SelectKBest 模型的常用方法如下。

　　fit(X,y)：传入特征集 X 和类别集 y 拟合数据,也称训练模型。

　　transform(X)：在 fit(X,y)后使用,转换数据,返回前 k 个与目标值最相关的特征数据集。

　　get_support(indices=True)：在 fit(X,y)后使用,获取所选特征的整数索引。

　　fit_transform(X,y)：拟合数据+转化数据,返回前 k 个与目标值最相关的特征数据集。

　　SelectKBest 调用 fit(X,y)后得到的模型的常用属性如下。

　　scores_：返回每个特征的得分。

　　pvalues_：返回每个特征得分对应的 p_value 值。如果 score_func 只返回分数,则pvalues_返回空。

　　下面是利用 SelectKBest 类选择特征的代码示例。

```
from sklearn.datasets import load_iris
from sklearn.feature_selection import SelectKBest,f_classif,chi2
iris =load_iris()
X, y =iris.data, iris.target
#实例化 selectKBest 对象
skb_fc=SelectKBest(score_func=f_classif,k=2)
skb_fc.fit(X,y)                                   #调用 fit()方法拟合数据
#调用属性 scores_,获得返回的得分
print("对 f_classif 下的各特征打分",skb_fc.scores_)
#实例化 selectKBest 对象
skb_c2=SelectKBest(score_func=chi2,k=2)
skb_c2.fit(X,y)                                   #调用 fit()方法拟合数据
#调用属性 scores_,获得返回的得分
print("对 chi2 下的各特征打分",skb_c2.scores_)
#获取所选特征的整数索引
print("f_classif 下所选特征的整数索引:",skb_fc.get_support(True))
#获取所选特征的整数索引
print("chi2 下所选特征的整数索引:",skb_c2.get_support(True))
print("f_classif 下转换数据得到的特征数据集的前 3 条:\n",skb_fc.transform(X)[0:3])
print("chi2 下转换数据得到的特征数据集的前 3 条:\n",skb_c2.transform(X)[0:3])
```

　　运行上述代码得到的输出结果如下。

对 f_classif 下的各特征打分[119.26450218 49.16004009 1180.16118225 960.0071468]

对 chi2 下的各特征打分 [10.81782088 3.7107283 116.31261309 67.0483602]

f_classif 下所选特征的整数索引：[2 3]

chi2 下所选特征的整数索引：[2 3]

f_classif 下转换数据得到的特征数据集的前 3 条：

[[1.4 0.2]
 [1.4 0.2]
 [1.3 0.2]]

chi2 下转换数据得到的特征数据集的前 3 条：

[[1.4 0.2]
 [1.4 0.2]
 [1.3 0.2]]

3. 卡方检验法

经典的卡方检验是检验定性自变量对定性因变量的相关性。假设自变量有 n 种取值，因变量有 m 种取值，考虑自变量等于 i 且因变量等于 j 的样本频数的观察值与期望的差距，构建统计量，这个统计量的含义就是自变量对因变量的相关性。用 feature_selection 库的 SelectKBest 类结合卡方统计函数 chi2 选择特征的代码如下。

```
>>> from sklearn.datasets import load_iris
>>> from sklearn.feature_selection import SelectKBest
>>> from sklearn.feature_selection import chi2
>>> iris = load_iris()
#选择 k 个最好的特征,返回选择特征后的数据,这里只显示前 5 行数据
>>> SelectKBest(chi2, k=2).fit_transform(iris.data, iris.target)[0:5]
array([[1.4, 0.2],
       [1.4, 0.2],
       [1.3, 0.2],
       [1.5, 0.2],
       [1.4, 0.2]])
```

从返回结果可以看出，选择出的两个特征是花瓣长度、花瓣宽度。

4. 最大信息系数法

最大信息系数（maximal information coefficient，MIC）法用于检测变量之间的相关性。使用 feature_selection 库的 SelectKBest 类结合最大信息系数来选择特征的代码如下。

```
>>> from sklearn.feature_selection import SelectKBest
>>> from minepy import MINE
>>> from sklearn.datasets import load_iris
```

```
>>>iris =load_iris()
'''由于 MINE 的设计不是函数式的,因此定义 mic 方法将其转为函数式的,返回一个二元组,二
元组的第 2 项设置成固定的 P 值 0.5 '''
>>>def mic(x, y):
    m =MINE()
    m.compute_score(x, y)
    return (m.mic(), 0.5)
#选择 k 个最好的特征,返回特征选择后的数据,这里只显示前 5 行数据
>>>SelectKBest(lambda X, Y: np.array(list(map(lambda x:mic(x, Y), X.T))).T[0],
k=2).fit_transform(iris.data, iris.target)[0:5]
array([[1.4, 0.2],
        [1.4, 0.2],
        [1.3, 0.2],
        [1.5, 0.2],
        [1.4, 0.2]])
```

从返回结果可以看出,选择出的两个特征是花瓣长度、花瓣宽度。

4.5.2 包装法

包装法中最常用的方法是递归消除特征法。递归消除特征法使用一个学习模型进行多轮训练,每轮训练后,消除若干权值系数对应的特征,再基于新特征集进行下一轮训练,再消除若干权值系数对应的特征,重复上述过程,直到剩下的特征数满足需求为止。使用 feature_selection 库的 RFE 类来选择特征的代码如下。

```
>>>from sklearn.feature_selection import RFE
>>>from sklearn.linear_model import LogisticRegression
>>>from sklearn.datasets import load_iris
>>>iris =load_iris()
#递归特征消除法,返回特征选择后的数据,参数 estimator 用来指定学习模型
#参数 n_features_to_select 为选择的特征个数
>>> RFE (estimator = LogisticRegression (), n_features_to_select = 2).fit_
transform(iris.data,iris.target)[0:5]
array([[3.5, 0.2],
        [3. , 0.2],
        [3.2, 0.2],
        [3.1, 0.2],
        [3.6, 0.2]])
```

4.5.3 嵌入法

1. 基于惩罚项的特征选择法

使用带惩罚项的学习模型,除筛选出特征外,同时也进行了降维。使用 feature_selection 库的 SelectFromModel 类结合带 L1 惩罚项的逻辑回归模型选择特征的代码

如下。

```
>>>from sklearn.feature_selection import SelectFromModel
>>>from sklearn.linear_model import LogisticRegression
>>>from sklearn.datasets import load_iris
>>>iris =load_iris()
#用带 L1 惩罚项的逻辑回归作为基模型的特征选择
>>>SelectFromModel(LogisticRegression(penalty="l1", C=0.1)).fit_transform
(iris.data, iris.target)[0:5]
array([[5.1, 3.5, 1.4],
       [4.9, 3. , 1.4],
       [4.7, 3.2, 1.3],
       [4.6, 3.1, 1.5],
       [5. , 3.6, 1.4]])
```

实际上,L1 惩罚项降维的原理在于保留多个对目标值具有同等相关性的特征中的一个,没选到的特征不代表不重要。

2. 基于树模型的特征选择法

梯度提升决策树(gradient boosting decision tree,GBDT)也可用来作为学习模型进行特征选择,使用 feature_selection 库的 SelectFromModel 类结合 GBDT 模型选择特征的代码如下。

```
>>>from sklearn.feature_selection import SelectFromModel
>>>from sklearn.ensemble import GradientBoostingClassifier
>>>from sklearn.datasets import load_iris
>>>iris =load_iris()
>>>SelectFromModel(GradientBoostingClassifier()).fit_transform(iris.data,
iris.target)[0:5]
array([[1.4, 0.2],
       [1.4, 0.2],
       [1.3, 0.2],
       [1.5, 0.2],
       [1.4, 0.2]])
```

数据降维

4.6 数据降维

特征选择完成后,如果特征矩阵非常大,也会导致计算量非常大,因此,降低特征矩阵维度也是必不可少的。常见的降维方法有主成分分析法(PCA)和线性判别分析法(LDA)。PCA 和 LDA 有很多的相似点,其本质都是将原始的样本映射到维度更低的样本空间中,但是 PCA 和 LDA 的映射目标不一样,PCA 是为了让映射后的样本具有最大的发散性,而 LDA 是为了让映射后的样本具有最好的分类性能。所以,PCA 是一种无监督的降维方法,而 LDA 是一种有监督的降维方法。

4.6.1　主成分分析法

主成分分析(PCA)的目标是在高维数据中找到最大方差的方向,并将数据映射到一个维度小得多的新子空间上。借助正交变换,将其分量相关的原随机向量转化成其分量不相关的新随机向量。在代数上表现为将原随机向量的协方差阵变换成对角矩阵,在几何上表现为将原坐标系变换成新的正交坐标系,使之指向样本点散布最开的几个正交方向。

PCA 通过创建一个替换的、更小的变量集来组合属性的基本要素,去掉了一些不相关的信息和噪声,数据得到精简的同时又尽可能多地保存了原数据集的有用信息。PCA 的基本操作步骤如下。

(1) 首先对所有属性数据规范化,每个属性都落入相同的区间,这有助于确保具有较大定义域的属性不会支配具有较小定义域的属性。

(2) 计算样本数据的协方差矩阵。

(3) 求出协方差矩阵的特征值。前 k 个较大的特征值就是前 k 个主成分对应的方差。计算 k 个标准正交向量,将其作为规范化输入数据的基。这些向量称为主成分,输入数据是主成分的线性组合。

(4) 对主成分按“重要性”降序排序。主成分本质上充当数据的新坐标系,提供关于方差的重要信息。也就是说,对坐标轴进行排序,使得第一个坐标轴显示数据的最大方差,第二个坐标轴显示数据的次大方差,如此下去。

(5) 由于主成分是根据“重要性”降序排列,因此可以通过去掉较弱的成分(即方差较小的那些成分)来规约数据,这样就完成了约简数据的任务。

使用 decomposition 库的 PCA 类选择特征降维的代码如下。

```
>>> from sklearn.datasets import load_iris
>>> from sklearn.decomposition import PCA
>>> iris = load_iris()
#主成分分析法,返回降维后的数据,参数 n_components 为主成分数目
>>> PCA(n_components=2).fit_transform(iris.data)[0:5]
array([[-2.68420713, 0.32660731],
       [-2.71539062, -0.16955685],
       [-2.88981954, -0.13734561],
       [-2.7464372 , -0.31112432],
       [-2.72859298, 0.33392456]])
```

4.6.2　线性判别分析法

PCA 和 LDA 都可以用于降维,两者没有绝对的优劣之分,使用它们两者的原则实际取决于数据的分布。由于 LDA 可以利用类别信息,因此有些时候使用 LDA 比使用完全无监督的 PCA 会更好。使用 LDA 对 Iris 进行降维的代码如下。

```
>>> import matplotlib.pyplot as plt
```

```
>>>from sklearn.datasets import load_iris
>>> from sklearn.discriminant_analysis import LinearDiscriminantAnalysis
as LDA
>>>iris =load_iris()
#利用 LDA 将原始数据降至二维,因为 LDA 要求降维后的维数≤分类数-1
>>>X_lda =LDA(n_components=2).fit_transform(iris.data, iris.target)
>>>X_lda[0:5]                                        #显示降维后的前 5 行数据
array([[ 8.0849532 ,  0.32845422],
       [ 7.1471629 , -0.75547326],
       [ 7.51137789, -0.23807832],
       [ 6.83767561, -0.64288476],
       [ 8.15781367,  0.54063935]])
#将降至二维的数据进行绘图
>>>fig =plt.figure()
>>>plt.scatter(X_lda[:, 0], X_lda[:, 1], marker='o',c=iris.target)
<matplotlib.collections.PathCollection object at 0x000000001B6F06D8>
>>>plt.show()                          #显示对降至二维的数据进行绘图的绘图结果,如图 4-1 所示
```

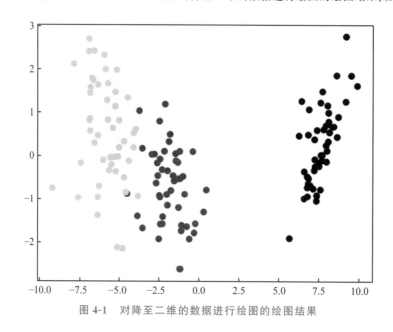

图 4-1　对降至二维的数据进行绘图的绘图结果

4.7　本章小结

本章主要介绍数据预处理。首先介绍了缺失值处理、噪声数据处理;接着介绍了数据规范化,具体包括最小-最大规范化方式、z-score 规范化方式、小数定标规范化方式;然后介绍了数据离散化,数据规约(具体包括过滤法规约、包装法规约、嵌入法规约);最后介绍了主成分分析法和线性判别分析法两种数据降维方法。

第 5 章

回　归

回归是机器学习的核心算法之一。回归基于统计原理,对大量统计数据进行数学处理,并确定变量(或属性)之间的相关关系,建立一个相关性的回归方程(函数表达式),用于预测今后的因变量。

5.1　回归概述

5.1.1　回归的概念

分类算法用于离散型分布预测,前面讲过的决策树、朴素贝叶斯、支持向量机都是分类算法;回归算法用于连续型分布预测,针对的是数值型的样本。"回归"用于表明一个变量的变化,会导致另一个变量的变化,即有前因后果的变量之间的相关关系。回归分析研究某一随机变量(因变量)与其他一个或几个普通变量(自变量)之间的数量变动的关系。回归的目就是建立一个回归方程来预测目标值。回归的求解就是求这个回归方程的参数。

5.1.2　回归处理流程

回归分析的基本思路是:从一组样本数据出发,确定变量之间的数学关系式,对这些关系式的可信程度进行各种统计检验,并从影响某一特定变量的诸多变量中找出哪些变量的影响显著,哪些不显著。然后利用所求的关系式,根据一个或几个变量的取值预测另一个特定变量的取值。

5.1.3　回归的分类

根据自变量数目的多少,回归模型可以分为一元回归模型和多元回归模型;根据模型中自变量与因变量之间是否线性,回归模型可以分为线性回归模型和非线性回归模型;根据模型中是否带有虚拟变量,回归模型可以分为普通回归模型和带虚拟变量的回归模型。

5.2 一元线性回归

5.2.1 一元线性回归介绍

一元线性
回归

一元线性回归(linear regression)只研究一个自变量与一个因变量之间的线性关系，一元线性回归模型可表示为 $y=f(x;w,b)=wx+b$，其图形为一条直线。用数据寻找一条直线的过程也叫作拟合一条直线。为了选择在某种方式下最好的 w 和 b 值，需要定义模型最好的意义是什么。所谓最好的模型，由 w 和 b 的一些值组成，这些值可以产生一条能尽可能与所有数据点接近的直线。衡量一个特定的线性模型 $y=wx+b$ 与数据点接近程度的普遍方法是真实值与模型预测值之间差值的平方：

$$(y_1-(wx_1+b))^2$$

这个数值越小，模型在 x_1 处越接近 y_1。这个表达式称为平方损失函数，因为它描述了使用 $f(x_1;w,b)$ 模拟 y_1 所损失的精度，在本章中，用 $L_n()$ 表示损失函数，在这种情况下：

$$L_n(y_n,f(x_n;w,b))=(y_n,f(x_n;w,b))^2$$

这是第 n 个点处的损失。损失总是正的，并且损失越小，模型描述这个数据就越好。对于所有 n 个样本示例，想有一个低的损失，可考虑在整个样本示例集上的平均损失（均方误差），即

$$L=\frac{1}{n}\sum_{i=1}^{n}L_i(y_i,f(x_i;w,b))$$

这是 n 个样本示例的平均损失值，该值越小越好。因此，可通过调整 w 和 b 值产生一个模型，此模型得到的平均损失值最小。寻找 w 和 b 的最好值，用数学表达式可以表示为

$$(w^*,b^*)=\operatorname*{argmin}_{(w,b)}=\frac{1}{n}\sum_{i=1}^{n}L_i(y_i,f(x_i;w,b))$$

argmin 是数学上"找到最小化参数"的缩写，w^*、b^* 表示 w 和 b 的解。

将均方误差作为模型质量评估的损失函数有非常好的几何意义，它对应了常用的欧几里得距离，简称"欧氏距离"。基于均方误差最小化进行模型参数求解的方法称为"最小二乘法"。在线性回归中，最小二乘法就是试图找到一条直线 $y=wx+b$，使所有样本到直线的欧氏距离之和最小。

求解 w 和 b 使 $E(w,b)=\sum_{i=1}^{n}(y_i-(wx_i+b))^2$ 最小化的过程，称为线性回归模型的最小二乘"参数估计"，为此，分别求 $E(w,b)$ 对 w 和 b 的偏导并令它们等于 0，求这两个方程就可以求出符合要求的待估参数 w 和 b：

$$w=\frac{n\sum_{i=1}^{n}x_iy_i-\sum_{i=1}^{n}x_i\sum_{i=1}^{n}y_i}{n\sum_{i=1}^{n}x_i^2-\left(\sum_{i=1}^{n}x_i\right)^2},\quad b=\frac{1}{n}\left(\sum_{i=1}^{n}y_i-w\sum_{i=1}^{n}x_i\right)$$

其中，n 为样本的数量；y_i 为样本的真实值。

【例 5-1】 设 10 个厂家的投入和产出见表 5-1。根据这些数据可以认为投入和产出之间存在线性相关性吗？

表 5-1　10 个厂家的投入和产出

厂家	1	2	3	4	5	6	7	8	9	10
投入	20	40	20	30	10	10	20	20	20	30
产出	30	60	40	60	30	40	40	50	30	70

下面给出使用 sklearn.linear_model 模块下的 LinearRegression 线性回归模型求解例 5-1 投入、产出所对应的回归方程的参数。

LinearRegression 线性回归模型的语法格式如下。

```
LinearRegression(copy_X=True, fit_intercept=True, n_jobs=1, normalize=False)
```

其功能是创建一个回归模型，返回值为 coef_ 和 intercept_，coef_ 存储 $b_1 \sim b_m$ 的值，与回归模型将来训练的数据集 X 中每条样本数据的维数一致，intercept_ 存储 b_0 的值，即线性回归方程的常数项。

参数说明如下。

copy_X：布尔型，默认为 True，用来指定是否对训练数据集 X 进行复制（即经过中心化、标准化后，是否把新数据覆盖到原数据上），如果选择 False，则直接对原数据进行覆盖。

fit_intercept：用来指定是否对训练数据进行中心化，如果该变量为 False，则表明输入的数据已经进行了中心化，在下面的过程里不进行中心化处理；否则，对输入的训练数据进行中心化处理。

n_jobs：整型，默认为 1，用来指定计算时设置的任务个数。如果选择 -1，则代表使用所有的 CPU。

normalize：布尔型，默认为 False，用来指定是否对数据进行标准化处理。

LinearRegression 线性回归模型对象的主要方法有以下几个。

fit(X, y[, sample_weight])：对训练数据集 X、y 进行训练，sample_weight 为[n_samples]形式的向量，可以指定对于某些样本数据 sample 的权值，如果觉得某些样本数据 sample 比较重要，可以将这些数据的权值设置得大一些。

get_params([deep])：获取回归模型的参数。

predict(X)：使用训练得到的回归模型对 X 进行预测。

score(X, y[, sample_weight])：返回对以 X 为样本数据 samples，以 y 为实际结果 target 的预测效果评分，最好的得分为 1.0，一般的得分都比 1.0 低，得分越低，代表模型的预测结果越差。

set_params(**params)：设置 LinearRegression 模型的参数值。

求解例 5-1 的线性回归模型的参数的代码如下。

```
import matplotlib.pyplot as plt
import matplotlib
import numpy as np
matplotlib.rcParams['font.family']='FangSong'  #指定字体的中文格式
#定义一个画图函数
def runplt():
    plt.figure()
    plt.title('10个厂家的投入和产出',fontsize=15)
    plt.xlabel('投入',fontsize=15)
    plt.ylabel('产出',fontsize=15)
    plt.axis([0,50,0,80])
    plt.grid(True)
    return plt
#投入、产出训练数据
X =[[20],[40],[20],[30],[10],[10],[20],[20],[20],[30]]
y =[[30],[60],[40],[60],[30],[40],[40],[50],[30],[70]]
from sklearn.linear_model import LinearRegression
model =LinearRegression()                        #建立线性回归模型
model.fit(X,y)                                   #用训练数据进行模型训练
runplt()
X2 =[[0],[20],[25],[30],[35],[50]]
#利用通过fit()训练的模型对输入值的产出值进行预测
y2 =model.predict(X2)                            #预测数据
plt.plot(X,y,'k.')                               #根据观察到的投入、产出值绘制点
plt.plot(X2,y2,'k-')                             #根据X2、y2绘制拟合的回归直线
plt.show()                                       #显示绘制的一元线性回归图,如图5-1所示
print('求得的一元线性回归方程的b0值为: %.2f'%model.intercept_)
print('求得的一元线性回归方程的b1值为: %.2f'%model.coef_)
print('预测投入25的产出值: %.2f'%model.predict([[25]]))   #输出投入25的预测值
运行上述代码,得到的输出结果如下:
求得的一元线性回归方程的b0值为: 18.95
求得的一元线性回归方程的b1值为: 1.18
预测投入25的产出值: 48.55
```

5.2.2 一元线性回归预测房价

波士顿房价数据集是由 D. Harrison 和 D. L. Rubinfeld 于 1978 年收集的波士顿郊区房屋的信息,数据集包含 506 行,每行包含 14 个字段,前 13 个字段(称为房屋的属性)用来描述房屋相关的各种信息,如周边犯罪率、是否在河边等相关信息,其中最后一个字段是房屋均价。14 个字段的具体描述如下。

CRIM：房屋所在镇的人均犯罪率。

ZN：用地面积超过 25 000 平方英尺(1 平方英尺=0.0929 平方米)的住宅所占比例。

INDUS：房屋所在镇无零售业务区域所占比例。

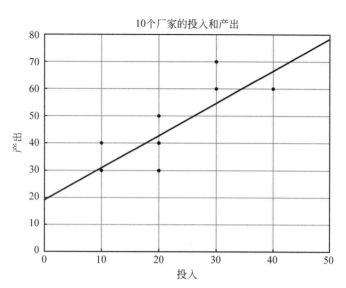

图 5-1　绘制的一元线性回归图

CHAS：是否邻近查尔斯河, 1 是邻近, 0 是不邻近。

NOX：一氧化氮浓度（千万分之一）。

RM：每处寓所的平均房间数。

AGE：自住且建于 1940 年前的房屋比例。

DIS：房屋距离波士顿五大就业中心的加权距离。

RAD：距离高速公路的便利指数。

TAX：每一万美元全额财产税金额。

PTRATIO：房屋所在镇的师生比。

B：城镇中黑人的比例。

LSTAT：人口中地位低下者所占的比例。

MEDV：自住房的平均房价（以 1000 美元为单位）。

【例 5-2】　使用 sklearn.linear_model 的 LinearRegression 模型拟合波士顿房价数据集。

在下面的内容中, 我们将以房屋价格（MEDV）作为目标变量。

1）数据集的数据结构分析

```
>>>from sklearn.datasets import load_boston
>>>import pandas as pd
>>>import numpy as np
>>>import matplotlib.pyplot as plt                      #Python 中的绘图模块
>>>from sklearn.linear_model import LinearRegression    #导入线性回归模型
>>>boston=load_boston()                                 #加载波士顿房价数据集
>>>x=boston.data                                        #加载波士顿房价属性数据集
>>>y=boston.target                                      #加载波士顿房价数据集
>>>boston.keys()
```

```
dict_keys(['data', 'target', 'feature_names', 'DESCR'])
>>>x.shape
(506, 13)
>>>boston_df=pd.DataFrame(boston['data'],columns=boston.feature_names)
>>>boston_df['Target']=pd.DataFrame(boston['target'],columns=['Target'])
>>>boston_df.head(3)                              #显示完整数据集的前3行数据
      CRIM     ZN   INDUS  CHAS   NOX     RM    AGE     DIS  RAD   TAX   \
0  0.00632  18.0   2.31   0.0  0.538  6.575  65.2  4.0900  1.0  296.0
1  0.02731   0.0   7.07   0.0  0.469  6.421  78.9  4.9671  2.0  242.0
2  0.02729   0.0   7.07   0.0  0.469  7.185  61.1  4.9671  2.0  242.0

    PTRATIO      B  LSTAT  Target
0     15.3  396.90   4.98    24.0
1     17.8  396.90   9.14    21.6
2     17.8  392.83   4.03    34.7
```

2) 分析数据并可视化

房屋有 13 个属性,也就是说,13 个变量决定了房子的价格,这就需要计算这些变量和房屋价格的相关性。

```
>>>boston_df.corr().sort_values(by=['Target'],ascending=False)
              CRIM         ZN      INDUS       CHAS        NOX         RM        AGE  \
Target   -0.385832   0.360445  -0.483725   0.175260  -0.427321   0.695360  -0.376955
RM       -0.219940   0.311991  -0.391676   0.091251  -0.302188   1.000000  -0.240265
ZN       -0.199458   1.000000  -0.533828  -0.042697  -0.516604   0.311991  -0.569537
B        -0.377365   0.175520  -0.356977   0.048788  -0.380051   0.128069  -0.273534
DIS      -0.377904   0.664408  -0.708027  -0.099176  -0.769230   0.205246  -0.747881
CHAS     -0.055295  -0.042697   0.062938   1.000000   0.091203   0.091251   0.086518
AGE       0.350784  -0.569537   0.644779   0.086518   0.731470  -0.240265   1.000000
RAD       0.622029  -0.311948   0.595129  -0.007368   0.611441  -0.209847   0.456022
CRIM      1.000000  -0.199458   0.404471  -0.055295   0.417521  -0.219940   0.350784
NOX       0.417521  -0.516604   0.763651   0.091203   1.000000  -0.302188   0.731470
TAX       0.579564  -0.314563   0.720760  -0.035587   0.668023  -0.292048   0.506456
INDUS     0.404471  -0.533828   1.000000   0.062938   0.763651  -0.391676   0.644779
PTRATIO   0.288250  -0.391679   0.383248  -0.121515   0.188933  -0.355501   0.261515
LSTAT     0.452220  -0.412995   0.603800  -0.053929   0.590879  -0.613808   0.602339

              DIS        RAD        TAX    PTRATIO          B      LSTAT     Target
Target   0.249929  -0.381626  -0.468536  -0.507787   0.333461  -0.737663   1.000000
RM       0.205246  -0.209847  -0.292048  -0.355501   0.128069  -0.613808   0.695360
ZN       0.664408  -0.311948  -0.314563  -0.391679   0.175520  -0.412995   0.360445
B        0.291512  -0.444413  -0.441808  -0.177383   1.000000  -0.366087   0.333461
DIS      1.000000  -0.494588  -0.534432  -0.232471   0.291512  -0.496996   0.249929
CHAS    -0.099176  -0.007368  -0.035587  -0.121515   0.048788  -0.053929   0.175260
```

AGE	-0.747881	0.456022	0.506456	0.261515	-0.273534	0.602339	-0.376955
RAD	-0.494588	1.000000	0.910228	0.464741	-0.444413	0.488676	-0.381626
CRIM	-0.377904	0.622029	0.579564	0.288250	-0.377365	0.452220	-0.385832
NOX	-0.769230	0.611441	0.668023	0.188933	-0.380051	0.590879	-0.427321
TAX	-0.534432	0.910228	1.000000	0.460853	-0.441808	0.543993	-0.468536
INDUS	-0.708027	0.595129	0.720760	0.383248	-0.356977	0.603800	-0.483725
PTRATIO	-0.232471	0.464741	0.460853	1.000000	-0.177383	0.374044	-0.507787
LSTAT	-0.496996	0.488676	0.543993	0.374044	-0.366087	1.000000	-0.737663

从输出结果可以看出相关系数最高的是 RM,高达 0.69。也就是说,房间数和房价是强相关性。下面绘制房间数(RM)与房屋价格(MEDV)的散点图。

```
>>>import matplotlib
>>>matplotlib.rcParams['font.family']='FangSong'        #设置中文字体格式为仿宋
>>>plt.scatter(boston_df['RM'],y)
<matplotlib.collections.PathCollection object at 0x000000001924C550>
>>>plt.xlabel('房间数(RM)',fontsize=15)
Text(0.5,0,'房间数(RM)')
>>>plt.ylabel('房屋价格(MEDV)',fontsize=15)
Text(0,0.5,'房屋价格(MEDV)')
>>>plt.title('房间数(RM)与房屋价格(MEDV)的关系',fontsize=15)
Text(0.5,1,'房间数(RM)与房屋价格(MEDV)的关系')
>>>plt.show()                                 #显示绘制的房间数与房屋价格的散点图,如图5-2所示
```

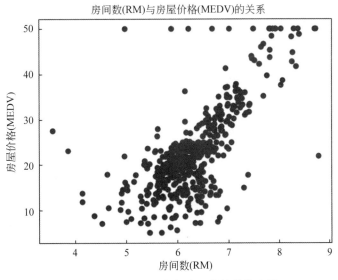

图 5-2　绘制的房间数与房屋价格的散点图

3) 一元线性回归

(1) 去掉一些"脏"数据,比如去掉房价大于或等于 50 的数据和房价小于或等于 10 的数据。

```
>>>X=boston.data
>>>y=boston.target
>>>X=X[y<50]
>>>y=y[y<50]
>>>X=X[y>10]
>>>y=y[y>10]
>>>X.shape
(466, 13)
>>>y.shape
(466,)
```

（2）构建线性回归模型。

```
>>>from sklearn.model_selection import train_test_split
#切分数据集,取数据集的 75% 作为训练数据,25% 作为测试数据
>>>X_train, X_test, y_train, y_test =train_test_split(X, y, random_state=1)
>>>LR =LinearRegression()
>>>LR.fit(X_train,y_train)
LinearRegression(copy_X=True, fit_intercept=True, n_jobs=1, normalize=False)
```

（3）算法评估

```
>>>pre =LR.predict(X_test)
>>>print("预测结果", pre[3:8])                    #选取 5 个结果进行显示
预测结果 [27.48834701 21.58192891 20.36438243 22.980885 24.35103277]
>>>print(u"真实结果", y_test[3:8])                #选取 5 个结果进行显示
真实结果 [22. 22. 24.3 22.2 21.9]
>>>LR.score(X_test,y_test)                        #模型评分
0.7155555361911698
```

这个模型的准确率只有 71.5%。

5.3 多元线性回归

5.3.1 多元线性回归模型

在一元线性回归中,将一个属性的样本集扩展到 d 个属性的样本集,即一个样本由 d 个属性描述,对 d 个属性的样本集的线性回归,拟合样本集得到一个模型:

$$f(\boldsymbol{x}_i) = \boldsymbol{w}^\mathrm{T}\boldsymbol{x}_i + b$$

使得模型在 $\boldsymbol{x}_i$ 处的函数值 $f(\boldsymbol{x}_i)$ 接近 y_i,其中 $\boldsymbol{x}_i = [x_{i1}, x_{i2}, \cdots, x_{id}]^\mathrm{T}$ 为样本 d 个属性的列向量,$\boldsymbol{w} = [w_1, w_2, \cdots, w_d]^\mathrm{T}$ 为属性权重,这种多个属性的线性回归称为多元线性回归。

类似地,可利用最小二乘法对 $\boldsymbol{w}$ 和 b 进行估计求值。为便于下面的讨论,我们将 b 合并到 $\boldsymbol{w}$,即 $\boldsymbol{w} = [w_1, w_2, \cdots, w_d]^\mathrm{T}$,相应地,每个样本 x_i 也增加一维,变为 $\boldsymbol{x}_i = [x_{i1}, x_{i2},$

$\cdots,x_{id}]^{\mathrm{T}}$。

于是,用于求解多元线性回归参数的 $E(\boldsymbol{w},b)=\sum_{i=1}^{n}(y_i-(\boldsymbol{w}\boldsymbol{x}_i+b))^2$ 可以写成如下形式:

$$E(\boldsymbol{w})=(y-\boldsymbol{X}\boldsymbol{w})^{\mathrm{T}}(y-\boldsymbol{X}\boldsymbol{w})$$

其中 $\boldsymbol{y}$ 是样本的标记向量,$\boldsymbol{y}=[y_1,y_2,\cdots,y_n]^{\mathrm{T}}$,$\boldsymbol{X}$ 为样本矩阵。$\boldsymbol{X}$ 的形式如下。

$$\boldsymbol{X}=\begin{bmatrix} x_{11} & x_{12} & \cdots & x_{1d} & 1 \\ x_{21} & x_{22} & \cdots & x_{2d} & 1 \\ \vdots & \vdots & & \vdots & \vdots \\ x_{n1} & x_{n2} & \cdots & x_{nd} & 1 \end{bmatrix}=\begin{bmatrix} x_1^{\mathrm{T}} & 1 \\ x_2^{\mathrm{T}} & 1 \\ \vdots & \vdots \\ x_n^{\mathrm{T}} & 1 \end{bmatrix}$$

$E(\boldsymbol{w})=(y-\boldsymbol{X}\boldsymbol{w})^{\mathrm{T}}(y-\boldsymbol{X}\boldsymbol{w})$ 对参数 $\boldsymbol{w}$ 进行求导,求得的结果如下。

$$\frac{\partial E(\boldsymbol{w})}{\partial \boldsymbol{w}}=2\boldsymbol{X}^{\mathrm{T}}(\boldsymbol{X}\boldsymbol{w}-y)$$

令 $2\boldsymbol{X}^{\mathrm{T}}(\boldsymbol{X}\boldsymbol{w}-y)$ 为零,可求得 $\boldsymbol{w}$ 的值为:

$$\boldsymbol{w}^*=(\boldsymbol{X}^{\mathrm{T}}\boldsymbol{X})^{-1}\boldsymbol{X}^{\mathrm{T}}\boldsymbol{y}$$

从 $\boldsymbol{w}^*=(\boldsymbol{X}^{\mathrm{T}}\boldsymbol{X})^{-1}\boldsymbol{X}^{\mathrm{T}}\boldsymbol{y}$ 可以发现 $\boldsymbol{w}^*$ 的计算涉及矩阵的求逆,只有在 $\boldsymbol{X}^{\mathrm{T}}\boldsymbol{X}$ 为满秩矩阵或者正定矩阵时,才可以使用以上式子计算。但在现实任务中,$\boldsymbol{X}^{\mathrm{T}}\boldsymbol{X}$ 往往不是满秩矩阵,这样就会导致有多个解,并且这多个解都能使均方误差最小化,但并不是所有的解都适合做预测任务,因为某些解可能会产生过拟合的问题。

求出 $\boldsymbol{w}^*$ 后,线性回归模型的表达式为 $f(\boldsymbol{x}_i)=\boldsymbol{X}_i^{\mathrm{T}}(\boldsymbol{X}^{\mathrm{T}}\boldsymbol{X})^{-1}\boldsymbol{X}^{\mathrm{T}}\boldsymbol{y}$。

选择合适的自变量是正确进行多元回归预测的前提之一,多元回归模型自变量的选择可以利用变量之间的相关矩阵来解决。

多元线性回归模型可表示为:

$$y=\beta_0+\beta_1 x_1+\beta_2 x_2+\cdots+\beta_m x_m$$

回归模型中的回归参数(也称回归系数)$\beta_0,\beta_1,\cdots,\beta_m$ 利用样本数据估计,用得到的相应估计值 $b_0,b_1,\cdots,b_m$ 代替回归模型中的未知参数 $\beta_0,\beta_1,\cdots,\beta_m$,即得到估计的回归方程:

$$\hat{y}=b_0+b_1 x_1+b_2 x_2+\cdots+b_m x_m$$

下面给出使用 sklearn.linear_model 模块中的 LinearRegression 模型实现多元线性回归的例子。

【例 5-3】　求训练数据集 $X=[[0,0],[1,1],[2,2]]$、$y=[0,1,2]$ 的二元线性回归方程。

```
>>>from sklearn.linear_model import LinearRegression
>>>clf =LinearRegression()                              #建立线性回归模型
>>>X =[[0,0],[1,1],[2,2]]
>>>y =[0,1,2]
>>>clf.fit(X,y)                                   #对建立的回归模型 clf 进行训练
LinearRegression(copy_X=True, fit_intercept=True, n_jobs=1, normalize=False)
```

```
>>>clf.coef_                                          #获取训练模型的 b1 和 b2
array([ 0.5, 0.5])
>>>clf.intercept_                                     #获取训练模型的 b0
1.1102230246251565e-16
>>>clf.get_params()                                   #获取训练所得的回归模型的参数
{'copy_X': True, 'fit_intercept': True, 'n_jobs': 1, 'normalize': False}
>>>clf.predict([[3, 3]])                          #使用训练得到的回归模型对[3,3]进行预测
array([ 3.])
>>>clf.score(X, y)                       #返回对以 X 为样本数据,以 y 为实际结果的预测效果评分
1.0
```

5.3.2 使用多元线性回归分析广告媒介与销售额之间的关系

为了增加商品销售量,商家通常会在电视、广播和报纸上进行商品宣传,在这 3 种媒介上的相同投入所带来的销售效果是不同的,如果能分析出广告媒体与销售额之间的关系,就可以更好地分配广告开支,并且使销售额最大化。

【例 5-4】 Advertising 数据集包含了 200 条不同市场的产品销售额,每个销售额对应 3 种广告媒体的投入,分别是 TV、radio 和 newspaper。Advertising 数据集前 8 条数据见表 5-2。

表 5-2 Advertising 数据集前 8 条数据

	TV	radio	newspaper	sales
1	230.1	37.8	69.2	22.1
2	44.5	39.3	45.1	10.4
3	17.2	45.9	69.3	9.3
4	151.5	41.3	58.5	18.5
5	180.8	10.8	58.4	12.9
6	8.7	48.9	75	7.2
7	57.5	32.8	23.5	11.8
8	120.2	19.6	11.6	13.2

下面给出多元线性回归分析广告媒介与销售额之间关系的代码。

```
import pandas as pd
import matplotlib
matplotlib.rcParams['font.family'] ='Kaiti'        #Kaiti 是中文楷体
from sklearn import linear_model
from sklearn.cross_validation import train_test_split   #这里引用了交叉验证
data =pd.read_csv('D:/Python/Advertising.csv')
feature_cols =['TV', 'radio', 'newspaper']         #指定特征属性
X =data[feature_cols]                   #得到数据集的 3 个属性'TV' 'radio' 'newspaper'列
y =data['sales']                           #得到数据集的目标列,即 sales 列
```

```
#切分数据集,取数据集的 75%作为训练数据,25%作为测试数据
X_train,X_test, y_train, y_test = train_test_split(X, y, random_state=1)
clf = linear_model.LinearRegression()                #建立线性回归模型
clf.fit(X_train,y_train)                             #训练模型
print('回归方程的非常数项系数 coef_值为: ',clf.coef_)
print('回归方程的常数项 intercept_值为: ',clf.intercept_)
print(list(zip(feature_cols, clf.coef_)))            #输出每个特征的回归系数
#模型评价
y_pred = clf.predict(X_test)
print('预测效果评分: ',clf.score(X_test, y_test))
#以图形的方式表示所得到的模型质量
import matplotlib.pyplot as plt
plt.figure()
plt.plot(range(len(y_pred)),y_pred,'k',label="预测值")
plt.plot(range(len(y_pred)),y_test,'k--',label="测试值")
plt.legend(loc="upper right")                        #显示图中的标签
plt.xlabel("测试数据序号",fontsize=15)
plt.ylabel('销售额',fontsize=15)
plt.show()                                #绘制的预测值与测试值的线性图,如图 5-3 所示
```

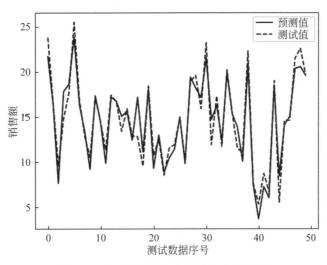

图 5-3　绘制的预测值与测试值的线性图

运行上述程序,得到的结果如下。

回归方程的非常数项系数 coef_值为: [0.04656457 0.17915812 0.00345046]
回归方程的常数项 intercept_值为: 2.87696662232
[('TV', 0.046564567874150295), ('radio', 0.1791581224508883), ('newspaper',
0.0034504647111804065)]
预测效果评分: 0.915621361379

5.3.3 多元线性回归模型预测电能输出

下面用 UCI(加利福尼亚大学尔湾分校)公开的循环发电场的数据来建模多元线性回归模型,共有 9568 个样本数据,每条样本数据包含 5 个字段,分别是 AT(温度)、V(压力)、AP(压强)、RH(湿度)和 PE(输出电力)。多元线性回归分析是从数据集中得到一个线性的关系,PE 是样本的输出,而 AT、V、AP、RH 这 4 个是样本特征,所要求解的线性回归模型如下:

$$PE = \theta_0 + \theta_1 \times AT + \theta_2 \times V + \theta_3 \times AP + \theta_4 \times RH$$

【例 5-5】 对 UCI 公开的循环发电场的数据进行多元线性回归分析。

1. 获取数据并整理数据

数据下载地址为 http://archive.ics.uci.edu/ml/machine-learning-databases/00294/。下载后得到的是一个压缩文件,解压后可以看到里面有一个 xlsx 文件,先用 Excel 把它打开,接着另存为"csv"格式,文件命名为 ccpp.csv,后面就用这个 csv 格式的数据求解线性回归模型的参数。打开这个 csv 文件可以发现数据已经整理好了,没有非法数据,但是这些数据并没有归一化,也就是没有转化为均值 0,方差 1 的格式。暂时可以不对这些数据进行归一化,后面使用 sklearn 线性回归时会先进行归一化。

2. 用 pandas 读取数据

```
import matplotlib.pyplot as plt
import numpy as np
import pandas as pd
data =pd.read_csv('ccpp.csv')      #读取 ccpp.csv 文件,将其存储在 Python 默认路径下
#读取前 5 行数据,如果是最后 5 行,则用 data.tail()
data.head()
```
运行结果如下:
```
     AT      V       AP      RH
0   8.34   40.77   1010.84  90.01
1  23.64   58.49   1011.40  74.20
2  29.74   56.90   1007.15  41.91
3  19.07   49.69   1007.22  76.79
4  11.80   40.66   1017.13  97.20
```

3. 将数据集分解为样本特征数据集和样本输出数据集

查看数据的维度。

```
data.shape
```
运行的结果是(9568,5),说明数据集有 9568 个样本,每个样本有 5 列。

现在抽取样本特征 X,选用 AT、V、AP 和 RH 这 4 个列作为样本特征。

```
X =data[['AT', 'V', 'AP', 'RH']]                          #抽取特征数据集
X.head()                                                   #查看前 5 条数据
```

可以看到,X 的前 5 条数据如下所示:

```
      AT      V       AP       RH
0   8.34   40.77   1010.84   90.01
1  23.64   58.49   1011.40   74.20
2  29.74   56.90   1007.15   41.91
3  19.07   49.69   1007.22   76.79
4  11.80   40.66   1017.13   97.20
```

接着抽取样本输出 y,选用 PE 作为样本输出。

```
y =data[['PE']]                                            #抽取样本输出数据集
y.head()                                                   #查看前 5 条数据
```

可以看到,y 的前 5 条数据如下所示。

```
      PE
0   480.48
1   445.75
2   438.76
3   453.09
4   464.43
```

4. 划分训练集和测试集

我们把 X 和 y 的样本组合划分成两部分:一部分是训练集;另一部分是测试集,代码如下。

```
from sklearn.cross_validation import train_test_split
X_train, X_test, y_train, y_test =train_test_split(X, y, random_state=1)
```

查看训练集和测试集的维度:

```
print(X_train.shape)
print(y_train.shape)
print(X_test.shape)
print(y_test.shape)
```

结果如下:

```
(7176, 4)
(7176, 1)
(2392, 4)
(2392, 1)
```

可以看到,75%的样本数据被作为训练集,25%的样本数据被作为测试集。

5. 使用 LinearRegression 构建多元线性回归模型

可以用 sklearn 的线性模型拟合我们的问题。sklearn 的线性回归算法是使用最小二乘法实现的。

```
from sklearn.linear_model import LinearRegression
linreg =LinearRegression()                          #建立回归模型
linreg.fit(X_train, y_train)                         #训练回归模型
```

查看回归模型的系数:

```
print(linreg.intercept_)                             #输出回归方程的常数项
print(linreg.coef_)                                  #输出回归方程的非常数项系数
```

输出如下:

```
[ 447.06297099]
[[-1.97376045 -0.23229086 0.0693515 -0.15806957]]
```

这样我们就得到了所要求解的线性回归模型里需要求得的 5 个值,得到的 PE 和其他 4 个变量的关系如下。

$$PE=447.062\,970\,99-1.973\,760\,45\times AT-0.232\,290\,86\times V+$$
$$0.069\,351\,5\times AP-0.158\,069\,57\times RH$$

6. 模型评价

下面评估所构建的多元线性回归模型的质量。对于线性回归来说,可采用均方误差(Mean Squared Error,MSE)或者均方根误差(Root Mean Squared Error,RMSE)对模型进行评价。

```
from sklearn import metrics
y_pred =linreg.predict(X_test)                       #用得到的模型对 25%的测试集进行预测
#获取均方误差
print( "MSE:",metrics.mean_squared_error(y_test, y_pred))
#获取均方根误差
print( "RMSE:",np.sqrt(metrics.mean_squared_error(y_test, y_pred)))
```

输出如下:

```
MSE: 20.0804012021
RMSE: 4.48111606657
```

7. 通过画图观察结果

这里通过画图观察真实值和预测值的变化关系,离中间直线 $y=x$ 越近的点,代表预测损失越小。代码如下:

```
plt.scatter(y, predicted)
```

```
plt.plot([y.min(), y.max()], [y.min(), y.max()], 'k--', lw=4)
plt.xlabel('Measured')                      #给 x 轴添加标签
plt.ylabel('Predicted')                     #给 y 轴添加标签
plt.show()                  #显示循环发电场数据的多元线性回归,如图 5-4 所示
```

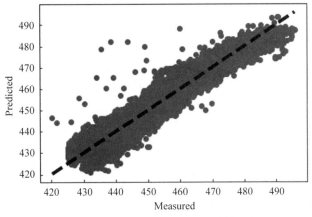

图 5-4　循环发电场数据的多元线性回归

5.4　非线性回归

5.4.1　多项式回归

　　线性回归的局限性是只能应用于存在线性关系的数据中,但是在实际生活中,很多数据之间是非线性关系,虽然也可以用线性回归拟合非线性回归,但是效果会很差,这时候就需要对线性回归模型进行改进,使之能够拟合非线性数据。

　　两个数据拟合的例子如图 5-5 所示。图 5-5(a)中,数据呈现出线性关系,用线性回归可以得到较好的拟合效果。图 5-5(b)中,数据呈现出非线性关系,需要用多项式回归模

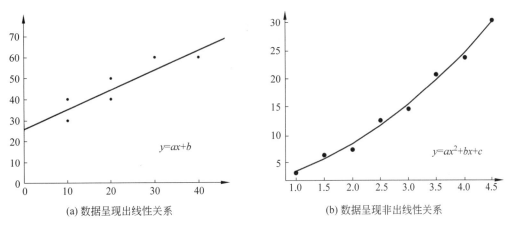

(a) 数据呈现出线性关系　　　　　　　(b) 数据呈现非出线性关系

图 5-5　两个数据拟合的例子

型。多项式回归是在线性回归基础上进行改进,相当于为样本再添加特征项。如图 5-5(b)所示,为样本添加一个 x^2 的特征项,可以较好地拟合非线性的数据。

多项式回归和多元线性回归相似。对于用二次曲线拟合数据的求解,先假设一个二次曲线 $f(x)=w_0+w_1x+w_2x^2$,接下来求出它和实际 y 值的损失函数:

$$J(\boldsymbol{w})=\frac{1}{2n}\sum_{i=1}^{n}(f(x^i)-y^i)^2$$

其中,y^i 为第 i 个样本数据的实际目标值,n 为样本数。和线性回归一样,接下来通过梯度下降法求出 $J(\boldsymbol{w})$ 达到最小值时对应的 $\boldsymbol{w}$。具体求解过程如下。

对于 $f(x)=w_0+w_1x+w_2x^2$,可以将其看作 $f(x)=w_0+w_1x_1+w_2x_2$,其中 $x_1=x,x_2=x^2$,这样就将问题转化为多元线性回归,接下来对 $J(\boldsymbol{w})$ 求偏导:

$$\frac{\partial J(\boldsymbol{w})}{\partial w_0}=\frac{1}{n}\sum_{i=1}^{n}(f_w(x^i)-y^i)$$

$$\frac{\partial J(\boldsymbol{w})}{\partial w_1}=\frac{1}{n}\sum_{i=1}^{n}(f_w(x^i)-y^i)x_1^j$$

$$\frac{\partial J(\boldsymbol{w})}{\partial w_2}=\frac{1}{n}\sum_{i=1}^{n}(f_w(x^i)-y^i)x_2^j$$

迭代 $\boldsymbol{w}$:

$$w_0=w_0-\alpha\frac{1}{n}\sum_{i=1}^{n}(f_w(x^i)-y^i)$$

$$w_1=w_1-\alpha\frac{1}{n}\sum_{i=1}^{n}(f_w(x^i)-y^i)x_1^i$$

$$w_2=w_2-\alpha\frac{1}{n}\sum_{i=1}^{n}(f_w(x^i)-y^i)x_2^i$$

其中,α 为学习速率。经过迭代,求出拟合曲线的参数。

【例 5-6】 多项式回归举例。

```
import numpy as np
from matplotlib import pyplot as plt
import matplotlib
a =np.random.standard_normal((1, 300))    #生成 1 行 300 列的标准正态分布随机数
x =np.arange(0, 30, 0.1)                   #生成从 0 开始、步长为 0.1 的 300 个数的等差数组
y =x * * 2 +x * 2 +5
y =y -a * 80
y =y[0]
x1 =x
x2 =x * x                                  #增加一维属性数据
#对两种属性数据进行归一化
def normalization(x1, x2):
    n_x1 =(x1 -np.mean(x1))/30
    n_x2 =(x2 -np.mean(x2))/900
    return n_x1, n_x2
```

```python
def optimization(x1,x2,y,w,learning_rate):
    for i in range(iterations):
        w =update(x1,x2,y,w,learning_rate)
    return w


def update(x1,x2,y,w,learning_rate):
    m =len(x2)
    sum0 =0.0
    sum1 =0.0
    sum2 =0.0
    n_x1,n_x2 =normalization(x1,x2)
    alpha =learning_rate
    h =0
    for i in range(m):
        h =w[0] +w[1] * x1[i] +w[2] * x2[i]
        sum0 +=(h - y[i])
        sum1 +=(h - y[i]) * n_x1[i]
        sum2 +=(h - y[i]) * n_x2[i]
    w[0] -=alpha * sum0 / m
    w[1] -=alpha * sum1 / m
    w[2] -=alpha * sum2 / m
    return w


learning_rate =0.0005                      #设定学习速率
w =[0,0,0]                                 #设定梯度优化的起始值
iterations =2000                           #设定最大迭代次数
w =optimization(x1,x2,y,w,learning_rate)
matplotlib.rcParams['font.family'] ='KaiTi'#设置字体格式为中文楷体
matplotlib.rcParams['axes.unicode_minus'] =False
b =np.arange(0,30)
c =w[0] +w[1] * b +w[2] * b * * 2
plt.figure()
plt.scatter(x,y,marker='o',color='k')
plt.plot(b,c,color='k')
plt.xticks(fontsize=18)
plt.yticks(fontsize=18)
plt.xlabel('样本特征 X',fontsize=18)
plt.ylabel("目标值 Y", rotation=0, fontsize=18)
plt.title("拟合结果", fontsize=18)
plt.show()                                 #显示绘图结果
```

运行上述程序代码,输出结果如图 5-6 所示。

【例 5-7】　使用 LinearRegression 实现多项式回归举例。

```python
import numpy as np
```

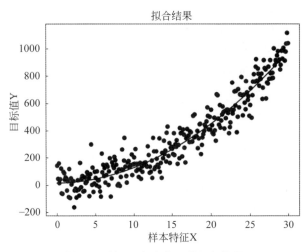

图 5-6　例 5-6 程序代码的运行结果

```
import matplotlib.pyplot as plt
from sklearn.linear_model import LinearRegression
x =np.random.uniform(-3,3, size=100)
X =x.reshape(-1,1)                          #接下来的代码要区分好 X 和 x
y =0.5 * x * * 2 +x +2 +np.random.normal(0,1,size=100)
x2 =np.hstack([X,X * * 2])        #数据拼接,给样本 X 引入 1 个特征,现在的特征就有 2 个
lin_reg2 =LinearRegression()
lin_reg2.fit(x2,y)
y_predict2 =lin_reg2.predict(x2)
plt.scatter(x,y)
#由于 x 是无序的,因此需要先对 x 进行排序,y_predict2 按照 x 从小到大的顺序进行取值
plt.plot(np.sort(x),y_predict2[np.argsort(x)],color='r')
plt.xticks(fontsize=18)
plt.yticks(fontsize=18)
plt.show()                                       #显示绘图结果
```

运行上述程序代码,输出结果如图 5-7 所示。

5.4.2　非多项式的非线性回归

scipy 的 optimize 模块提供了函数最小值(标量或多维)、曲线拟合和寻找等式的根的函数。optimize 模块的 curve_fit()函数用来使设定的函数 f 拟合已知的数据集。curve_fit()函数的语法格式如下。

```
scipy.optimize.curve_fit(f, xdata, ydata)
```

参数说明如下。

f：用来拟合数据的函数,它必须将自变量作为第一个参数,将函数待确定的系数作为独立的剩余参数。

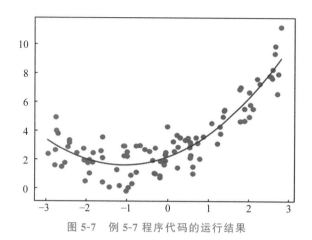

图 5-7 例 5-7 程序代码的运行结果

xdata：自变量。

ydata：xdata 自变量对应的函数值。

1. e 的 b/x 次方拟合

下面采用 scipy 的 optimize 模块提供的 curve_fit()函数进行 e 的 b/x 次方拟合。利用 curve_fit()函数拟合数据的核心步骤如下。

第一步,定义需要拟合的函数。

```
def func(x, a, b):
    return a * np.exp(b/x)
```

第二步,进行函数拟合,获取 popt 里面的拟合系数。

```
popt, pcov =curve_fit(func, x, y)                    #进行函数拟合
```

得到的拟合系数存储在 popt 中,a 的值存储在 popt[0]中,b 的值存储在 popt[1]中。pcov 存储的是最优参数的协方差估计矩阵。

```
>>> import numpy as np
>>> import matplotlib.pyplot as plt
>>> from scipy.optimize import curve_fit
>>> def func(x, a, b):
      return a * np.exp(b/x)
>>>                                        #定义 x、y 散点坐标
>>> x =np.arange(1, 11, 1)
>>> y =np.array([3.98, 5.1, 5.85, 6.4, 7.4,8.6, 10, 10.2, 13.1, 14.5])
>>>                                        #非线性最小二乘法拟合
>>> popt, pcov =curve_fit(func, x, y)
>>>                                        #获取 popt 里的拟合系数
>>> a =popt[0]
>>> b =popt[1]
```

```
>>>y1 = func(x,a,b)                          #获取拟合值
>>>print('系数 a:', a)
系数 a: 16.036555526
>>>print('系数 b:', b)
系数 b: -2.9088756676
>>>plt.plot(x, y, 'o',label='original values')  #绘制(x、y)点
[<matplotlib.lines.Line2D object at 0x00000000143064E0>]
>>>plt.plot(x, y1, 'k',label='polyfit values')  #绘制拟合曲线
[<matplotlib.lines.Line2D object at 0x000000000EFA8D68>]
>>>plt.xlabel('x')
Text(0.5,0,'x')
>>>plt.xlabel('y')
Text(0.5,0,'y')
>>>plt.title('curve_fit')
Text(0.5,1,'curve_fit')
>>>plt.legend(loc=4)                          #指定 legend 的位置在右下角
<matplotlib.legend.Legend object at 0x0000000014306F98>
>>>plt.show()                                 #显示 e 的 b/x 次方拟合的绘图结果,如图 5-8 所示
```

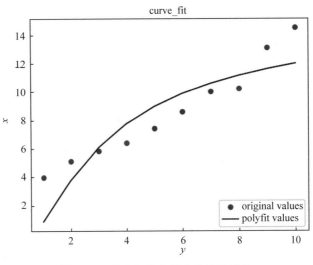

图 5-8　e 的 b/x 次方拟合的绘图结果

2. $a * e * * (b/x) + c$ 的拟合

```
>>>import numpy as np
>>>import matplotlib.pyplot as plt
>>>from scipy.optimize import curve_fit
>>>def func(x, a, b, c):
    return a * np.exp(-b * x) +c
>>>x =np.linspace(0, 4, 50)
```

```
>>> y = func(x, 2.5, 1.3, 0.5)
>>> y1 = y + 0.2 * np.random.normal(size=len(x))    #为数据加入噪声
>>> plt.plot(x, y1, 'o', label='original values')
[<matplotlib.lines.Line2D object at 0x0000000013B9E710>]
>>> popt, pcov = curve_fit(func, x, y1)
>>> plt.plot(x, func(x, * popt), 'k--', label='fit')
[<matplotlib.lines.Line2D object at 0x000000000ED56B70>]
>>> plt.xlabel('x')
Text(0.5,0,'x')
>>> plt.ylabel('y')
Text(0,0.5,'y')
>>> plt.legend()
<matplotlib.legend.Legend object at 0x0000000013B9EDD8>
>>> plt.show()                        #显示 a * e * * (b/x)+c 拟合的绘图结果,如图 5-9 所示
```

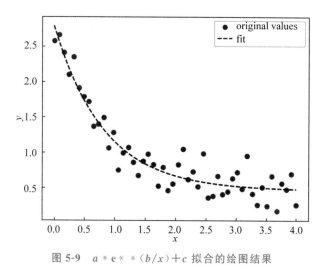

图 5-9　$a * \mathrm{e} * * (b/x) + c$ 拟合的绘图结果

3. $a * \sin(x) + b$ 的拟合

```
import numpy as np
from matplotlib import pyplot as plt
from scipy.optimize import curve_fit
def f(x):
    return 2 * np.sin(x) + 3
def f_fit(x,a,b):
    return a * np.sin(x) + b
x = np.linspace(-2 * np.pi, 2 * np.pi)
y = f(x) + 0.5 * np.random.randn(len(x))              #加入了噪声
popt,pcov = curve_fit(f_fit, x, y)                    #曲线拟合
print('最优参数:',popt)                                #最优参数
print(pcov)                                           #输出最优参数的协方差估计矩阵
```

```
a = popt[0]
b = popt[1]
y1 = f_fit(x,a,b)                                      #获取拟合值
plt.plot(x,f(x),'r',label='original')
plt.scatter(x,y,c='g',label='original values')#散点图
plt.plot(x,y1,'b--',label='fitting')
plt.xlabel('x')
plt.ylabel('y')
plt.legend()
plt.show()                              #显示 a * sin(x)+b 拟合的绘图结果,如图 5-10 所示
```

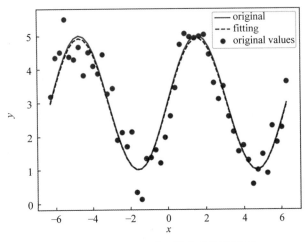

图 5-10　$a * \sin(x) + b$ 拟合的绘图结果

运行上述程序代码,得到的输出结果如下。

最优参数:[1.95980894 2.96039244]

最优参数的协方差估计矩阵:

```
[[1.19127360e-02 4.32976874e-13]
 [4.32976874e-13 5.83724065e-03]]
```

5.5　逻辑回归

逻辑回归

在前面的线性回归模型中,处理的因变量都是数值型区间变量,建立的模型描述的是因变量与自变量之间的线性关系。而在采用回归模型分析实际问题中,所研究的变量往往不全是区间变量,还可能是离散变量。通过分析年龄、性别、体质指数、平均血压、疾病指数等指标,判断一个人是否患糖尿病,$Y=0$ 表示未患糖尿病,$Y=1$ 表示患糖尿病,这里的因变量是一个两点(0-1)分布变量,它不能用线性回归函数连续的值预测因变量 Y,因为 Y 只能取 0 或 1。

总之,线性回归模型通常处理因变量是连续变量的问题,如果因变量是定性变量,线

性回归模型就不再适用了,需采用逻辑回归模型解决。

逻辑回归(Logistic Regression)分析是用于处理因变量为分类变量的回归分析。逻辑回归分析根据因变量取值类别的不同,又可以分为二分类回归分析和多分类回归分析。二分类回归模型中,因变量 Y 只有"是、否"两个取值,记为 1 和 0,而多分类回归模型中因变量可以取多个值。这里我们只讨论二分类回归,并简称逻辑回归。

5.5.1　逻辑回归模型

考虑二分类问题,其输出标记 $y \in \{0, 1\}$,而线性回归模型产生的预测值 $z = \boldsymbol{w}^{\mathrm{T}} \boldsymbol{x} + b$ 是连续的实数值,于是,我们需要将实数值 z 转换为 0 或 1,即需要选择一个函数将 z 映射到 0 或 1,这样的函数常选用对数概率函数,也称为 Sigmoid 函数,其函数表达式为:

$$y = \mathrm{Sigmoid}(z) = \frac{1}{1 + \mathrm{e}^{-z}}$$

Sigmoid 函数图形如图 5-11 所示。

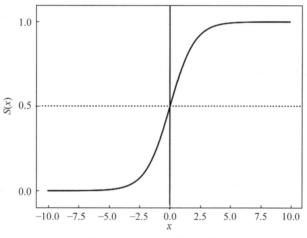

图 5-11　Sigmoid 函数图形

绘制 Sigmoid 函数图形的代码如下。

```
import matplotlib.pyplot as plt
import numpy as np
def sigmoid(x):
    return 1.0 / (1.0 +np.exp(-x))
x =np.arange(-10, 10, 0.1)                        #定义 x 的范围,增量为 0.1
s_x =sigmoid(x)                                   #Sigmoid 为上面定义的函数
plt.plot(x, s_x,'k')
#在坐标轴上加一条竖直的线,0.0 为竖直线在坐标轴上的位置
plt.axvline(0.0, color='k')
#加水平间距通过坐标轴
plt.axhspan(0.0, 1.0, facecolor='1.0', alpha=1.0, ls='dotted')
plt.axhline(y=0.5, ls='dotted', color='k')        #加水平线通过坐标轴
```

```
plt.yticks([0.0, 0.5, 1.0])          #加 y 轴刻度
plt.ylim(-0.1, 1.1)                  #加 y 轴范围
plt.xlabel('x')
plt.ylabel('S(x)')
plt.show()
```

Sigmoid 函数的定义域为全体实数,当 x 趋近于负无穷时,y 趋近于 0;当 x 趋近于正无穷时,y 趋近于 1;当 $x=0$ 时,$y=0.5$。

将 $z=\boldsymbol{w}^{\mathrm{T}}\boldsymbol{x}+b$ 代入 $\mathrm{Sigmoid}(z)=1/(1+\mathrm{e}^{-z})$,可得

$$\mathrm{Sigmoid}(\boldsymbol{w}^{\mathrm{T}}\boldsymbol{x}+b)=\frac{1}{(1+\mathrm{e}^{-\boldsymbol{w}^{\mathrm{T}}x-b})}$$

函数值是一个 0~1 的数,这样就将线性回归的输出值映射为 0~1 的值。

之所以使用 Sigmoid 函数,是因为以下几点。

(1) Sigmoid 函数可以将 $\boldsymbol{w}^{\mathrm{T}}\boldsymbol{x}+b\in(-\infty,+\infty)$ 映射到 $(0,1)$,作为概率。

(2) $\boldsymbol{w}^{\mathrm{T}}\boldsymbol{x}+b<0$,$\mathrm{Sigmoid}(\boldsymbol{w}^{\mathrm{T}}\boldsymbol{x}+b)<1/2$,可以认为是 0 类问题;$\boldsymbol{w}^{\mathrm{T}}\boldsymbol{x}+b>0$,$\mathrm{Sigmoid}(\boldsymbol{w}^{\mathrm{T}}\boldsymbol{x}+b)>1/2$,可以认为是 1 类问题;$\boldsymbol{w}^{\mathrm{T}}\boldsymbol{x}+b=0$,$\mathrm{Sigmoid}(\boldsymbol{w}^{\mathrm{T}}\boldsymbol{x}+b)=1/2$,则可以划分至 0 类或 1 类。通过 Sigmoid 函数可以将 $\frac{1}{2}$ 作为决策边界,将线性回归的问题转化为二分类问题。

(3) Sigmoid 函数的数学特性好,求导容易。$\mathrm{Sigmoid}'(z)=\mathrm{Sigmoid}(z)(1-\mathrm{Sigmoid}(z))$。

通常称上述将输入变量 $\boldsymbol{x}$ 的线性回归值进行 Sigmoid 映射作为最终预测输出值的算法为逻辑回归算法,即逻辑回归采用 Sigmoid 函数作为预测函数,将逻辑回归预测函数记为 $h_{\boldsymbol{\beta}}(\boldsymbol{x})$:

$$h_{\boldsymbol{\beta}}(\boldsymbol{x})=\mathrm{Sigmoid}(\boldsymbol{w}^{\mathrm{T}}\boldsymbol{x}+b)=\frac{1}{1+\mathrm{e}^{-w^{\mathrm{T}}x-b}}$$

其中,$h_{\boldsymbol{\beta}}(\boldsymbol{x})$ 表示在输入值为 $\boldsymbol{x}$,参数为 $\boldsymbol{\beta}$ 的条件下 $y=1$ 的概率,用概率公式可以写成 $h_{\boldsymbol{\beta}}(\boldsymbol{x})=P(y=1|\boldsymbol{x},\boldsymbol{\beta})$,设 $P(y=1|\boldsymbol{x},\boldsymbol{\beta})$ 的值为 p,则 y 取 0 的条件概率 $P(y=0|\boldsymbol{x},\boldsymbol{\beta})=1-p$。对 $P(y=0|\boldsymbol{x},\boldsymbol{\beta})$ 进行线性模型分析,将其表示成如下所示的线性表达式:

$$P(y=0|\boldsymbol{x},\boldsymbol{\beta})=\beta_0+\beta_1 x_1+\beta_2 x_2+\cdots+\beta_m x_m$$

而实际应用中,概率 p 与自变量往往是非线性的,为了解决该类问题,引入 logit 变换,也称对数单位转换,其转换形式如下:

$$\mathrm{logit}(p)=\ln\left(\frac{p}{1-p}\right)$$

使得 $\mathrm{logit}(p)$ 与自变量之间存在线性相关的关系。逻辑回归模型的定义如下。

$$\mathrm{logit}(p)=\ln\left(\frac{p}{1-p}\right)=\beta_0+\beta_1 x_1+\beta_2 x_2+\cdots+\beta_m x_m$$

通过推导,上面的式子可变换为下面的式子:

$$p = \frac{1}{1 + e^{-(\beta_0 + \beta_1 x_1 + \beta_2 x_2 + \cdots + \beta_m x_m)}}$$

这与通过 Sigmoid 函数对线性回归输出值进行映射进而转化为二分类相符,同时也体现了概率 p 与自变量之间的非线性关系,以 0.5 为界限,预测 p 大于 0.5 时,判断此时类别为 1,否则类别为 0。得到所需的包含 $\beta_0 + \beta_1 x_1 + \beta_2 x_2 + \cdots + \beta_m x_m$ 的 Sigmoid 函数后,接下来和前面的线性回归一样,拟合出该式中的 $m+1$ 个参数 β 即可。

5.5.2　对鸢尾花数据进行逻辑回归分析

逻辑回归求解步骤如下。

(1) 根据分析目的设置因变量和自变量,然后收集数据集。

(2) 用 $\ln\left(\dfrac{p}{1-p}\right) = \beta_0 + \beta_1 x_1 + \beta_2 x_2 + \cdots + \beta_m x_m$ 列出线性回归方程,并估计模型中的回归参数。

(3) 进行模型的有效性检验。模型有效性的检验指标有很多,最基本的是正确率。

(4) 模型应用。为求出的模型输入自变量的值,就可以得到因变量的预测值。

sklearn.linear_model 提供了 LogisticRegression 逻辑回归模型来实现逻辑回归,其语法格式如下。

```
LogisticRegression(penalty='l2', class_weight=None, solver='liblinear',
multi_class='ovr')
```

参数说明如下。

penalty:正则化选择参数,str 类型。penalty 参数可选择的值为"l1"和"l2",分别对应 L1 的正则化和 L2 的正则化,默认是 L2 的正则化。调参的主要目的是解决过拟合,一般 penalty 选择 L2 正则化就够了。但是,如果选择 L2 正则化发现还是过拟合,即预测效果差的时候,就可以考虑 L1 正则化。另外,如果模型的特征非常多,我们希望一些不重要的特征系数归零,从而让模型系数稀疏化的话,也可以使用 L1 正则化。

solver:优化算法选择参数,该参数决定了我们对逻辑回归损失函数的优化方法,有 4 种算法可以选择,分别是:liblinear,使用开源的 liblinear 库实现,内部使用了坐标轴下降法来迭代优化损失函数;lbfgs,拟牛顿法的一种,利用损失函数二阶导数矩阵即海森矩阵来迭代优化损失函数;newton-cg,也是牛顿法家族的一种,利用损失函数二阶导数矩阵即海森矩阵来迭代优化损失函数;sag,随机平均梯度下降,是梯度下降法的变种,和普通梯度下降法的区别是每次迭代仅用一部分的样本计算梯度,适合于样本数据多的时候。

multi_class:分类方式选择参数,str 类型,可选参数为 ovr 和 multinomial,默认为 ovr。ovr 相对简单,但分类效果相对略差,而 multinomial 分类相对精确,但是分类速度没有 ovr 快。如果选择了 ovr,则 4 种损失函数的优化方法 liblinear、newton-cg、lbfgs 和 sag 都可以选择。但是如果选择了 multinomial,则只能选择 newton-cg、lbfgs 和 sag。

class_weight:类型权重参数,用于标识分类模型中各种类型的权重,可以是一个字典或者"balanced"字符串,默认为不输入,也就是不考虑权重,即为 None。如果选择输入的话,可以选择 balanced 让类库自己计算类型权重,或者自己输入各个类型的权重,比如对于 0、1 的二元模型,可以定义 class_weight={0: 0.9, 1: 0.1},这样类型 0 的权重为 90%,而类型 1 的权重为 10%。

LogisticRegression 逻辑回归模型对象的常用方法如下。

fix(X,y[,sample_weight]):训练模型。

predict(X):用训练好的模型对 X 进行预测,返回预测值。

score(X,y[,sample_weight]):返回(X,y)上的预测准确率。

predict_log_proba(X):返回一个数组,数组的元素依次是 X 预测为各个类别的概率的对数值。

predict_proba(X):返回一个数组,数组元素依次是 X 预测为各个类别的概率的概率值。

【例 5-8】 对鸢尾花数据进行逻辑回归分析,实现逻辑回归的二分类。

分析:利用 sklearn 对鸢尾花数据进行逻辑回归分析,只取划分属性中的"花萼长度"和"花萼宽度"作为逻辑回归分析的数据特征,取类别属性中的 0 和 1 作为数据的类别,即前 100 个数据的花卉类型列。

```python
from sklearn.datasets import load_iris
from sklearn.linear_model import LogisticRegression as LR
import matplotlib.pyplot as plt
import numpy as np
import matplotlib
from sklearn.cross_validation import train_test_split     #这里引用了交叉验证
matplotlib.rcParams['font.family']='Kaiti'     #Kaiti 是中文楷体
#加载数据
iris =load_iris()                              #加载鸢尾花数据
data =iris.data                                #获取鸢尾花属性数据
target =iris.target                            #获取鸢尾花类别数据
X =data[0:100,[0,2]]                           #获取前 100 条数据的前两列
y =target[0:100]                               #获取类别属性数据的前 100 条数据
label =np.array(y)
index_0 =np.where(label==0)                    #获取 label 中数据值为 0 的索引
#按选取的两个特征绘制散点图
plt.scatter(X[index_0,0],X[index_0,1],marker='x',color ='k',label ='0')
index_1 =np.where(label==1)                    #获取 label 中数据值为 1 的索引
plt.scatter(X[index_1,0],X[index_1,1],marker='o',color ='k',label ='1')
plt.xlabel('花萼长度',fontsize=15)
plt.ylabel('花萼宽度',fontsize=15)
plt.legend(loc ='lower right')
plt.show()                          #显示绘制的前 100 个 Iris 数据的散点图,如图 5-12 所示
#切分数据集,取数据集的 75%作为训练数据,25%作为测试数据
X_train, X_test, y_train, y_test =train_test_split(X, y, random_state=1)
lr=LR()                                        #建立逻辑回归模型
lr.fit(X_train,y_train)                         #训练模型
```

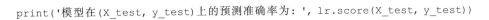

```
print('模型在(X_test, y_test)上的预测准确率为: ', lr.score(X_test, y_test))
```

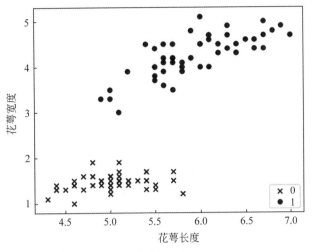

图 5-12　前 100 个 Iris 数据的散点图

执行上述程序代码,输出结果如下。

模型在(X_test, y_test)上的预测准确率为:1.0

5.6　本章小结

本章主要介绍回归。首先介绍了回归的相关概念;然后介绍了一元线性回归方程的参数求解过程、多元线性回归方程的参数求解过程,以及非线性回归方程的参数求解过程;最后介绍了逻辑回归。

第6章

决策树分类

分类指的是通过对事物特征的定量分析,形成能够进行分类预测的分类模型,利用该模型能够预测一个具体的事物所属的类别。决策树是一种十分常用的分类方法,也是带有判决规则的一种树,可以依据树中的判决规则预测未知样本的类别。

6.1 分类概述

6.1.1 分类的基本概念

从对与错、好与坏的简单分类,到复杂的生物学中的界门纲目科属种,人类对客观世界的认识离不开分类,通过将有共性的事物归到一类,以区别不同的事物,使得对大量的繁杂事物条理化和系统化。

机器学习的分类指的是通过对事物特征的定量分析,形成能够进行分类预测的分类模型(分类函数、分类器),利用该模型能够预测一个具体的事物所属的类别。注意,分类的类别取值必须是离散的,分类模型作出的分类预测不是归纳出的新类,而是预先定义好的目标类。因此,分类也称为有监督学习,与之相对应的是无监督学习,比如聚类。分类与聚类的最大区别在于,分类数据中的一部分数据的类别是已知的,而聚类数据中所有数据的类别是未知的。

现实商业活动中的许多问题都能抽象成分类问题,在当前的市场营销行为中很重要的一个特点是强调目标客户细分,例如银行贷款员需要分析贷款申请者数据,搞清楚哪些贷款申请者是"安全的",哪些贷款申请者是"不安全的"。其他场景如推荐系统、垃圾邮件过滤、信用卡分级等,都能转化为分类问题。

分类任务的输入数据是记录的集合,记录也称为样本、样例、实例、对象、数据点,用元组(x,y)表示,其中x是对象特征属性的集合,而y是一个特殊的属性,称为类别属性、分类属性或目标属性,指出样例的类别是什么。表 6-1 列出了一个动物样本数据集,用来将动物分为两类:爬行类和鸟类。属性集指明动物的性质,如翅膀数量、脚的只数、是否产蛋、是否有毛等。尽管表 6-1 中的属性主要是离散的,但是属性集也可以包含连续特征。另一方面,类别属性必须是离散属性,这是区别分类与回归的关键特征。回归是一种预测模型,其目标属性y是连续的。

表 6-1　动物样本数据集

动物	翅膀数量	脚的只数	是否产蛋	是否有毛	动物类别
狗	0	4	否	是	爬行类
猪	0	4	否	是	爬行类
牛	0	4	否	是	爬行类
麻雀	2	2	是	是	鸟类
鸽子	2	2	是	是	鸟类
天鹅	2	2	是	是	鸟类

分类的形式化定义是：分类就是通过学习样本数据集得到一个目标函数 f，把每个特征属性集 x 映射到一个预先定义的类标号 y。目标函数也称为分类模型。

6.1.2　分类的一般流程

分类技术是一种根据输入数据集建立分类模型的技术。常用的分类模型主要有决策树分类、贝叶斯分类、人工神经网络分类方法、k-近邻分类、支持向量机分类等。这些技术都是通过一种学习算法确定相应的分类模型，该模型能够很好地拟合输入数据中类标号和特征属性集之间的联系。使用学习算法学习样本数据得到的模型不仅要能很好地拟合样本数据，还要能够正确地预测未知样本的类标号。因此，训练分类算法的主要目标是建立具有强泛化能力的分类模型，即建立能够准确地预测未知样本类标号的分类模型。

求解分类问题的一般流程如图 6-1 所示。首先，得到一个样本数据集（也称训练数据集），它由类标号已知的记录组成。然后选择分类学习算法学习训练数据集建立分类模型，也称使用训练数据集训练分类模型，从而得到一个训练好的分类模型，随后使用检验数据集评估训练好的分类模型的性能，以及调整模型参数，检验数据集是由类标号已知的记录组成，最后将符合要求的分类模型用于未知样本的分类。

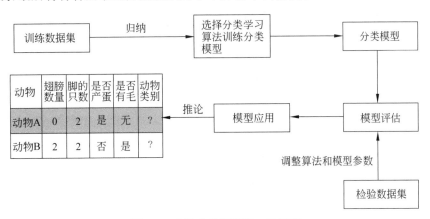

图 6-1　求解分类问题的一般流程

分类模型的性能根据模型正确和错误预测的检验记录数进行评估，对于二分类问题，

f_{00}表示实际类标号为 0 被正确预测为类 0 的记录数,f_{01}表示原本属于类 0 但被误认为类 1 的记录数,f_{11}表示实际类标号为 1 被正确预测为类 1 的记录数,f_{10}表示原本属于类 1 但被误认为类 0 的记录数,则被分类模型正确预测的样本总数是 $f_{00}+f_{11}$,而被错误预测的样本总数是 $f_{01}+f_{10}$,因而分类模型的性能可以用准确率表示,具体如下。

$$准确率 = \frac{正确预测数}{预测总数} = \frac{f_{00}+f_{11}}{f_{00}+f_{01}+f_{11}+f_{10}}$$

同样,分类模型的性能也可以用错误率表示,具体如下。

$$错误率 = \frac{错误预测数}{预测总数} = \frac{f_{01}+f_{10}}{f_{00}+f_{01}+f_{11}+f_{10}}$$

大多数分类算法都在寻求这样一些分类模型,当把它们应用于检验集时具有最高的准确率,或者等价地,具有最低的错误率。

6.2 决策树分类概述

在现实生活中经常会遇到各种选择,如人们要去室外打羽毛球,一般会根据"天气""温度""湿度""刮风"这几个条件判断,最后得到结果:去打羽毛球? 还是不去打羽毛球? 如果把判断背后的逻辑整理成一幅结构图,它实际上是一幅树状图,这就是决策树。

6.2.1 决策树的工作原理

1. 决策树概念

决策树简单来说就是带有判决规则的一种树,可以依据树中的判决规则预测未知样本的类别和值。决策树就是通过树结构表示各种可能的决策路径,以及每个路径的结果。一棵决策树一般包含一个根结点、若干内部结点和若干叶子结点。

(1)叶子结点对应决策结果。

(2)每个内部结点对应一个属性测试,每个内部结点包含的样本集合根据属性测试的结果被划分到它的子结点中。

(3)根结点包含全部训练样本。

(4)从根结点到每个叶子结点的路径对应了一条决策规则。

一棵预测顾客是否会购买计算机的决策树如图 6-2 所示,其中内部结点用矩形表示,叶子结点用椭圆表示,分支表示属性测试的结果。为了判断未知的顾客是否会购买计算机,通常将顾客的属性值在决策树上进行判断,选取相应的分支,直到到达叶子结点,从而得到顾客所属的类别。决策树中,从根结点到叶子结点的一条路径对应一条合取规则,对应一条分类规则,对应样本的一个分类。

在是否会购买计算机的决策树中包含 3 种结点:根结点,它没有入边,有 3 条出边;内部结点(非叶子结点),有一条入边和两条或多条出边;叶子结点,只有一条入边,但没有出边。在这个例子中,用来进行类别决策的属性为:年龄、学生、信用。

在沿着决策树从上到下的遍历过程中,在每个内部结点中都有一个测试,不同的测试

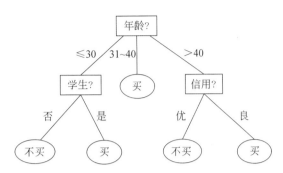

图 6-2   一棵预测顾客是否会购买计算机的决策树

结果引出不同的分支,最后到达一个叶子结点,这一过程就是利用决策树进行分类的过程。

决策树分类方法实际上是通过对训练样本的学习建立分类规则,依据分类规则实现对新样本的分类。决策树分类方法属于有指导(监督)的分类方法。训练样本有两类属性:划分属性;类别属性。一旦构造了决策树,对新样本进行分类就相当容易。从树的根结点开始,将测试条件用于新样本,根据测试结果选择适当的分支,沿着该分支或者到达另一个内部结点,使用新的测试条件继续上述过程,直到到达一个叶子结点,也就是得到新样本所属的类别。

2. 决策树的构建

决策树算法作为一种分类算法,目标是将具有 m 维特征的 n 个样本分到 c 个类别中,相当于做一个映射 $C=f(n)$,将样本经过一种变换赋予一种类别标签。决策树为了达到这一目的,将分类的过程表示成一棵树,每次通过选择一个特征进行分叉。不同的决策树算法选择不同的特征选择方案进行分叉,如 ID3 决策树用信息增益最大选择划分特征,C4.5 用信息增益率最大选择划分特征,CART 用基尼指数最小选择划分特征。

构建决策树的过程,就是通过学习样本数据集获得分类知识的过程,得到一种逼近离散值的目标函数的过程。决策树学习本质上是从训练数据集中归纳出一组分类规则,学习到的一组分类规则被表示为一棵决策树。决策树学习是以样本为基础的归纳学习,它采用自顶向下递归的方式生长决策树,随着树的生长,完成对训练样本集的不断细分,最终被细分到每个叶子结点上。决策树是一种树形结构,其中每个内部结点表示一个属性上的测试,每个分支表示一个测试输出,每个叶子结点表示一种类别。构建决策树的具体步骤如下。

(1) 选择最好的属性作为测试属性并创建树的根结点。开始时,所有的训练样本都在根结点。

(2) 为测试属性每个可能的取值产生一个分支。

(3) 根据属性的每个可能值将训练样本划分到相应的分支形成子结点。

(4) 对每个子结点,重复上面的过程,直到所有的结点都是叶子结点。

构建决策树的流程可用下述伪代码表示。

输入：训练样本集 $S=\{(x_1,y_1),(x_2,y_2),?,(x_n,y_n)\}$

划分属性集 $A=\{a_1,a_2,?,a_m\}$

输出：以 node 为根结点的一个决策树

//根据给定训练样本集 S 和划分属性集 A 构建决策树

函数 GenerateDTree(S, A){

1: 生成结点 node；

2: if S 中的训练样本全属于同一类别 c_j then

3: 将 node 标记为 c_j 类叶子结点；return

4: end if

5: if $A=\varnothing$ or S 中样本在 A 上取值相同 then

6: 　　将 node 标记为叶子结点,其类别标记为 S 中样本数最多的类；return

7: end if

8: 　　从 A 中选择最优化分属性 a^*

9: for a^* 的每一值 $a[i]$ do

10: 为 node 生成一个分支结点 $node_i$；令 S_i 表示 S 中在 a^* 上取值为 $a[i]$ 的样本子集；

11: 　　　if $S_i=\varnothing$ then

12: 　　　　将分支结点 $node_i$ 标记为叶子结点,其类别为 S 中样本最多的类；return

13: 　　　else

14: 　　　　调用 GenerateDTree(S_i, A-{a^*})递归创建分支结点；

15: end if

16: end for}

在上述决策树算法中,有如下 3 种情形会导致函数递归返回。

(1) 当前结点包含的样本全部属于同一类别,无须划分。

(2) 当前划分属性集为空,或者所有样本在当前所有划分属性上取值相同,无法划分。

(3) 当前结点包含的样本集为空,不能划分。

构建决策树的过程就是选择什么属性作为结点的过程,原则上讲,对于给定的属性集,可以构造的不同决策树的数目达到指数级,找出最佳决策树在计算上通常是不可行的。于是,人们开发了一些有效的算法,能够在合理的时间内构造出具有一定准确率的次优决策树。这些算法采用的通常都是贪心策略,在选择划分记录的属性时,采用一系列局部最优决策构造决策树,Hunt 算法就是一种这样的算法。Hunt 算法是许多决策树算法的基础,包括 ID3 算法、C4.5 算法和 CART 算法。

3. Hunt 算法

Hunt 算法是一种采用局部最优策略的决策树构建算法,通过将训练记录相继划分为较纯的子集,以递归的方式建立决策树。设 D_t 是与结点 t 相关联的训练样本集,$y=\{y_1,y_2,\cdots,y_c\}$ 是类标号,Hunt 算法递归构建决策树的过程如下。

(1) 如果 D_t 中所有记录都属于同一个类,则 t 是叶子结点,用 y_t 标记。

(2) 如果 D_t 中包含多个类的样本,则选择一个属性将相关联的训练样本集划分成较小的子集。对于属性的每个取值,创建一个子结点,并根据属性的不同取值将 D_t 中的样本分布到相应的子结点中。然后,对于每个子结点,递归地调用该算法。

为了演示 Hunt 算法构建决策树的过程,考虑用一个预测拖欠银行贷款的贷款者数据集(表 6-2),在表 6-2 所示的数据集中,每条记录都包含贷款者的个人信息,以及贷款者是否拖欠贷款的类标号。

表 6-2　预测拖欠银行贷款的贷款者数据集

样本序号	有房者	婚姻状况	年收入	拖欠贷款者
1	是	单身	125k	否
2	否	已婚	100k	否
3	否	单身	70k	否
4	是	已婚	120k	否
5	否	离异	95k	是
6	否	已婚	60k	否
7	是	离异	220k	否
8	否	单身	85k	是
9	否	已婚	75k	否
10	否	单身	90k	是

使用 Hunt 算法构建决策树时,决策树初始只有一个叶子结点,即类标号为"拖欠货款者＝否"的叶子节点,如图 6-3(a)所示,表示大多数贷款者都没有拖欠贷款。之后,对该树进行细分。从表 6-2 所示的数据集可以看出,最终决策树的根结点应包含两个类的记录:一类是"拖欠货款者＝否"的记录集;一类是"拖欠货款者＝是"的记录集。然后,将"有房者"作为划分属性,如图 6-3(b)所示,根据"有房者"属性的不同取值将数据集划分为两个较小的子集。接下来,对两个子集递归地调用 Hunt 算法。

从表 6-2 所示的数据集中可以看出,有房的贷款者都按时偿还了贷款,记录为同一类,因此,根结点的左子结点标记为类标号为"拖欠货款者＝否"的叶子结点(图 6-3(b))。对于右子结点,其包含的记录有两类,需要继续递归调用 Hunt 算法,这次选择"婚姻状况"作为划分属性对该结点的记录进行划分,划分为两个较小的子集,如图 6-3(c)所示。

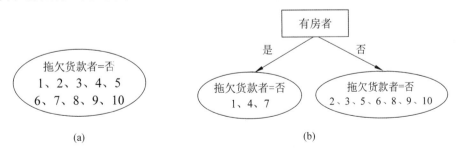

图 6-3　使用 Hunt 算法构建决策树的过程

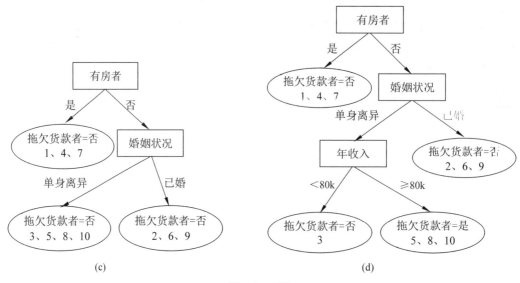

图 6-3 （续）

接下来,对根结点的每个子结点递归地调用 Hunt 算法,从表 6-2 所示的数据集中可以看出,已婚的贷款者都按时偿还了贷款,记录为同一类,因此,根结点的右子结点为叶子结点,标记为"拖欠货款者＝否"类标号。对于左子结点,包含的记录有两类,需要继续递归调用 Hunt 算法,这次选择"年收入"作为划分属性,可将这些记录被划分为两个较小的子集,结果每个子集都是同一类记录,分别标记为类标号"拖欠货款者＝否"和"拖欠货款者＝是"(图 6-3(d))。至此,决策树构建完毕。

如果属性值的每种组合都在训练数据中出现,并且每种组合都具有唯一的类标号,则 Hunt 算法是有效的。但是,对于大多数实际情况,这些假设太苛刻了,因此需要附加的条件处理以下的情况。

(1) 算法的第(2)步所创建的子结点可能为空,即不存在与这些结点相关联的记录,这时该结点成为叶子结点,类标号为其父结点上训练记录中的**多数类**。

(2) 在第(2)步,如果与 D_t 相关联的所有记录都具有相同的属性值(类别属性除外),则不可能进一步划分这些记录。在这种情况下,该结点为叶子结点,其标号为与该结点相关联的训练记录中的**多数类**。

此外,在上面这个算法过程中,你可能会疑惑:是依据什么原则选取划分属性的,例如为什么第一次选择"有房者"作为划分属性。事实上,如果选择划分属性的顺序不同,那么对于同一数据集来说所建立的决策树可能相差很大。

因而,决策树学习算法必须解决下面两个问题。

(1) 如何选择分裂训练记录集的划分属性?

树增长过程的每个递归步都必须选择一个属性作为划分属性,将样本集划分成较小的子集。为了实现这个步骤,算法必须提供选择划分属性的方法,并且提供评价划分属性优劣的度量。

（2）停止分裂过程的结束条件是什么？

需要有结束条件，以终止决策树的生长过程。一个可能的策略是分裂结点，直到所有的记录都属于同一个类，或者所有的记录都具有相同的属性值。尽管这两个结束条件对于结束决策树算法都是充分的，但是还可以使用其他的标准提前终止树的生长过程。

6.2.2　最佳划分属性的度量

从构建决策树的步骤可以看出，决策树构建的关键是如何选择最佳划分属性。一般而言，随着决策树构建过程的不断进行，人们希望决策树的分支结点所包含的样本越来越归属于同一类别，结点的"不纯度"（不确定度、不确定性）越来越低，结点的"纯度"越来越高。因此，为了确定按某个属性划分的效果，需要比较划分前（父结点）的不纯度和划分后（所有子结点）的不纯度，不纯度的降低程度越大，即它们的差越大，划分属性的划分效果就越好。

变量的不确定性是指变量的取值结果不止一种。举一个例子，比如一个班级有 30 名学生，每个学生都有且仅有一部智能手机，如果随机选择一名同学，问他的手机品牌可能是什么？如果这个班的学生都用华为手机，这个问题很好回答，他的手机品牌一定是华为，这时候学生用的手机品牌这个变量是确定的，不确定性为 0。但如果这个班级中 1/3 的学生用小米手机，1/3 学生用苹果手机，其余 1/3 的学生用华为手机，则学生用的手机品牌这个变量的不确定性就明显增大了。

若记不纯度的降低程度为 Δ，则用其确定划分属性划分效果的度量值 Δ_I，可以用下面的公式定义：

$$\Delta_I = I(\text{parent}) - \sum_{j=1}^{k} \frac{N(j)}{N} I(j)$$

其中，$I(\text{parent})$ 是父结点的不纯度度量；k 是划分属性取值的个数；N 是父结点上样本的总数；$N(j)$ 是第 j 个子结点上样本的数目；$I(j)$ 是第 j 个子结点的不纯度度量。

给定任意结点 t，结点 t 的不纯度度量主要有信息熵、基尼指数和误分类率 3 种度量方式。

1. 信息熵

信息熵是度量样本集合不纯度最常用的一种指标。令 $p_i(i=1,2,\cdots,c)$ 为结点 t 中第 i 类样本所占的比例，则结点 t 的信息熵定义为

$$\text{Entropy}(t) = -\sum_{i=1}^{c} p_i \log_2 p_i$$

其中，c 为结点 t 中样本的类别数目，规定 $0\log_2 0 = 0$。$\text{Entropy}(t)$ 越小，结点 t 的不纯度越低，纯度越高。

信息熵是信息的度量方式，用来度量事物的不确定性，越不确定的事物，它的熵越大。给定一个数据集，每个数据元素都标明了所属的类别，如果所有数据元素都属于同一类别，那么就不存在不确定性了，这就是所谓的低熵情形；如果数据元素均匀地分布在各个类别中，那么不确定性就较大，这时我们说具有较大的熵。举一个例子，比如 t 有 2 个可

能的取值,而取这两个值的概率各为 1/2 时 t 的熵最大,此时 t 具有最大的不确定性,值为:

$$\text{Entropy}(t) = -\left(\frac{1}{2}\log_2\frac{1}{2} + \frac{1}{2}\log_2\frac{1}{2}\right) = 1$$

如果一个值的概率大于 1/2,另一个值的概率小于 1/2,则不确定性减少,对应的熵也会减少。例如一个概率为 1/3,一个概率为 2/3,则对应的熵为

$$\text{Entropy}(t) = -\left(\frac{1}{3}\log_2\frac{1}{3} + \frac{2}{3}\log_2\frac{2}{3}\right) = \log_2 3 - \frac{2}{3}\log_2 2 \approx 0.918 < 1$$

假设数据集有 m 行,每一行表示一个样本,每一行最后一列为该样本的类别,计算数据集信息熵的 Python 代码如下。

```python
import math                                    #导入 math 数学计算库
def calcEntropy(dataSet):
    Samples = len(dataSet)                     #统计数据集包含的样本数
    categoryCounts = {}                        #以字典的数据形式记录数据集每个类别的频数
    for line in dataSet:                       #统计数据集不同类别的样本数
        currentCategory = line[-1]             #获取样本的类别
        if currentCategory not in categoryCounts.keys():
            categoryCounts[currentCategory] = 0
        categoryCounts[currentCategory] += 1
    Entropy = 0.0
    for key in categoryCounts.keys():
        prob = float(categoryCounts[key]) / Samples   #计算每种类别的概率
        Entropy -= prob * math.log2(prob)      #log2(prob)返回以 2 为底 prob 的对数
    return Entropy
```

下面创建样本数据集 sampleSet,并调用 calcEntropy() 函数实现对样本数据集 sampleSet 的信息熵的计算。

```python
#创建数据集
sampleSet=[['黑色','黑色','黄种人'],['蓝色','金色','白种人'],['灰色','金色','白种人']]
calcEntropy(sampleSet)                         #调用函数计算信息熵
```

调用函数计算的信息熵为 0.918 295 834 054 489 6。

假定划分属性 a 是离散型,a 有 k 个可能的取值 $\{a^1, a^2, \cdots, a^k\}$,若使用 a 对结点 t 进行划分,则会产生 k 个分支结点,其中第 j 个分支结点包含了 t 中所有在属性 a 取值为 a^j 的样本,第 j 个分支结点上样本的数目记为 $N(j)$。可根据信息熵公式计算出第 j 个结点的信息熵 $\text{Entropy}(j)$,再考虑到不同分支结点所包含的样本数不同,给分支结点 j 赋予权重 $N(j)/N$,其中 N 是结点 t 上样本的总数,即样本数越多的分支结点影响越大,于是可计算出用属性 a 对结点 t 进行划分所得的不纯度的降低程度 Δ_{Entropy},也就是用属性 a 对结点 t 进行划分所获得的"信息增益(information gain)"$\text{Gain}(t, a)$:

$$\Delta_{\text{Entropy}} = \text{Gain}(t, a) = \text{Entropy}(\text{parent}) - \sum_{j=1}^{k}\frac{N(j)}{N}\text{Entropy}(j)$$

通常,信息增益越大,意味着使用属性 a 对结点 t 进行划分所获得的不确定程度降低越大,即所获得的纯度提升越大,因此,可用信息增益最大进行决策树的最佳划分属性选择。ID3 决策树算法就是选择熵减少程度最大的属性来划分数据集,也就是选择产生信息熵增益最大的属性。

但是,信息增益标准存在一个内在的偏置,它偏好选择具有较多属性值的属性,为减少这种偏好可能带来的不利影响,C4.5 决策树算法不直接使用信息增益,而是使用"增益率"选择最佳划分属性。

2. 基尼指数

基尼指数(基尼系数、基尼不纯度)Gini 表示在样本集合中一个随机选中的样本被分错的概率。Gini 指数越小,表示集合中被选中的样本被分错的概率越小,也就是说,集合的纯度越高,反之,集合越不纯。结点 t 的基尼指数 $\text{Gini}(t)$ 定义为

$$\text{Gini}(t) = 1 - \sum_{i=1}^{c} p_i^2$$

其中,c 为结点 t 中样本的类别数目,p_i 为结点 t 中第 i 类样本所占的比例。如果是二分类问题,计算比较简单,若第 1 类样本所占的比例是 p,则第 2 类样本所占的比例就是 $1-p$,基尼指数为

$$\text{Gini}(t) = 2p(1-p)$$

基尼指数的性质与信息熵一样,度量变量的不确定度的大小,Gini 越大,数据的不确定性越高,当 $p_1 = p_2 = \cdots = 1/c$ 时,取得最大值,此时变量最不确定;Gini 越小,数据的不确定性越低,当数据集中的所有样本都是同一类别时,Gini$=0$。

于是可计算出用属性 a 对结点 t 进行划分所得的 Gini 不纯度的降低程度 Δ_{Gini}:

$$\Delta_{\text{Gini}} = \text{Gini}(\text{parent}) - \sum_{j=1}^{k} \frac{N(j)}{N}\text{Gini}(j)$$

其中,k 为划分属性取不同值的个数,j、$N(j)$ 及 N 的定义与前面信息熵中的定义相同。

3. 误分类率

误分类率的定义如下:

$$\text{Error}(t) = 1 - \max_i p_i$$

其中,c 为结点 t 中样本的类别数目;p_i 为结点 t 中第 i 类样本所占的比例。

于是可计算出用属性 a 对结点 t 进行划分所得的 Error 不纯度的降低程度 Δ_{Error}:

$$\Delta_{\text{Error}} = \text{Error}(\text{parent}) - \sum_{j=1}^{k} \frac{N(j)}{N}\text{Error}(j)$$

其中,k 为划分属性取不同值的个数;j、$N(j)$ 及 N 的定义与前面信息熵中的定义相同。

6.2.3 决策树分类待测样本的过程

决策树分类待测样本的过程:从决策树的根结点开始,测试这个结点指定的划分属

性,然后按照待测样本的该属性值对应的分支向下移动。这个过程再在以新结点为根的子树上重复,直到将待测样本划分到某个叶子结点为止。

6.3 ID3 决策树

6.3.1 ID3 决策树的工作原理

ID3 决策树

ID3 决策树算法由 Ross Quinlan 于 1986 年提出,主要针对属性选择问题,是决策树算法中最具影响和最典型的算法。ID3 决策树可以有多个分支,但是不能处理连续的特征值,连续的特征值必须离散化之后才能处理。ID3 决策树算法是一种贪心地生成决策树的算法,每次选取的划分数据集的划分属性都是当前的最佳选择。在 ID3 中,它每次选择当前样本集中具有最大信息熵增益值的属性分割数据集,并按照该属性的所有取值切分数据集。也就是说,如果一个属性有 3 种取值,数据集将被切分为 3 份,一旦按某属性切分后,该属性在之后的算法执行中将不再使用。

在建立决策树的过程中,根据属性划分数据,使得原本"混乱"的数据集的熵(混乱度)减少。按照不同属性划分数据集,熵减少的程度会不一样。ID3 决策树算法选择熵减少程度最大的属性划分数据集,也就是选择产生信息熵增益最大的属性。

ID3 算法的具体实现步骤如下。

(1) 对当前样本集合计算所有属性的信息增益。

(2) 选择信息增益最大的属性作为划分样本集合的划分属性,把划分属性取值相同的样本划分为同一个子样本集。一旦按某属性划分后,该属性在之后的算法执行中将不再使用。

(3) 若子样本集中所有的样本属于一个类别,则该子集作为叶子结点,标上合适的类别号,并返回调用处;否则对子样本集递归调用本算法。

递归划分停止的条件如下。

(1) 没有划分属性可供继续划分。

(2) 给定的分支的数据集为空。

(3) 数据集属于同一类。

(4) 决策树已经达到设置的最大值。

下面举一个应用 ID3 算法的例子。

表 6-3 为 14 个关于是否打羽毛球的样本数据,每个样本中有 4 个关于天气的属性:"天气状况""气温""湿度""风力";1 个"是否玩"的类别属性有 2 个取值:"是"和"否"。

表 6-3 14 个关于是否打羽毛球的样本数据

样本序号	天气状况	气温	湿度	风力	是否玩
1	晴天	热	高	低	否
2	晴天	热	高	高	否

样本序号	天气状况	气温	湿度	风力	是否玩
3	阴天	热	高	低	是
4	下雨	适宜	高	低	是
5	下雨	冷	正常	低	是
6	下雨	冷	正常	高	否
7	阴天	冷	正常	高	是
8	晴天	适宜	高	低	否
9	晴天	冷	正常	低	是
10	下雨	适宜	正常	低	是
11	晴天	适宜	正常	高	是
12	阴天	适宜	高	高	是
13	阴天	热	正常	低	是
14	下雨	适宜	高	高	否

根据上述样本数据,依据 ID3 算法生成决策树的过程如下。

首先计算出整个数据集(S)的熵和按天气状况划分数据集所得到的 3 个子集的熵,天气状况有 3 个不同的取值。样本数据集中有 9 个样本的类别是"是"(适合打羽毛),5 个样本的类别是"否"(不适合打羽毛球),它们的概率分布分别为 $p_是=9/14$,$p_否=5/14$,约定 $0\log_2 0=0$,根据熵公式,可得整个数据集和按天气状况划分所得的 3 个子集的熵:

$$\text{Entropy}(S)=-\left(\frac{9}{14}\log_2\frac{9}{14}+\frac{5}{14}\log_2\frac{5}{14}\right)=0.94$$

$$\text{Entropy}(S_{晴天})=-\left(\frac{2}{5}\log_2\frac{2}{5}+\frac{3}{5}\log_2\frac{3}{5}\right)=0.971$$

$$\text{Entropy}(S_{阴天})=-\left(\frac{4}{4}\log_2\frac{4}{4}+0\log_2 0\right)=0$$

$$\text{Entropy}(S_{下雨})=-\left(\frac{2}{5}\log_2\frac{2}{5}+\frac{3}{5}\log_2\frac{3}{5}\right)=0.971$$

则按天气状况划分整个数据集 S 的信息熵为

$$\text{Entropy}(S,天气状况)=\frac{5}{14}\text{Entropy}(S_{晴天})+\frac{4}{14}\text{Entropy}(S_{阴天})+\frac{5}{14}\text{Entropy}(S_{下雨})$$

$\text{Entropy}(S,天气状况)$ 的计算结果为 0.694。

用天气状况划分样本集 S 所得的信息增益 $\text{Gain}(S,天气状况)$ 为

$$\text{Gain}(S,天气状况)=\text{Entropy}(S)-\text{Entropy}(S,天气状况)=0.246$$

同样的步骤,可以求出其他几个信息增益:

$$\text{Gain}(S,气温)=\text{Entropy}(S)-\text{Entropy}(S,气温)=0.029$$

$$\text{Gain}(S,湿度)=\text{Entropy}(S)-\text{Entropy}(S,湿度)=0.152$$

$$\text{Gain}(S,风力) = \text{Entropy}(S) - \text{Entropy}(S,风力) = 0.048$$

由上述各属性的信息增益求解可知，按照"天气状况"属性划分获得的信息增益最大，因此用这个属性作为决策树的根结点。不断重复上面的步骤，会得到一个如图 6-4 所示的决策树。

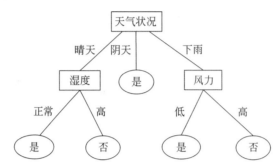

图 6-4　以"天气状况"作为决策树的根结点的决策树

6.3.2　Python 实现 ID3 决策树

表 6-4 所示的是贷款申请样本数据集，每个样本中有 4 个关于个人情况的属性："年龄""有工作""有自己的房子""信贷情况"；1 个"是否给贷款"的类别属性有 2 个取值："是"和"否"。

表 6-4　贷款申请样本数据集

ID	年龄	有工作	有自己的房子	信贷情况	是否给贷款
1	青年	否	否	一般	否
2	青年	否	否	好	否
3	青年	是	否	好	是
4	青年	是	是	一般	是
5	青年	否	否	一般	否
6	中年	否	否	一般	否
7	中年	否	否	好	否
8	中年	是	是	好	是
9	中年	否	是	非常好	是
10	中年	否	是	非常好	是
11	老年	否	是	非常好	是
12	老年	否	是	好	是
13	老年	是	否	好	是
14	老年	是	否	非常好	是
15	老年	否	否	一般	否

在编写代码之前，先对数据集进行数值化预处理。

（1）年龄：0 代表青年，1 代表中年，2 代表老年。

（2）有工作：0 代表否，1 代表是。

（3）有自己的房子：0 代表否，1 代表是。

（4）信贷情况：0 代表一般，1 代表好，2 代表非常好。

（5）类别（是否给贷款）：no 代表否，yes 代表是。

将表 6-4 预处理后的数据保存在 loan.csv 文件，其文件内容如图 6-5 所示。

图 6-5　预处理后的贷款申请样本数据

1. 加载数据集与计算信息熵

```python
import numpy as np
import pandas as pd
#定义加载数据集的综合函数
def loadDataSet():
    #函数功能：读取存放样本数据的 csv 文件，返回样本数据集和划分属性集
    #对数据进行处理
    dataSet =pd.read_csv('D:\\Python\\loan.csv', delimiter=',')
    dataSet =dataSet.replace('yes', 1).replace('no', 0)
    labelSet =list(dataSet.columns)[:-1]          #得到划分属性集
    dataSet =dataSet.values                       #得到样本数据集
    return dataSet, labelSet
#下面定义计算给定样本数据集 dataSet 的信息熵的函数 calcShannonEnt(dataSet)
def calcShannonEnt(dataSet):
    #dataSet 的每个元素是一个存放样本的属性值的列表
    numEntries =len(dataSet)                      #获取样本集的行数
    labelCounts ={}                               #保存每个类别出现次数的字典
    for featVec in dataSet:                       #对每个样本进行统计
        currentLabel =featVec[-1]                 #取得最后一列数据，即类别信息
        #如果当前类别没有放入统计次数的字典，则添加进去
```

```
            if currentLabel not in labelCounts.keys():
                labelCounts[currentLabel] = 0              #添加字典元素,键的值为 0
            labelCounts[currentLabel] += 1                 #类别数计数
        shannonEnt = 0.0                                   #计算信息熵
        for key in labelCounts.keys():
            #keys()以列表返回一个字典所有的键
            prob = float(labelCounts[key]) / numEntries   #计算一个类别的概率
            shannonEnt -= prob * np.log2(prob)
        return shannonEnt
#main()函数
if __name__ == '__main__':
    dataSet, labelSet = loadDataSet()
    print(dataSet)
    print('数据集的信息熵:', calcShannonEnt(dataSet))
```

运行上述程序代码,输出结果如下:

```
[[0 0 0 0 'no']
 [0 0 0 1 'no']
 [0 1 0 1 'yes']
 [0 1 1 0 'yes']
 [0 0 0 0 'no']
 [1 0 0 0 'no']
 [1 0 0 1 'no']
 [1 1 1 1 'yes']
 [1 0 1 2 'yes']
 [1 0 1 2 'yes']
 [2 0 1 2 'yes']
 [2 0 1 1 'yes']
 [2 1 0 1 'yes']
 [2 1 0 2 'yes']
 [2 0 0 0 'no']]
数据集的信息熵: 0.9709505944546686
```

2. 计算信息增益

```
#定义按照给定特征划分数据集的函数
def splitDataSet(dataSet, axis, value):
    #dataSet 为待划分的数据集,axis 为划分数据集的特征,value 为划分特征的某个值
    retDataSet=[]
    for featVec in dataSet:              #dataSet 的每个元素是一个样本,以列表表示
        #将相同特征值 value 的样本提取出来
        if featVec[axis]==value:
            reducedFeatVec=list(featVec[:axis])
            #extend()在列表 list 末尾一次性追加序列中的所有元素
```

```
                reducedFeatVec.extend(featVec[axis+1:])
                retDataSet.append(reducedFeatVec)
        return retDataSet                             #返回不含划分特征的子集
#定义按照最大信息增益划分数据集的函数
def chooseBestFeatureToSplit(dataSet):
        #为数据集选择最优的划分属性
        numofFeatures = len(dataSet[0])-1             #获取划分属性的个数
        baseEntroy = calcShannonEnt(dataSet)          #计算数据集的信息熵
        bestInfoGain = 0.0                            #信息增益
        bestFeature = -1                              #最优划分属性的索引值
        for i in range(numofFeatures):        #遍历所有划分属性,这里的划分属性用数字表示
            #获取 dataSet 的第 i 个特征下的所有值
            featureList = [example[i] for example in dataSet]
            uniqueVals = set(featureList)             #创建 set 集合{},目的是去除重复值
            newEntropy = 0.0
            for value in uniqueVals:                  #计算划分属性划分数据集的熵
                #subDataSet 划分后的子集
                subDataSet = splitDataSet(dataSet, i, value)
                #计算子集的概率
                prob = len(subDataSet) / float(len(dataSet))
                #根据公式计算属性划分数据集的熵
                newEntropy += prob * calcShannonEnt(subDataSet)
            inforGain = baseEntroy - newEntropy       #计算信息增益
            #打印每个划分属性的信息增益
            print("第%d个划分属性的信息增益为%.3f" % (i, inforGain))
            #获取最大信息增益
            if (inforGain > bestInfoGain):
                bestInfoGain = inforGain              #更新信息增益,找到最大的信息增益
                bestFeature = i                       #记录信息增益最大的特征的索引值
        return bestFeature                            #返回信息增益最大特征的索引值


#main()函数
if __name__ == '__main__':
    dataSet, labelSet = loadDataSet()
    print("最优索引值: "+str(chooseBestFeatureToSplit(dataSet)))
```

将第 1 部分的加载数据集与计算信息熵的代码和上述代码合在一起整体运行,可求出加载数据集(贷款申请样本数据集)的按信息增益最大划分数据集的最优划分属性,代码的运行结果如下。

```
第 0 个划分属性的信息增益为 0.083
第 1 个划分属性的信息增益为 0.324
第 2 个划分属性的信息增益为 0.420
第 3 个划分属性的信息增益为 0.363
最优索引值: 2
```

3. 决策树的构建

ID3 算法的核心是在决策树各个结点上依据信息增益最大准则选择划分属性,递归地构建决策树,具体方法如下。

(1) 从根结点(root node)开始,对结点计算所有可能的划分属性的信息增益,选择信息增益最大的属性作为结点的名称,即结点的类标记。

(2) 由该划分属性的不同取值建立子结点,再对子结点递归地调用以上方法,构建新的子结点;直到所有划分属性的信息增益均很小或没有划分属性可以选择为止。

(3) 最后得到一棵决策树。

在计算信息增益部分已经求得,"有自己的房子"划分属性的信息增益最大,所以选择"有自己的房子"作为根结点的名称,它将训练集 D 划分为两个子集 D_1("有自己的房子"取值为"是")和 D_2("有自己的房子"取值为"否")。由于 D_1 只有同一类的样本点,所以它成为一个叶结点,结点的类标记为"是"。

对 D_2 则需要从特征 A_1(年龄)、A_2(有工作)和 A_4(信贷情况)中选择新的特征,计算各个特征的信息增益:

$$I(D_2,年龄)=H(D_2)-E(年龄)=0.251$$
$$I(D_2,有工作)=H(D_2)-E(有工作)=0.918$$
$$I(D_2,信贷情况)=H(D_2)-E(信贷情况)=0.474$$

根据计算,选择信息增益最大的"有工作"作为结点的类标记,由于其有两个取值的可能,所以引出两个子结点:

(1) 对应"是"(有工作),包含 3 个样本,属于同一类,所以是一个叶子结点,类标记为"是"。

(2) 对应"否"(无工作),包含 6 个样本,属于同一类,所以是一个叶子结点,类标记为"否"。

这样就生成了一棵决策树,该树只用了两个特征(有两个内部结点),生成的决策树如图 6-6 所示。

下面给出构建决策树的算法。

```
def majorityCnt(classList):
    """
```

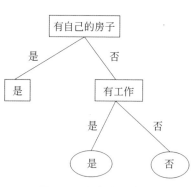

图 6-6　生成的决策树

函数功能:统计 classList 中出现次数最多的元素(类标签)。

参数 classList: 类别列表
```
    return sortedClassCount[0][0]: 返回出现次数最多的类别
    """
    classCount = {}
    for vote in classList:
        #统计 classList 中每个元素出现的次数
        if vote not in classCount.keys():
```

```
            classCount[vote] = 0
        classCount += 1
    #根据字典的值降序排列,items()返回字典的键值对所组成的(键, 值)元组列表
    sortedClassCount = sorted(classCount.items(), key=lambda x:x[1], reverse=
True)
    #返回出现次数最多的类别
    return sortedClassCount[0][0]


def createTree(dataSet, labels):
    """
```

函数功能：构造决策树。

参数 dataSet: 训练数据集

参数 labels: 划分属性集

return myTree: 返回决策树

```
    """
    classList = [example[-1] for example in dataSet]
                                      #取分类标签(是否放贷: yes or no)
    #若类别与属性完全相同,则停止继续划分
    if classList.count(classList[-1]) == len(classList):
        return classList[-1]
    #遍历完所有特征时返回出现次数最多的类标签
    if (len(dataSet[0]) == 1):
        return majorityCnt(classList)
    #获取最佳划分属性
    bestFeat = chooseBestFeatureToSplit(dataSet)
    #最优特征的标签
    bestFeatLabel = labels[bestFeat]
    #根据最优特征的标签生成树
    myTree = {bestFeatLabel:{}}
    #删除已经使用的划分属性
    del(labels[bestFeat])
    #得到训练集中所有最优特征的属性值
    featValues = [example[bestFeat] for example in dataSet]
        #去掉重复的属性值
    uniqueVals = set(featValues)
    #遍历特征,创建决策树
    for value in uniqueVals:
        subLabels = labels[:]
        #递归调用创建的决策树
        myTree[bestFeatLabel][value] = createTree(splitDataSet(dataSet,
        bestFeat, value), subLabels)
    return myTree
```

```
#main()函数
if __name__ =='__main__':
    dataSet, labelSet =loadDataSet()
    tree=createTree(dataSet, labelSet)
    print("生成的决策树:",tree)
```

运行上述构建决策树的程序代码,输出结果如下。

第 0 个划分属性的信息增益为 0.083
第 1 个划分属性的信息增益为 0.324
第 2 个划分属性的信息增益为 0.420
第 3 个划分属性的信息增益为 0.363
第 0 个划分属性的信息增益为 0.252
第 1 个划分属性的信息增益为 0.918
第 2 个划分属性的信息增益为 0.474
生成的决策树: {'house': {0: {'job': {0: 'no', 1: 'yes'}}, 1: 'yes'}}

从输出结果可以看出,其与本节开始对决策树的分析完全相同。

4. 决策树可视化

下面给出使用 sklearn.tree.DecisionTreeClassifier 决策树模型实现贷款申请样本数据集的决策树的构建与决策树的可视化。

```
>>> import pandas as pd
>>> from sklearn import tree
>>> from sklearn.datasets import load_iris
>>> dataSet =pd.read_csv('D:\\Python\\loan.csv', delimiter=',')
>>> dataSet
    age  job  house  credit  class
0    0    0    0      0       no
1    0    0    0      1       no
2    0    1    0      1       yes
3    0    1    1      0       yes
4    0    0    0      0       no
5    1    0    0      0       no
6    1    0    0      1       no
7    1    1    1      1       yes
8    1    0    1      2       yes
9    1    0    1      2       yes
10   2    0    1      2       yes
11   2    0    1      1       yes
12   2    1    0      1       yes
13   2    1    0      2       yes
14   2    0    0      0       no
>>> dataSet =dataSet.replace('yes', 1).replace('no', 0)
```

```
>>>dataSet
    age  job  house  credit  class
0    0    0      0       0       0
1    0    0      0       1       0
2    0    1      0       1       1
..................................
13   2    1      0       2       1
14   2    0      0       0       0
>>>labelSet =list(dataSet.columns)[:-1]        #得到划分属性集
>>>labelSet
['age', 'job', 'house', 'credit']
>>>dataSet =dataSet.values                     #得到样本数据集
>>>dataSet                                     #显示数据,....表示省略了一部分数据
array([[0, 0, 0, 0, 0],
       [0, 0, 0, 1, 0],
       [0, 1, 0, 1, 1],
..............
       [2, 1, 0, 2, 1],
       [2, 0, 0, 0, 0]], dtype=int64)
>>>X=dataSet[:,0:4]                             #得到划分属性集
>>>X
array([[0, 0, 0, 0],
       [0, 0, 0, 1],
       [0, 1, 0, 1],
..............
       [2, 1, 0, 2],
       [2, 0, 0, 0]], dtype=int64)
>>>y=dataSet[:,4]                               #得到类别属性集
>>>y
array([0, 0, 1, 1, 0, 0, 0, 1, 1, 1, 1, 1, 1, 1, 0], dtype=int64)
>>>clf =tree.DecisionTreeClassifier(criterion='entropy')    #构建决策树模型
>>>clf =clf.fit(X,y)                            #训练决策树模型
#用 export_graphviz 将树导出为 graphviz 格式,并用 dot_data 保存
>>>dot_data =tree.export_graphviz(clf, out_file=None,
                feature_names=['age','job','house','credit'],
                class_names=['no','yes'],
                filled=True, rounded=True,
                special_characters=True)
#下面用 pydotplus 将构建的决策树生成 loan.pdf 文件
>>>import pydotplus
>>>graph =pydotplus.graph_from_dot_data(dot_data)
>>>graph.write_pdf("loan.pdf")                  #生成决策树的 PDF 文件,其内容如图 6-7 所示
True
```

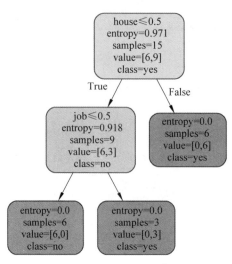

图 6-7   loan.pdf 文件

6.3.3   使用 ID3 决策树预测贷款申请

依靠训练数据构造了决策树之后，我们可以将它用于实际数据的分类。在执行数据分类时，需要决策树以及用于构造决策树的属性向量。然后，程序比较测试数据与决策树上的属性值，递归执行该过程，直到进入叶子结点；最后将测试数据定义为叶子结点所属的类型。比如用上述已经训练好的决策树作分类，只提供这个人是否有房子、是否有工作这两个信息即可。

运用决策树进行分类，首先构建一个决策树分类函数。

```python
#输入 3 个变量(决策树、构建决策树的划分属性、测试的数据)
#从输出的决策树可知构建决策树的划分属性向量为['house','job']
def classify(inputTree,featLables,testVec):
    firstStr=list(inputTree.keys())[0]      #获取树的第一个特征属性
    secondDict=inputTree[firstStr]          #树的分支,子集合 Dict
    featIndex=featLables.index(firstStr)
                                            #获取决策树第一层在 featLables 中的位置
    for key in secondDict.keys():
        if testVec[featIndex]==key:
            if type(secondDict[key]).__name__=='dict':
                classLabel=classify(secondDict[key],featLables,testVec)
            else:classLabel=secondDict[key]
    return classLabel


#main()函数
if __name__=='__main__':
    dataSet, labelSet = loadDataSet()
    print("生成决策树过程中的划分属性信息增益求解过程:")
```

```
    tree=createTree(dataSet, labelSet)
    print("生成的决策树:",tree)
    #测试数据
    testVec=[0,1]
Labels=['house','job']                        #决策树的划分属性向量
    result=classify(tree,Labels,testVec)
    if result=='yes':
        print('决策树分类结果:放贷')
    if result=='no':
        print('决策树分类结果:不放贷')
```

运行上述程序代码,输出结果如下。

生成决策树过程中的划分属性信息增益求解过程:

第 0 个划分属性的信息增益为 0.083
第 1 个划分属性的信息增益为 0.324
第 2 个划分属性的信息增益为 0.420
第 3 个划分属性的信息增益为 0.363
第 0 个划分属性的信息增益为 0.252
第 1 个划分属性的信息增益为 0.918
第 2 个划分属性的信息增益为 0.474
生成的决策树: {'house': {0: {'job': {0: 'no', 1: 'yes'}}, 1: 'yes'}}
决策树分类结果:放贷

6.3.4　ID3 决策树的缺点

ID3 算法的缺点如下。

（1）ID3 决策树算法采用信息增益作为选择划分属性的标准,会偏向于选择取值较多的属性,即数据集中的某个属性值对不同的样本基本上是不相同的,更极端的情况,对于每个样本都是唯一的,如果用这个属性划分数据集,将会得到很大的信息增益,但是,这样的属性并不一定是最优属性。

（2）ID3 算法只能处理离散属性,对于连续性属性,在分类前需要对其离散化。

（3）ID3 算法不能处理属性具有缺失值的样本。

（4）没有采用剪枝,决策树的结构可能过于复杂,出现过拟合。

为了解决倾向于选择取值较多的属性作为分类属性的问题,可采用信息增益率作为选择划分属性的标准,这样便得到 C4.5 决策树算法。

6.4　C4.5 决策树

6.4.1　C4.5 决策树算法的工作原理

C4.5 决策树

C4.5 决策树算法算法是由 Ross Quinlan 开发的用于产生决策树的算法,该算法是对 Ross Quinlan 之前开发的 ID3 算法的一个扩展。

C4.5 决策树算法对 ID3 算法主要做了以下几点改进。

(1) 用信息增益率 GainRatio 选择划分(分裂)属性,克服了 ID3 算法中使用信息增益倾向于选择拥有多个属性值的属性作为划分属性的不足。

信息增益率 GainRatio 就是在信息增益中引入一个被称为"分裂信息"SplitInfo 的项作为分母来惩罚具有较多属性值的属性:

$$\text{GainRatio} = \frac{\Delta_{\text{info}}}{\text{SplitInfo}}$$

其中,SplitInfo 是划分属性的分裂信息,度量了属性划分数据的广度和均匀性。

$$\text{SplitInfo} = -\sum_{j=1}^{k} p(j) \log_2 p(j)$$

其中,$p(j)$ 是当前结点中划分属性取第 j 个属性值的记录所占的比例;k 为划分属性取不同值的个数。分裂信息实际上就是当前结点关于划分属性各值的熵,它可以阻碍选择属性值均匀的属性作为划分属性,但同时也产生了一个新的实际问题,当划分属性在当前结点中几乎都取相同的属性值时,会导致增益率无定义或者非常大(分母可能为 0 或者非常小)。为了避免选择这种属性,C4.5 决策树算法并不是直接选择增益率最大的划分属性,而是使用了一个启发式方法:先计算每个属性的信息增益及平均值,然后仅对信息增益高于平均值的属性应用增益率度量。

下面以表 6-3 所示的 14 个关于是否打羽毛球的样本数据集为例,介绍 C4.5 决策树的建立过程,每个样本中有 4 个关于天气的属性:"天气状况""气温""湿度""风力";1 个"是否玩"的类别属性有 2 个取值:"是"和"否"。

下面根据是否打羽毛球的样本数据集,依据 C4.5 决策树算法给出建立 C4.5 决策树的过程。

1. 计算信息增益

信息增益实际上是 ID3 算法中用来进行划分属性选择的度量。信息增益的计算过程可参照前面计算信息增益的过程,下面只列出前面信息增益的计算结果。

用天气状况划分样本集 S 所得的信息增益 Gain(S,天气状况)为

$$\text{Gain}(S,天气状况) = \text{Entropy}(S) - \text{Entropy}(S,天气状况) = 0.246$$

气温、湿度、风力 3 个属性划分数据集 S 的信息增益如下。

$$\text{Gain}(S,气温) = \text{Entropy}(S) - \text{Entropy}(S,气温) = 0.029$$

$$\text{Gain}(S,湿度) = \text{Entropy}(S) - \text{Entropy}(S,湿度) = 0.152$$

$$\text{Gain}(S,风力) = \text{Entropy}(S) - \text{Entropy}(S,风力) = 0.048$$

2. 计算信息增益率

计算划分属性的分裂信息 SplitInfo:

$$\text{SplitInfo} = -\sum_{j=1}^{k} p_j \log_2 p_j$$

其中,p_j 是当前结点中划分属性取第 j 个属性值的记录所占的比例;k 为划分属性取不

同值的个数。

$$\text{SplitInfo}(\text{天气状况}) = -\left(\frac{5}{14} \log_2 \frac{5}{14} + \frac{4}{14} \log_2 \frac{4}{14} + \frac{5}{14} \log_2 \frac{5}{14} \right) = 1.577$$

同样的计算过程,可以求出其他几个分裂信息:

$$\text{SplitInfo}(\text{气温}) = 1.556$$
$$\text{SplitInfo}(\text{湿度}) = 1.0$$
$$\text{SplitInfo}(\text{风力}) = 0.985$$

用天气状况划分样本数据集 S 所得的信息增益率 $\text{GainRatio}(S, \text{天气状况})$ 为

$$\text{GainRatio}(S, \text{天气状况}) = \frac{\text{Gain}(S, \text{天气状况})}{\text{SplitInfo}(\text{天气状况})} = \frac{0.246}{1.577} = 0.155$$

气温、湿度、风力 3 个属性划分数据集 S 的信息增益率如下。

$$\text{GainRatio}(S, \text{气温}) = \frac{\text{Gain}(S, \text{气温})}{\text{SplitInfo}(\text{气温})} = \frac{0.029}{1.556} = 0.0186$$

$$\text{GainRatio}(S, \text{湿度}) = \frac{\text{Gain}(S, \text{湿度})}{\text{SplitInfo}(\text{湿度})} = \frac{0.152}{1.0} = 0.152$$

$$\text{GainRatio}(S, \text{风力}) = \frac{\text{Gain}(S, \text{风力})}{\text{SplitInfo}(\text{风力})} = \frac{0.048}{0.985} = 0.0487$$

由上述各信息增益率可知天气状况的信息增益率最高,因此用天气状况作为决策树的根结点,用天气状况划分数据集。划分之后,天气状况是"阴天"的结点中的样本全部是同一类别"是",所以把它标为叶子结点,其他两个结点重复上述计算过程,会得到一个如图 6-8 所示的决策树。

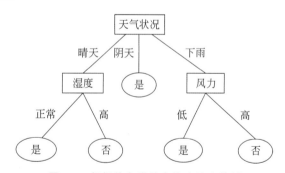

图 6-8 根据信息增益率构建的决策树

6.4.2 Python 实现 C4.5 决策树算法

下面用 sklearn 的决策树分类鸢尾花卉数据集 Iris。数据集 Iris 中包含 150 个数据,分为 3 类,分别是 Setosa(山鸢尾)、Versicolor(变色鸢尾)和 Virginica(维吉尼亚鸢尾)。每类 50 个数据,每个数据包含 4 个划分属性和 1 个类别属性,4 个划分属性分别是 Sep_len、Sep_wid、Pet_len 和 Pet_wid,分别表示花萼长度、花萼宽度、花瓣长度、花瓣宽度,类别属性是 Iris_type,表示鸢尾花卉的类别。可通过 4 个划分属性预测鸢尾花卉属于 Setosa、Versicolour、Virginica 3 个种类中的哪一类。

1. 安装决策树可视化软件

(1) 安装 pydotplus。

通过 pip install pydotplus 命令安装 pydotplus 库。

(2) 下载 graphviz-2.38.msi 并安装 GraphViz。

下载 GraphViz 的网址为 http：//www.graphviz.org/，单击 Download，选择 Windows 系统，如图 6-9 所示。

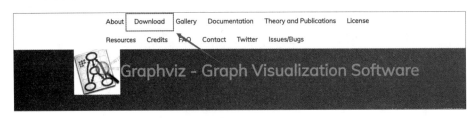

图 6-9　下载 graphviz-2.38.msi

2. sklearn.tree.DecisionTreeClassifier 决策树模型构建类

(1) 决策树对象(模型)的创建。

sklearn.tree.DecisionTreeClassifier 类用于实例化创建一个决策树对象，默认使用 CART(分类和回归树)算法，该类实例化一个决策树对象的语法格式如下。

```
sklearn.tree.DecisionTreeClassifier(criterion='gini', splitter='best', max_
depth=None, min_samples_split=2, min_samples_leaf=1, min_weight_fraction_
leaf=0.0, max_features=None, random_state=None, max_leaf_nodes=None, min_
impurity_decrease=0.0, min_impurity_split=None, class_weight=None, presort=
False)
```

参数说明如下。

criterion：选择结点划分质量的度量标准，默认使用 gini，即使用基尼系数。基尼系数是 CART 算法中采用的度量标准，该参数还可以设置为 entropy，表示使用信息增益，这是 C4.5 决策树算法中采用的度量标准。

splitter：结点划分时的策略，默认使用 best。best 表示依据选用的 criterion 标准，选用最优划分属性划分该结点，一般用于训练样本数据量不大的场合，因为选择最优划分属性需要计算每种候选属性下划分的结果；该参数还可以设置为 random，表示最优的随机划分属性，一般用于训练数据量较大的场合，这样可以减少计算量。

max_depth：设置决策树的最大深度，默认为 None。None 表示不对决策树的最大深度作约束，直到每个叶子结点上的样本均属于同一类，或者少于 min_samples_leaf 参数指定的叶子结点上的样本个数。也可以指定一个整型数值，设置树的最大深度，在样本数据量较大时，可以通过设置该参数提前结束树的生长，改善过拟合问题，但一般不建议这么做，过拟合问题还是通过剪枝改善比较有效。

min_samples_split：当对一个内部结点划分时，要求该结点上的最小样本数，默认为 2。

min_samples_leaf：设置叶子结点上的最小样本数，默认为 1。当尝试划分一个结点时，只有划分后其左右分支上的样本个数不小于该参数指定的值时，才考虑将该结点划分，换句话说，当叶子结点上的样本数小于该参数指定的值时，该叶子结点及其兄弟结点将被剪枝。在样本数据量较大时，可以考虑增大该值，提前结束树的生长。

min_weight_fraction_leaf：在引入样本权重的情况下，设置每个叶子结点上样本的权重和的最小值，一旦某个叶子结点上样本的权重和小于该参数指定的值，则该叶子结点会连同其兄弟结点被减去，即其父结点不进行划分。该参数默认为 0，表示不考虑权重的问题，若样本中存在较多的缺失值，或样本类别分布偏差很大，则会引入样本权重，此时就要谨慎设置该参数。

max_features：划分结点、寻找最优划分属性时，设置允许搜索的最大属性个数，默认为 None。假设训练集中包含的属性个数为 n，None 表示搜索全部的候选属性；设为 auto 表示最多搜索 sqrt(n) 个属性；设为 sqrt 表示最多搜索 sqrt(n) 个属性，跟 auto 一样；设为 log2 表示最多搜索 $\log_2 n$ 个属性；用户也可以指定一个整数 k，表示最多搜索 k 个属性。需要说明的是，尽管设置了参数 max_features，但是在至少找到一个有效（即在该属性上划分后，criterion 指定的度量标准有所提高）的划分属性之前，最优划分属性的搜索不会停止。

random_state：默认是 None，随机数种子，如果没有设置随机数，随机数种子。随机出来的数与当前系统时间有关，每个时刻都是不同的。如果设置了随机数种子，那么相同随机数种子，不同时刻产生的随机数也是相同的。如果为 None，则随机数生成器使用 np.random。

max_leaf_nodes：最大叶子结点数，默认是 None。通过限制最大叶子结点数，可以防止过拟合。如果加了限制，算法会建立在最大叶子结点数内最优的决策树。如果特征不多，可以不考虑这个值，但是如果特征多，可以加以限制，具体的值可以通过交叉验证得到。

min_impurity_decrease：打算划分一个内部结点时，只有当划分后不纯度（可以用 criterion 参数指定的度量描述）减少值不小于该参数指定的值，才会对该结点进行划分，默认值为 0。可以通过设置该参数提前结束树的生长。

min_impurity_split：打算划分一个内部结点时，只有当该结点上的不纯度不小于该参数指定的值时，才会对该结点进行划分，默认值为 1e-7。

class_weight：指定样本各类别的权重，主要是为了防止训练集某些类别的样本过多导致训练的决策树过于偏向这些类别。这里可以自己指定各个样本的权重，如果使用 balanced，则算法会自己计算权重，样本量少的类别所对应的样本权重会高。用户可以用字典型或者字典列表型数据指定每个类的权重，假设样本中存在 4 个类别，则可以按照 [{0:1,1:1},{0:1,1:5},{0:1,1:1},{0:1,1:1}] 这样的输入形式设置 4 个类的权重分别为 1、5、1、1，而不是 [{1:1},{2:5},{3:1},{4:1}] 的形式。若用户单独指定了每个样本的权重，且也设置了 class_weight 参数，则系统会将该样本单独指定的权重乘以 class_weight 指定的其类的权重作为该样本最终的权重。

presort：设置对训练数据进行预排序，以提升结点最优划分属性的搜索，默认为 False。在训练集较大时，预排序会降低决策树构建的速度，不推荐使用，但训练集较小或者限制树的深度时，使用预排序能提升树的构建速度。

（2）决策树对象的常用方法。

方法中的参数格式如下。

① fit(X, y[, sample_weight, …])：利用(X, y)训练集构建(训练)决策树分类器。

② get_params()：返回构建的决策树分类器的全部参数。

③ set_params(self, * * params)：设置该学习器的参数。

④ decision_path(X)：返回样本在树上的决策路径。

⑤ predict(X)：预测 X 所属分类。

⑥ predict_log_proba(X)：预测输入样本 X 的分类 log 概率。

⑦ predict_proba(X)：预测输入样本 X 的分类概率。

⑧ score(X, y[, sample_weight])：返回给定测试数据和标签的平均准确率，即为模型打分，可以通过 sample_weight 参数指定样本权重。

（3）决策树对象的属性。

可以使用如下决策树模型的属性查看构建的决策树的一些信息。

① classes_：分类模型的类别，以字典的形式输出。

② feature_importances_：特征重要性，以列表的形式输出每个特征的重要性。

③ max_features_：最大搜索属性个数。

④ n_classes_：类别数，与 classes_对应，classes_输出具体的类别。

⑤ n_features_：特征数，即执行 fit()方法时属性的个数。

⑥ n_outputs_：整数，输出结果数，当执行 fit()方法时，输出的个数。

⑦ tree_：Tree object，树对象，输出整棵决策树，用于生成决策树的可视化。

3. 编程实现构建决策树及可视化决策树

```
>>> import numpy as np
>>> from sklearn import tree
>>> from sklearn.datasets import load_iris
>>> from sklearn.model_selection import train_test_split
>>> iris = load_iris()                        # 加载 iris 数据集
>>> iris.data                                 # iris.data 存放 iris 的划分属性
array([[ 5.1, 3.5, 1.4, 0.2],
       [ 4.9, 3. , 1.4, 0.2],
       [ 4.7, 3.2, 1.3, 0.2],
         …    …    …    …
       [ 6.2, 3.4, 5.4, 2.3],
       [ 5.9, 3. , 5.1, 1.8]])
# iris.target 存放 iris 的类别属性,用 0、1、2 分别代表 Setosa、Versicolor、Virginica
>>> iris.target
```

```
array([0, 0, 0, 0, 0, 0, 0, 0, 0, 0, …, 1, 1, 1, 1,…, 2, 2, 2,…])
>>>X=np.array(iris.data)
>>>y=np.array(iris.target)
```
#拆分训练数据与测试数据,test_size 代表测试样本占的比例
```
>>>X_train, X_test, y_train, y_test =train_test_split(X, y, test_size =0.2)
>>>len(X_train)
120
>>>len(X_test)
30
```
#下面建立决策树模型,使用 entropy 作为划分标准
```
>>>clf =tree.DecisionTreeClassifier(criterion='entropy',splitter='best')
>>>clf.fit(X_train, y_train)                     #训练模型
DecisionTreeClassifier(class_weight=None, criterion='entropy', max_depth=
None,max_features=None, max_leaf_nodes=None,min_impurity_decrease=0.0, min_
impurity_split=None, min_samples_leaf=1, min_samples_split=2,min_weight_
fraction_leaf=0.0, presort=False, random_state=None,splitter='best')
```
#系数反映每个特征的影响力,系数越大,表示该特征在分类中起到的作用越大
```
>>>print(clf.feature_importances_)
[0.01410706 0.04367211 0.30091678 0.64130404]
```
#用 export_graphviz 将树导出为 Graphviz 格式,并用 iris.dot 文件保存
```
>>>with open("iris.dot", 'w') as f:
    f =tree.export_graphviz(clf, out_file=f)
```
#执行上述语句生成的 iris.dot 文件的内容如下
```
digraph Tree {
node [shape=box] ;
0 [label="X[3] <=0.8\nentropy =1.577\nsamples =120\nvalue =[37, 46, 37]"] ;
1 [label="entropy =0.0\nsamples =37\nvalue =[37, 0, 0]"] ;
0 ->1 [labeldistance=2.5, labelangle=45, headlabel="True"] ;
2 [label="X[2] <=4.75\nentropy =0.992\nsamples =83\nvalue =[0, 46, 37]"] ;
0 ->2 [labeldistance=2.5, labelangle=-45, headlabel="False"] ;
3 [label="X[3] <=1.65\nentropy =0.162\nsamples =42\nvalue =[0, 41, 1]"] ;
2 ->3 ;
4 [label="entropy =0.0\nsamples =41\nvalue =[0, 41, 0]"] ;
3 ->4 ;
5 [label="entropy =0.0\nsamples =1\nvalue =[0, 0, 1]"] ;
3 ->5 ;
6 [label="X[3] <=1.85\nentropy =0.535\nsamples =41\nvalue =[0, 5, 36]"] ;
2 ->6 ;
7 [label="X[2] <=5.35\nentropy =0.896\nsamples =16\nvalue =[0, 5, 11]"] ;
6 ->7 ;
8 [label="X[0] <=6.5\nentropy =0.994\nsamples =11\nvalue =[0, 5, 6]"] ;
7 ->8 ;
```

```
9 [label="X[1] <=3.1\nentropy =0.918\nsamples =9\nvalue =[0, 3, 6]"];
8 ->9 ;
10 [label="X[1] <=2.75\nentropy =0.811\nsamples =8\nvalue =[0, 2, 6]"];
9 ->10 ;
11 [label="X[1] <=2.35\nentropy =0.918\nsamples =3\nvalue =[0, 2, 1]"];
10 ->11 ;
12 [label="entropy =0.0\nsamples =1\nvalue =[0, 0, 1]"];
11 ->12 ;
13 [label="entropy =0.0\nsamples =2\nvalue =[0, 2, 0]"];
11 ->13 ;
14 [label="entropy =0.0\nsamples =5\nvalue =[0, 0, 5]"];
10 ->14 ;
15 [label="entropy =0.0\nsamples =1\nvalue =[0, 1, 0]"];
9 ->15 ;
16 [label="entropy =0.0\nsamples =2\nvalue =[0, 2, 0]"];
8 ->16 ;
17 [label="entropy =0.0\nsamples =5\nvalue =[0, 0, 5]"];
7 ->17 ;
18 [label="entropy =0.0\nsamples =25\nvalue =[0, 0, 25]"];
6 ->18 ;
}
#下面用 pydotplus 将构建的决策树生成 iris.pdf 文件
>>>import pydotplus
>>>dot_data =tree.export_graphviz(clf, out_file=None,feature_names=['Sep_len
','Sep_wid', 'Pet_len', 'Pet_wid'], class_names =['Setosa', 'Versicolour',
'Virginica'],filled=True,rounded=True,special_characters=True)
>>>graph =pydotplus.graph_from_dot_data(dot_data)
>>>graph.write_pdf("iris.pdf")                     #生成决策树的 PDF 文件 iris.pdf
True
```

iris.pdf 文件的内容如图 6-10 所示。

6.4.3 使用 C4.5 决策树算法预测鸢尾花类别

依据鸢尾花训练数据构造决策树 clf 之后,可以将它用于实际的鸢尾花分类。对给定的鸢尾花划分属性数据集 X_test,调用决策树 clf 的 predict()方法可预测 X_test 中每条记录所属的鸢尾花类别。

```
>>>answer =clf.predict(X_test)#预测
>>>print(answer)
[2 2 0 1 0 2 1 2 2 0 1 2 2 2 0 2 0 0 0 2 0 0 0 0 0 1 0 1 2 2]
>>>clf.score(X_test,y_test)                    #预测的准确率,即为模型打分
0.9666666666666667
```

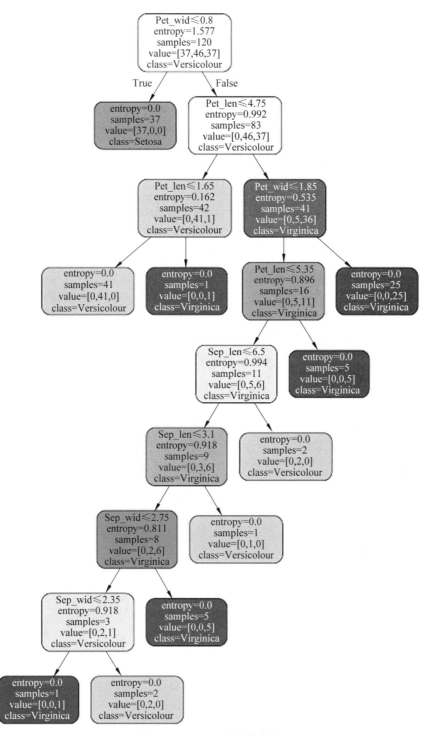

图 6-10　iris.pdf 文件的内容

6.5 CART 决策树

6.5.1 CART 决策树算法的工作原理

ID3 算法使用信息增益选择划分属性,信息增益大的属性优先被选择为划分属性。C4.5 决策树算法使用信息增益率选择划分属性,克服了 ID3 算法中使用信息增益倾向于选择拥有多个属性值的属性作为划分属性的不足。但是,无论是 ID3 算法还是 C4.5 决策树算法,它们都是基于信息论的熵模型的,这里面会涉及大量的对数运算。能否简化模型,同时也不完全丢失熵模型的优点? 答案是可以,这就是 CART 决策树。

CART 的全称为 Classification and Regression Tree,即分类与回归树。CART 既可用于分类,还可用于回归。CART 分类树算法使用基尼系数代替信息增益率,基尼系数代表了样本数据集的不纯度。基尼系数越小,不纯度越低,特征越好,这和信息增益(率)相反。CART 回归树算法使用的是平方误差最小准则。

此外,相比于 ID3 算法和 C4.5 决策树算法只能用于离散型数据且只能用于分类任务,CART 算法的适用面要广得多,既可用于离散型数据,又可以处理连续型数据。CART 算法生成的决策树模型是二叉树,而 ID3 以及 C4.5 决策树算法生成的决策树是多叉树,从运行效率角度考虑,二叉树模型会比多叉树运算效率高。

6.5.2 Python 实现 CART 决策树算法

CART 假设决策树是二叉树,内部结点特征的取值为"是"和"否",左分支是取值为"是"的分支,右分支是取值为"否"的分支。这样的决策树等价于递归地二分每个特征,将输入空间即特征空间划分为有限个单元,并在这些单元上确定预测的概率分布,也就是在输入给定的条件下输出的条件概率分布。

1. 特征选择

CART 在分类任务中使用基尼系数作为特征选择的依据,基尼系数用来衡量数据的不纯度或者不确定性,基尼系数越小,不纯度越低,同时用基尼系数决定类别变量的最优二分值的切分问题。在分类问题中,假设有 k 个类,样本点属于第 i 类的概率为 p_i,则概率分布的基尼系数 $\mathrm{Gini}(p)$ 的定义为:

$$\mathrm{Gini}(p) = \sum_{i=1}^{k} p_i(1-p_i) = 1 - \sum_{i=1}^{k} p_i^2$$

其中,p_i 的计算如下。

$$p_i = \frac{|C_i|}{|D|}$$

其中,$|C_i|$ 表示第 i 个类别的样本数量;$|D|$ 表示样本数据集的数量。

假设使用特征 A 将数据集 D 划分为两部分 D_1 和 D_2,此时按照特征 A 划分的数据集的基尼系数为

$$\mathrm{Gini}(D,A)=\frac{|D_1|}{|D|}\mathrm{Gini}(D_1)+\frac{|D_2|}{|D|}\mathrm{Gini}(D_2)$$

基尼系数 $\mathrm{Gini}(D,A)$ 表示特征 A 划分数据集 D 的不确定性。$\mathrm{Gini}(D,A)$ 值越大,样本集合的不确定性也就越大,这一点与熵的概念比较类似。

因而,对于一个具有多个取值(超过 2 个)的特征,需要计算以每个取值作为划分点,对样本 D 划分之后子集的纯度 $\mathrm{Gini}(D,A_i)$。(其中 A_i 表示特征 A 的可能取值)

然后从所有的可能划分的 $\mathrm{Gini}(D,A_i)$ 中找出 Gini 指数最小的划分,这个划分的划分点便是使用特征 A 对样本集合 D 进行划分的最佳划分点。

所以,基于上述理论,人们可以通过基尼系数确定某个特征的最优切分点,即只需要确保切分后某点的基尼系数值最小,这就是决策树 CART 算法中特征切分的关键。

2. 构建分类树

CART 算法构建分类树的步骤与 C4.5 决策树算法和 ID3 算法相似,不同点在于特征选择以及生成的树是二叉树。下面,主要介绍特征选择如何进行。

假设某个特征 A 被选取建立决策树结点,特征 A 有 A_1、A_2、A_3 3 种取值情况。

(1) 首先,CART 分类树会考虑把 A 分成 $\{A_1\}$ 和 $\{A_2,A_3\}$、$\{A_2\}$ 和 $\{A_1,A_3\}$、$\{A_3\}$ 和 $\{A_1,A_2\}$ 三种情况。

(2) 然后,找到基尼系数最小的组合,假设该组合是 $\{A_2\}$ 和 $\{A_1,A_3\}$。

(3) 接着,建立二叉树结点,一个结点是 A_2 对应的样本,另一个结点是 $\{A_1,A_3\}$ 对应的结点。

需要注意的是,由于这次没有把特征 A 的取值完全分开,之后还有机会在子结点继续选择到特征 A 来划分 A_1 和 A_3。

下面以表 6-2 所示的预测拖欠银行贷款的贷款者数据集为例,说明 CART 决策树的生成过程。

首先对数据集非类标号属性{有房者,婚姻状况,年收入}分别计算它们的 Gini 系数增益,取 Gini 系数增益值最大的属性作为决策树的根结点属性。

$$\mathrm{Gini}(拖欠贷款者)=1-(3/10)^2-(7/10)^2=0.42$$

当根据是否有房进行划分时,Gini 系数增益的计算过程为

$$\mathrm{Gini}(左子结点)=1-(0/3)^2-(3/3)^2=0$$
$$\mathrm{Gini}(右子结点)=1-(3/7)^2-(4/7)^2=0.4898$$
$$\Delta\{有房者\}=0.42-7/10\times0.4898-31/0\times0=0.077$$

若按婚姻状况属性划分,属性婚姻状况有 3 个可能的取值{已婚,单身,离异},分别计算划分后的{已婚}|{单身,离异}、{单身}|{已婚,离异}、{离异}|{单身,已婚}的 Gini 系数增益。

当分组为{已婚}|{单身,离异}时,S_l 表示婚姻状况取值为已婚的分组,S_r 表示婚姻状况取值为单身或者离异的分组

$$\Delta\{婚姻状况\}=0.42-4/10\times0-6/10\times[1-(3/6)^2-(3/6)^2]=0.12$$

当分组为{单身}|{已婚,离异}时,

$$\Delta\{婚姻状况\}=0.42-4/10\times0.5-6/10\times[1-(1/6)^2-(5/6)^2]=0.053$$

当分组为{离异}|{单身,已婚}时,

$$\Delta\{婚姻状况\}=0.42-2/10\times0.5-8/10\times[1-(2/8)^2-(6/8)^2]=0.02$$

对比计算结果,根据婚姻状况属性划分根结点时取 Gini 系数增益最大的分组作为划分结果,也就是{已婚}|{单身,离异}。

最后考虑年收入属性,我们发现它是一个连续的数值类型。若年收入属性为数值型属性,首先需要对数据按升序排序,然后从小到大依次用相邻值的中间值分隔将样本划分为两组。例如,当面对年收入为 60 和 70 这两个值时,我们算得其中间值为 65。倘若以中间值 65 作为分割点,S_l 作为年收入小于 65 的样本,S_r 表示年收入大于或等于 65 的样本,于是得 Gini 系数增益为

$$\Delta(年收入)=0.42-1/10\times0-9/10\times[1-(6/9)^2-(3/9)^2]=0.02$$

同理可得其他值的计算,这里不再逐一给出计算过程,仅列出结果(见表 6-5)(最终取其中使得增益最大化的那个二分准则作为构建二叉树的准则)。

表 6-5 年收入属性 Gini 系数增益

拖欠贷款者	否	否	否	是	是	是	否	否	否	否
年收入	60	70	75	85	90	95	100	120	125	220
相邻值中点	65	72.5	80	87.7	92.5	97.5	110	122.5	172.5	
Gini 系数增益	0.02	0.045	0.077	0.003	0.02	0.12	0.077	0.045	0.02	

实际上,最大化增益等价于最小化子结点的不纯性度量(Gini 系数)的加权平均值。

根据计算知道,3 个属性划分根结点的增益最大的有两个:年收入属性和婚姻状况,它们的增益都为 0.12,此时选取首先出现的属性作为第一次划分。

接下来,采用同样的方法计算剩下的属性,其中根结点的 Gini 系数为(此时是否拖欠贷款的各有 3 个 records)

$$Gini(是否拖欠贷款)=1-(3/6)^2-(3/6)^2=0.5$$

与前面的计算过程类似,对于是否有房属性,可得

$$\Delta\{是否有房\}=0.5-4/6\times[1-(3/4)^2-(1/4)^2]-2/6\times0=0.25$$

剩下属性的年收入属性的 Gini 系数增益见表 6-6。

表 6-6 剩下属性的年收入属性的 Gini 系数增益

拖欠贷款者	否	是	是	是	否	否
年收入	70	85	90	95	125	220
相邻值中点	77.5	87.7	92.5	110	172.5	
Gini 系数增益	0.1	0.25	0.05	0.25	0.1	

在编写代码之前,先对数据集进行数值化预处理。

(1)是否有房:0 代表 no(否),1 代表 yes(是)。

(2) 婚姻状况：0 代表 single(单身)，1 代表 married(已婚)，2 代表 divorced(离异)；

(3) 是否拖欠贷款：0 代表 no(否)，1 代表 yes(是)。

下面给出 CART 决策树的代码。

```
>>>from sklearn import tree
>>>import pydotplus
#创建划分属性数据集
>>>X=[[1,0,125],[0,1,100],[0,0,70],[1,1,120],[0,2,95],[0,1,60],[1,2,220],[0,0,
85],[0,1,75],[0,0,90]]
>>>y=[0,0,0,0,1,0,0,1,0,1]                    #创建对应的类别属性数据集
#下面建立决策树模型,使用 gini 作为划分标准
>>>clf =tree.DecisionTreeClassifier(criterion='gini', splitter='best')
>>>clf.fit(X, y)                              #训练模型
>>>dot_data =tree.export_graphviz(clf, out_file=None,feature_names=['house',
'status', 'income'], class_names=['no', 'yes'], filled = True, rounded = True,
special_characters=True)
>>>graph =pydotplus.graph_from_dot_data(dot_data)
>>>graph.write_pdf("arrears.pdf")            #生成决策树的 PDF 文件 arrears.pdf
True
```

arrears.pdf 文件的内容如图 6-11 所示。

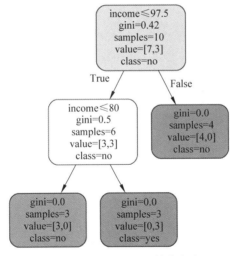

图 6-11　arrears.pdf 文件的内容

总结，CART 算法和 C4.5 决策树算法的主要区别如下。

C4.5 决策树算法采用信息增益率作为分支特征的选择标准，而 CART 算法采用的是 Gini 系数。

C4.5 决策树算法生成的决策树不一定是二叉树，但 CART 算法生成的一定是二叉树。

6.6　本章小结

　　本章主要介绍决策树分类。首先介绍了分类的基本概念和分类的一般流程;接着介绍了决策树分类的相关概念;然后介绍了 ID3 决策树的工作原理;之后介绍了 C4.5 决策树算法的工作原理;最后介绍了 CART 决策树算法。

第7章

贝叶斯分类

贝叶斯分类算法是统计学的一种分类方法,其分类原理是:通过某对象的先验概率,利用贝叶斯公式计算出其后验概率,即该对象属于某一类的概率,选择具有最大后验概率的类作为该对象所属的类。

7.1 贝叶斯定理

贝叶斯定理:设 $A_1, A_2, \cdots, A_n$ 为一个完备事件组,$P(A_i) > 0, i = 1, 2, \cdots, n$,对任一事件 B,若 $P(B) > 0$,则有

$$P(A_k \mid B) = \frac{P(A_k B)}{P(B)} = \frac{P(A_k) P(B \mid A_k)}{\sum\limits_{i=1}^{n} P(A_i) P(B \mid A_i)}$$

该公式称为贝叶斯公式,$k = 1, 2, \cdots, n$。

该公式于 1763 年由贝叶斯给出,他是在观察到事件 B 已发生的条件下,寻找导致 B 发生的每个原因 A_k 的概率。

【例 7-1】 已知三家工厂甲、乙、丙的市场占有率分别为 30%、20%、50%,次品率分别为 3%、3%、1%。如果买了一件商品,发现是次品,问它是甲、乙、丙厂生产的概率分别为多少?

解: 设 A_1、A_2、A_3 分别表示买到一件甲、乙、丙的产品;B 表示买到一件次品,显然 A_1、A_2、A_3 构成一个完备事件组,由题意有

$P(A_1) = 0.3, \quad P(A_2) = 0.2, \quad P(A_3) = 0.5$

$P(B \mid A_1) = 0.03, \quad P(B \mid A_2) = 0.03, \quad P(B \mid A_3) = 0.01$

$P(B) = \sum\limits_{i=1}^{3} P(A_i) P(B \mid A_i) = 0.3 \times 0.03 + 0.2 \times 0.03 + 0.5 \times 0.01 = 0.02$

$P(A_1 \mid B) = \dfrac{P(A_1) P(B \mid A_1)}{P(B)} = \dfrac{0.3 \times 0.03}{0.02} = 0.45$

$P(A_2 \mid B) = \dfrac{0.2 \times 0.03}{0.02} = 0.3$

$P(A_3 \mid B) = \dfrac{0.5 \times 0.01}{0.02} = 0.25$

由 $P(A_1|B)=0.45$,可知这件商品最有可能是甲厂生产的。

7.2 朴素贝叶斯分类原理与分类流程

7.2.1 贝叶斯分类原理

朴素贝叶斯
分类原理与
分类流程

贝叶斯分类器是一个统计分类器。它能够预测一个数据对象属于某个类别的概率。贝叶斯分类器是基于贝叶斯定理而构造出来的。有关研究结果表明:朴素贝叶斯分类器在分类性能上与决策树和神经网络都是可比的。

在处理大规模数据时,贝叶斯分类器已表现出较高的分类准确性和运算性能。

贝叶斯分类:设 X 是类标号未知的数据样本。设 H 为某种假定,如数据样本 X 属于某特定的类 C。对于分类问题,我们希望确定 $P(H|X)$,即给定观测数据样本 X,假定 H 成立的概率。贝叶斯定理给出了如下计算 $P(H|X)$ 的简单有效的方法:

$$P(H \mid X)=\frac{P(X \mid H)P(H)}{P(X)}$$

其中,$P(H)$ 是 H 的先验概率;$P(X|H)$ 代表假设 H 成立的情况下,观察到 X 的概率;$P(H|X)$ 是 H 的后验概率,或称在条件 X 下 H 的后验概率。

7.2.2 朴素贝叶斯分类的流程

朴素贝叶斯分类是一种十分简单的贝叶斯分类算法,之所以称为"朴素",是因为它假定一个属性值对给定类的影响独立于其他属性值,做此假定是为了简化所需要的计算。

朴素贝叶斯分类的主要思想:对于给出的待分类项,求解在此项出现的条件下各个类别出现的概率,哪个最大,就认为此待分类项属于哪个类别。

朴素贝叶斯分类的流程如下:

(1) 设 $x=(a_1,a_2,\cdots,a_m)$ 为一个样本数据,a_i 为 x 的一个特征属性的具体值。

(2) 设有类别集合 $C=\{c_1,c_2,\cdots,c_n\}$。

(3) 计算 $P(c_1|x),P(c_2|x),\cdots,P(c_n|x)$。

(4) 如果 $P(c_k|x)=\max\{P(c_1|x),P(c_2|x),\cdots,P(c_n|x)\}$,则 x 被认为属于类别 c_k。

现在的关键是如何计算第(3)步中的各个条件概率,可以按如下步骤计算。

(1) 找到一个已经知道样本数据类别的样本数据集合,这个集合叫作训练样本集。

(2) 经统计得到在各类别下各个特征属性的条件概率估计,即 $P(a_1|c_1),P(a_2|c_1),\cdots,$ $P(a_m|c_1);P(a_1|c_2),P(a_2|c_2),\cdots,P(a_m|c_2);\cdots;P(a_1|c_n),P(a_2|c_n),\cdots,P(a_m|c_n)$。

(3) 如果各个特征属性是条件独立的,则根据贝叶斯定理有如下推导:

$$P(c_k \mid x)=\frac{P(x \mid c_k)P(c_k)}{P(x)}$$

因为分母对于所有类别均为常数,因此只找出分子的最大项即可。又因为各特征属性是条件独立的,所以有:

$$P(x \mid c_k)P(c_k) = P(a_1 \mid c_k)P(a_2 \mid c_k)\cdots P(a_m \mid c_k)P(c_k)$$

$$= P(c_k)\prod_{j=1}^{m} P(a_j \mid c_k)$$

根据上述分析,朴素贝叶斯分类的流程如图 7-1 所示。

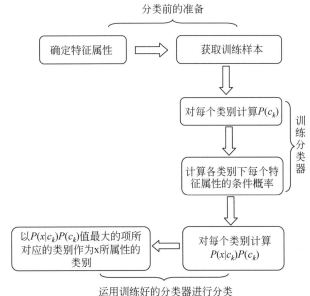

图 7-1　朴素贝叶斯分类的流程

可以看到,整个朴素贝叶斯分类分为 3 个阶段。

第一阶段——分类前的准备:根据具体情况确定特征属性,然后对一部分待分类样本进行分类,形成训练样本集合。这一阶段的输入是所有待分类数据,输出是特征属性和训练样本。分类器的质量很大程度上由特征属性和训练样本质量决定。

第二阶段——训练分类器:这个阶段的任务就是生成分类器,主要工作是计算每个类别在训练样本中的出现频率及每个特征属性对每个类别的条件概率估计。其输入是特征属性和训练样本,输出是分类器。

第三阶段——运用训练好的分类器进行分类:这个阶段的任务是使用分类器对待分类数据进行分类,其输入是分类器和待分类数据,输出是待分类数据与类别的映射关系,以 $P(x \mid c_k)P(c_k)$ 值最大的项所对应的类别作为待分类数据 x 所属的类别。

【例 7-2】　朴素贝叶斯分类举例。表 7-1 是 14 个关于是否打羽毛球的样本数据,对记录 x＝{天气状况:晴,气温:冷,湿度:高,风力:高}做出决策。

表 7-1　14 个关于是否打羽毛球的样本数据

样本序号	天气状况	气温	湿度	风力	是否玩
1	晴	热	高	低	否
2	晴	热	高	高	否

样本序号	天气状况	气温	湿度	风力	是否玩
3	阴	热	高	低	是
4	雨	宜	高	低	是
5	雨	冷	正常	低	是
6	雨	冷	正常	高	否
7	阴	冷	正常	高	是
8	晴	宜	高	低	否
9	晴	冷	正常	低	是
10	雨	宜	正常	低	是
11	晴	宜	正常	高	是
12	阴	宜	高	高	是
13	阴	热	正常	低	是
14	雨	宜	高	高	否

统计结果见表 7-2。

表 7-2   统计结果

天气状况 $x1$		气温 $x2$		湿度 $x3$		有风 $x4$		是否玩	
是 9	否 5	是 9	否 5	是 9	否 5	是 9	否 5	是 9	否 5
晴 2/9	3/5	热 2/9	2/5	高 3/9	4/5	低 6/9	2/5	9/14	5/14
阴 4/9	0/5	宜 4/9	2/5	正常 6/9	1/5	高 3/9	3/5		
雨 3/9	2/5	冷 3/9	1/5						

下面按朴素贝叶斯分类的流程进行计算。

(1) 由表格数据可以知道类别集合 $C=\{是,否\}$。

(2) 计算 $P(是|x)$，$P(否|x)$。

① 经统计得到在各类别下各个特征属性的条件概率估计，即 $P(x1|是)$，$P(x2|是)$，$P(x3|是)$，$P(x4|是)$；$P(x1|否)$，$P(x2|否)$，$P(x3|否)$，$P(x4|否)$。

② 对 $x=\{天气状况:晴,气温:冷,湿度:高,风力:高\}$ 做出决策，做如下计算：

$$P(是 \mid x)=\frac{P(是\ x)}{P(x)}=\frac{P(x1 \mid 是)P(x2 \mid 是)P(x3 \mid 是)P(x4 \mid 是)P(是)}{P(x)}$$

$$=\frac{P(晴 \mid 是)P(冷 \mid 是)P(高 \mid 是)P(高 \mid 是)P(是)}{P(x)}$$

$$=\frac{\frac{2}{9} \times \frac{3}{9} \times \frac{3}{9} \times \frac{3}{9} \times \frac{9}{14}}{P(x)}$$

$$= \frac{0.0053}{P(x)}$$

同理：可计算 $P(否|x)$：

$$P(否 \mid x) = \frac{P(晴 \mid 否)P(冷 \mid 否)P(高 \mid 否)P(高 \mid 否)P(否)}{P(x)}$$

$$= \frac{\frac{3}{5} \times \frac{1}{5} \times \frac{4}{5} \times \frac{3}{5} \times \frac{5}{14}}{P(x)}$$

$$= \frac{0.0206}{P(x)}$$

因为 $P(是|x) < P(否|x)$，由此可做出决策：不去打羽毛球。

7.3　高斯朴素贝叶斯分类

7.3.1　scikit-learn 实现高斯朴素贝叶斯分类

朴素贝叶斯的 3 个常用模型：高斯朴素贝叶斯分类、多项式朴素贝叶斯分类和伯努利朴素贝叶斯分类。在 scikit-learn 中，一共有 3 个朴素贝叶斯的分类算法类，分别是 GaussianNB、MultinomialNB 和 BernoulliNB。其中 GaussianNB 是先验为高斯分布的朴素贝叶斯，MultinomialNB 是先验为多项式分布的朴素贝叶斯，而 BernoulliNB 是先验为伯努利分布的朴素贝叶斯。这 3 个类适用的场景各不相同，主要根据样本特征进行模型的选择。一般来说，如果样本特征的分布是连续值，使用 GaussianNB 会比较好。如果样本特征的分布是多元离散值，使用 MultinomialNB 比较合适。而如果样本特征是二元离散值或者很稀疏的多元离散值，则应该使用 BernoulliNB。

高斯朴素贝叶斯假设与每个分类相关的连续值是按照高斯分布分布的，即如下式：

$$P(a_j \mid c_k) = \frac{1}{\sqrt{2\pi\sigma_k^2}} \exp\left(-\frac{(a_j - \mu_k)^2}{2\sigma_k^2}\right)$$

其中，a_j 为观测值；c_k 为第 k 类别；μ_k 和 σ_k^2 的值需要从训练集数据估计。

高斯朴素贝叶斯会根据训练集求出 μ_k 和 σ_k^2。μ_k 为在样本类别 c_k 中所有 a_j 的平均值。σ_k^2 为在样本类别 c_k 中所有 a_j 的方差。

GaussianNB 模型的语法格式如下。

```
sklearn.naive_bayes.GaussianNB(priors=None, var_smoothing=1e-09)
```

参数说明如下。

priors：设置先验概率，对应各个类别的先验概率 $P(c_k)$。这个值默认不给出，如果不给出，则 $P(c_k) = m_k/m$，其中 m 为训练集样本总数量，m_k 为第 k 类别的训练集样本数。

var_smoothing：比例因子，浮点类型，默认值为 1e-9，将所有特征中最大的方差的一定比例添加到方差中。

在使用 GaussianNB 的 fit()方法拟合(训练)数据后,就可以进行预测,此时预测有 3 种方法:predict()、predict_proba()和 predict_log_proba()。

predict()方法是最常用的预测方法,直接给出测试集的预测类别输出。

predict_proba()给出测试样本在各个类别上预测的概率,其预测出的各个类别概率里的最大值对应的类别就是 predict()方法得到的类别。

predict_log_proba()和 predict_proba()类似,它会给出测试样本在各个类别上预测的概率的一个对数转化。predict_log_proba()预测出的各个类别对数概率里的最大值对应的类别就是 predict()方法得到的类别。

此外,GaussianNB 的另一个重要功能是其包含 partial_fit()方法,这个方法一般用在如果训练集数据量非常大,一次不能全部载入内存的时候,这时可以把训练集分成若干等份,重复调用 partial_fit()方法一步步地学习训练集。

训练好的模型的属性说明如下。

class_prior:分属不同类的概率;

class_count_:每个类的样本数;

theta_:每个类的特征均值;

sigma_:每个类的特征方差。

```
>>>import numpy as np
>>>X =np.array([[-1, -1], [-2, -1], [-3, -2], [1, 1], [2, 1], [3, 2]])
>>>Y =np.array([1, 1, 1, 2, 2, 2])
>>>from sklearn.naive_bayes import GaussianNB
>>>clf =GaussianNB()                          #建立 GaussianNB 分类器
>>>clf.fit(X, Y)                              #训练(调用 fit()方法)clf 分类器
GaussianNB(priors=None)
>>>print(clf.predict([[-0.8, -1]]))           #预测样本[-0.8,-1]的类别
[1]
#测试样本[-0.8,-1]被预测为类别 1 的概率大于被预测为类别 2 的概率
>>>print(clf.predict_proba([[-0.8,-1]]))
[[ 9.99999949e-01  5.05653254e-08]]
>>>print(clf.predict_log_proba([[-0.8,-1]]))
[[ -5.05653266e-08  -1.67999998e+01]]
```

7.3.2 Python 实现 Iris 高斯朴素贝叶斯分类

下面以鸢尾花数据集演示朴素贝叶斯分类的算法实现。鸢尾花数据集部分数据见表 7-3。

表 7-3 鸢尾花数据集部分数据

ID	Sep_len	Sep_wid	Pet_len	Pet_wid	Iris_type
1	5.1	3.5	1.4	0.2	Iris-setosa
2	4.9	3	1.4	0.2	Iris-setosa

续表

ID	Sep_len	Sep_wid	Pet_len	Pet_wid	Iris_type
3	4.7	3.2	1.3	0.2	Iris-setosa
4	4.6	3.1	1.5	0.2	Iris-setosa
5	5	3.6	1.4	0.2	Iris-setosa

1. 载入数据集，将其划分为训练集与测试集

```python
import pandas as pd
import numpy as np
iris_df =pd.read_csv('D:/mypython/iris.csv')[['Sep_len','Sep_wid','Pet_len',
'Pet_wid','Iris_type']]
def splitData(data_list, ratio):
  train_size =int(len(data_list) * ratio)
  np.random.shuffle(data_list)                      #打乱 data_list 的元素顺序
  train_set =data_list[:train_size]
  test_set =data_list[train_size:]
  return train_set,test_set
iris_list =np.array(iris_df).tolist()
trainset,testset =splitData(iris_list,ratio =0.8)   #将数据集划分为训练集和测试集
print('将 {0} 个样本数据划分为{1}个训练样本和{2}个测试样本'.format(len(iris_df),
len(trainset), len(testset)))
print('训练样本的前 5 条记录：')
trainset[0:5]
```

运行上述代码，输出结果如下：

将 150 个样本数据划分为 120 个训练样本和 30 个测试样本

训练样本的前 5 条记录：

```python
[[5.6, 3.0, 4.1, 1.3, 'Iris-versicolor'],
 [7.1, 3.0, 5.9, 2.1, 'Iris-virginica'],
 [4.8, 3.4, 1.6, 0.2, 'Iris-setosa'],
 [4.9, 2.5, 4.5, 1.7, 'Iris-virginica'],
 [6.1, 2.9, 4.7, 1.4, 'Iris-versicolor']]
```

2. 计算先验概率

先计算数据集中属于各类别的样本分别有多少，然后计算属于每个类别的先验概率。
1) 按类别划分数据集

```python
def divideByClass(dataset):
  divide_dict ={}                               #记录按类别划分的样本
  class_dict ={}                                #记录每个类别的样本数
```

```
    for vector in dataset:
        if vector[-1] not in divide_dict:
            divide_dict[vector[-1]] =[]
            class_dict[vector[-1]] =0
        divide_dict[vector[-1]].append(vector)
        class_dict[vector[-1]] +=1
    return divide_dict,class_dict
train_divided,train_class =divideByClass(trainset)
print('数据集各个类别的样本数:',train_class)
print('Iris-versicolor 鸢尾花的前 5 条信息:\n')
train_divided["Iris-versicolor"][:5]
```

运行上述代码，输出结果如下。

```
数据集各个类别的样本数: {'Iris-versicolor': 35, 'Iris-virginica': 44, 'Iris-
setosa': 41}
Iris-versicolor 鸢尾花的前 5 条信息:
[[5.6, 3.0, 4.1, 1.3, 'Iris-versicolor'],
 [6.1, 2.9, 4.7, 1.4, 'Iris-versicolor'],
 [6.0, 2.9, 4.5, 1.5, 'Iris-versicolor'],
 [6.5, 2.8, 4.6, 1.5, 'Iris-versicolor'],
 [6.2, 2.2, 4.5, 1.5, 'Iris-versicolor']]
```

2）计算属于每个类别的先验概率

```
def calulatePriorProb(dataset,class_info):
  prior_prob ={}                                #记录属于每个类别的先验概率
  sample_total =len(dataset)                    #获取数据集样本总数
  for class_name, sample_nums in class_info.items():
      prior_prob[class_name] =sample_nums/float(sample_total)
  return prior_prob

prior_prob =calulatePriorProb(trainset,train_class)
print("属于每个类别的先验概率:\n",prior_prob)
```

运行上述代码，输出结果如下。
属于每个类别的先验概率：

```
{'Iris-versicolor': 0.2916666666666667, 'Iris-virginica':
0.36666666666666664, 'Iris-setosa': 0.3416666666666667}
```

3. 计算每个特征下每类的条件概率

计算在一个属性的前提下，该样本属于某类的条件概率。
1）概率密度函数实现

```
#均值
```

```
def mean(list):
    list =[float(x) for x in list]
    return sum(list)/float(len(list))
#方差
def var(list):
    list =[float(x) for x in list]
    avg =mean(list)
    var =sum([math.pow((x-avg),2) for x in list])/float(len(list)-1)
    return var
#概率密度函数
def calculateProb(x,mean,var):
    exponent =math.exp(math.pow((x-mean),2)/(-2*var))
    p =(1/math.sqrt(2*math.pi*var))*exponent
    return p
```

2）计算每个属性的均值和方差

计算训练数据集每个属性的均值和方差。

```
import math
def calculate_mean_var(dataset):
    dataset =np.delete(dataset,-1,axis =1)          #删除类别
    mean_var =[(mean(attr),var(attr)) for attr in zip(*dataset)]   #解包打包
    return mean_var


mean_var =calculate_mean_var(trainset)
print("每个属性的均值和方差分别是:")
for x in mean_var:
    print(x)
```

运行上述代码,输出结果如下。

每个属性的均值和方差分别是:

```
(5.845833333333334, 0.6937640056022407)
(3.0625, 0.196313025210084)
(3.7524999999999995, 3.2588172268907543)
(1.196666666666667, 0.6077198879551824)
```

3）按类别提取属性特征

按类别提取属性特征,得到"类别数目×属性数目"组(均值,方差)。

```
def summarizeByClass(dataset):
    divide_dict,class_dict =divideByClass(dataset)
    summarize_by_class ={}
    for classValue, vector in divide_dict.items():
        summarize_by_class[classValue] =calculate_mean_var(vector)
    return summarize_by_class
```

```
train_Summary_by_class =summarizeByClass(trainset)
print(train_Summary_by_class)
```

运行上述代码，输出结果如下。

```
{'Iris-versicolor': [(5.862857142857142, 0.23181512605042015), (2.74,
0.08600000000000003), (4.151428571428571, 0.18904201680672275),
(1.302857142857143, 0.032050420168806722)], 'Iris-virginica':
[(6.59090909090909, 0.41665961945031715), (2.9568181818181, 0.10855708245243127),
(5.570454545454546, 0.31980443974630013), (2.011363636363636,
0.07312367864693443)], 'Iris-setosa': [(5.031707317073171, 0.12871951219512204),
(3.451219512195122, 0.136060975609756), (1.460975609756097,
0.03343902439024391), (0.23170731707317074, 0.007719512195121947)]}
```

4）按类别将每个属性的条件概率相乘

前面已经将训练数据集按类别分好了，这里就可以实现。根据输入的测试数据依据每类的每个属性计算属于某类的概率。

```
def calculateClassProb(input_data,train_Summary_by_class):
    prob = {}
    for class_value, summary in train_Summary_by_class.items():
        prob[class_value] =1
        for i in range(len(summary)):
            mean,var =summary[i]
            x =input_data[i]
            p =calculateProb(x,mean,var)
        prob[class_value] *=p
    return prob

input_vector =testset[1]
input_data =input_vector[:-1]
train_Summary_by_class =summarizeByClass(trainset)
class_prob =calculateClassProb(input_data,train_Summary_by_class)
print("属于每类的概率是:")
for x in class_prob.items():
    print(x)
```

运行上述代码，输出结果如下。
属于每类的概率是：

```
('Iris-versicolor', 9.568700299595794e-05)
('Iris-virginica', 2.430453429561918e-07)
('Iris-setosa', 0.04288596803230552)
```

4. 先验概率与类的条件概率相乘

将先验概率与类的条件概率相乘，得到朴素贝叶斯分类器。

```
def GaussianBayesPredict(input_data):
  prior_prob =calulatePriorProb(trainset,train_class)
  train_Summary_by_class =summarizeByClass(trainset)
  classprob_dict =calculateClassProb(input_data,train_Summary_by_class)
  result ={}
  for class_value,class_prob in classprob_dict.items():
      p =class_prob * prior_prob[class_value]
      result[class_value] =p
  return max(result,key=result.get)
```

5. 朴素贝叶斯分类器测试

根据样本的属性特征,用得到的贝叶斯分类器预测其对应的类别。

```
input_vector =testset[1]
input_data =input_vector[:-1]                              #获取样本的属性特征
result =GaussianBayesPredict(input_data)
print("样本所属的类别预测为: {0}".format(result))
```

运行上述代码,输出结果如下。

样本所属的类别预测为：Iris-setosa。

7.4　多项式朴素贝叶斯分类

当特征是离散的时候,使用多项式朴素贝叶斯模型。多项式朴素贝叶斯模型在计算先验概率 $P(c_k)$ 和条件概率 $P(a_i|c_k)$ 时,会做一些平滑处理,具体公式为

$$P(c_k) = \frac{N_{c_k} + \alpha}{N + n\alpha}$$

其中,N 是总的样本个数;n 是总的类别个数;N_{c_k} 是类别为 c_k 的样本个数;α 是平滑值。

$$P(a_i \mid c_k) = \frac{N_{c_k,a_i} + \alpha}{N_{c_k} + m\alpha}$$

其中,N_{c_k} 是类别为 c_k 的样本个数;m 是特征的维数;N_{c_k,a_i} 是类别为 c_k 的样本中第 i 维特征的值是 a_i 的样本个数,α 是平滑值。

当 $\alpha=1$ 时,称作 Laplace 平滑;当 $0<\alpha<1$ 时,称作 Lidstone 平滑;当 $\alpha=0$ 时,不做平滑。

MultinomialNB 模型的参数比 GaussianNB 模型的参数多。MultinomialNB 模型的语法格式如下。

```
sklearn.naive_bayes.MultinomialNB(alpha=1.0, fit_prior=True, class_prior=
None)
```

参数说明如下。

alpha：为上面的常数 α，如果没有特别的需要，用默认的 1 即可。如果发现拟合得不好，需要调优时，可以选择稍大于 1 或者稍小于 1 的数。

fit_prior：布尔参数，表示是否考虑先验概率，如果是 false，则所有的样本类别输出都有相同的类别先验概率，否则可以自己用第 3 个参数 class_prior 输入先验概率，或者不输入第 3 个参数 class_prior，让 MultinomialNB 自己从训练集样本计算先验概率，此时的先验概率为 $P(c_k)=m_k/m$，其中 m 为训练集样本总数量，m_k 为第 k 类别的训练集样本数。

class_prior：设置各个类别的先验概率。

```
>>>import numpy as np
>>>X =np.random.randint(5,size=(6,10))
>>>X
array([[1, 2, 4, 3, 0, 1, 4, 3, 0, 1],
       [0, 0, 3, 2, 2, 3, 3, 1, 2, 1],
       [4, 0, 0, 0, 1, 0, 3, 2, 3, 1],
       [2, 2, 2, 0, 3, 3, 0, 0, 1, 0],
       [1, 1, 1, 3, 1, 1, 1, 2, 1, 0],
       [4, 3, 0, 4, 2, 1, 4, 0, 1, 4]])
>>>y =np.array([1,2,3,4,5,6])
>>>from sklearn.naive_bayes import MultinomialNB
>>>clf =MultinomialNB()                          #建立 MultinomialNB 分类器
>>>clf.fit(X,y)                                  #训练(调用 fit()方法)clf 分类器
MultinomialNB(alpha=1.0, class_prior=None, fit_prior=True)
>>>print(clf.predict([[1, 1, 1, 2, 1, 1, 1, 2, 1, 0]]))   #预测测试样本的类别
[5]
```

7.5 伯努利朴素贝叶斯分类

与多项式朴素贝叶斯模型一样，伯努利朴素贝叶斯模型适用于离散特征的情况，所不同的是，伯努利模型中每个特征的取值只能是 1 和 0。

伯努利朴素贝叶斯模型中，条件概率 $P(a_i|c_k)$ 的计算方式如下。

当特征值 a_i 为 1 时，$P(a_i|c_k)=P(a_i=1|c_k)$；当特征值 a_i 为 0 时，$P(a_i|c_k)=1-P(a_i=1|c_k)$。

```
>>>import numpy as np
>>>from sklearn.naive_bayes import BernoulliNB
>>>X =np.random.randint(2,size=(6,100))          #生成 6 行 100 列的二维数组
>>>y =np.array([1,2,3,4,5,6])
>>>clf =BernoulliNB()                            #建立分类器
>>>clf.fit(X,y)                                  #训练分类器
BernoulliNB(alpha=1.0, binarize=0.0, class_prior=None, fit_prior=True)
```

```
>>>print(clf.predict([X[2]]))          #预测样本 X[2]的类别
[3]
```

7.6　本章小结

本章主要介绍贝叶斯分类。首先介绍了概率基础和贝叶斯定理;然后介绍了朴素贝叶斯分类原理与分类流程;最后介绍了高斯朴素贝叶斯分类、多项式朴素贝叶斯分类、伯努利朴素贝叶斯分类。

第 8 章

支持向量机分类

支持向量机是机器学习中最流行的算法之一,其在大小合理的数据集上常常提供比其他机器学习算法更好的分类性能。支持向量机不仅可用于分类问题,还可用于回归问题。它具有泛化性能好、适合小样本和高维特征等优点,被广泛应用于各种实际问题。

8.1 支持向量机概述

8.1.1 支持向量机分类原理

支持向量机(Support Vector Machine,SVM)也是一种备受关注的分类技术,并在许多实际应用(如文本分类、手写数字的识别、人脸识别、语音模式识别等)中显示出优越的性能。支持向量机可以很好地应用于高维数据,避免了维度灾难问题。

支持向量机是一类按监督学习方式对数据进行二元分类的广义线性分类器,其决策(分类)边界是通过对学习样本求解(学习)得到的最大边缘超平面(最佳分离超平面、最大间隔超平面),使得它能够尽可能多地将两类数据点正确地分开,同时使分开的两类数据点距离超平面(分类面)最远。

支持向量机使用训练样本集的一个子集表示决策边界,该子集被称作支持向量。也就是说,"支持向量"是指那些在间隔区间(分类面两侧)边缘的训练样本点,这些点在分类过程中起决定性作用。"机"实际上是指一个算法,把算法当成一个机器。

在二维空间上,两类点被一条直线完全分开叫作线性可分。线性可分的一般数学定义如下。

设 D_1 和 D_2 是 n 维欧氏空间中的两个点集。如果存在 n 维向量 $\boldsymbol{w}$ 和实数 b,使得所有属于 D_1 的点 $\boldsymbol{x}_i$ 都有 $\boldsymbol{w}\boldsymbol{x}_i + b > 0$,而对于所有属于 D_2 的点 x_j 都有 $\boldsymbol{w}\boldsymbol{x}_j + b < 0$,则称 D_1 和 D_2 线性可分。

8.1.2 最大边缘超平面

从二维扩展到多维空间时,将 D_1 和 D_2 完全正确地划分开的 $wx+b=0$ 就成了一个超平面。为了使这个超平面更具鲁棒性,通常会去找最佳超平面,即以最大间隔把两类样本分开的超平面,也称之为最大间隔超平面、最佳分离超平面,两类样本分别分隔在该超平面的两侧,两侧距离超平面最近的样本点到超平面的距离最大。

图 8-1 显示了两类数据集,分别用方块和圆圈表示。这个数据集是线性可分的,因为可以找到一个超平面,使得所有的方块位于这个超平面的一侧,而所有的圆圈位于它的另一侧。然而,正如图 8-1 所示,可能存在无穷多个那样的超平面,虽然它们的训练误差当前都等于零,但不能保证这些超平面在未知实例上运行得同样好。根据在检验样本上的运行效果,分类器必须从这些超平面中选择一个较好的超平面来表示决策边界。

为了更好地理解不同的超平面对泛化误差的影响,考虑两个决策边界 B_1 和 B_2,如图 8-2 所示,这两个决策边界都能准确无误地将训练样本划分到各自的类中。每个决策边界 B_i 都对应一对超平面 b_{i1} 和 b_{i2}。b_{i1} 是通过平行移动一个和决策边界平行的超平面,直到触到最近的方块为止而得到的。类似地,平行移动一个和决策边界平行的超平面,直到触到最近的圆圈,可以得到 b_{i2}。b_{i1} 和 b_{i2} 这两个超平面之间的距离称为分类器的边缘(间隔)。通过图 8-2 中的图解,注意到 B_1 的边缘显著大于 B_2 的边缘。在这个例子中,B_1 就是训练样本的最大边缘(间隔)超平面。

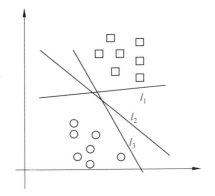

图 8-1 线性可分数据集上的可能决策边界

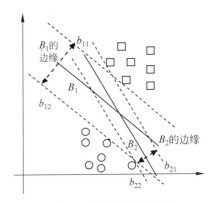

图 8-2 决策边界的边缘

最大边缘的基本原理:具有较大边缘的决策边界比那些具有较小边缘的决策边界有更好的泛化能力。直觉上,如果边缘比较小,决策边界任何轻微的扰动都可能对分类产生显著的影响。因此,那些决策边界边缘较小的分类器对模型的过分拟合更加敏感,从而在未知的样本上的泛化能力更差。

8.2 线性支持向量机

一个线性支持向量机是这样一个分类器,它寻找具有最大边缘的超平面,因此它也经常被称为最大边缘分类器(maximal margin classifier)。为

线性支持
向量机

了深刻理解线性支持向量机是如何学习这样的边界的,下面首先对线性分类器的线性决策边界和线性分类器边缘进行介绍。

8.2.1 线性决策边界

考虑一个包含 N 个训练样本的二元分类问题,每个训练样本表示为一个二元组($\boldsymbol{x}_i$, y_i)($i = 1, 2, \cdots, N$),其中 $\boldsymbol{x}_i = (x_{i1}, x_{i2}, \cdots, x_{im})^{\mathrm{T}}$ 表示第 i 个样本的各个属性,m 表示样本的属性个数。为方便,令 $y_i \in \{-1, 1\}$ 表示第 i 个样本的类标号。一个线性分类器的决策边界可以写成如下形式:

$$\boldsymbol{w}\boldsymbol{x} + b = 0$$

其中,$\boldsymbol{w}$ 和 b 是模型的参数。

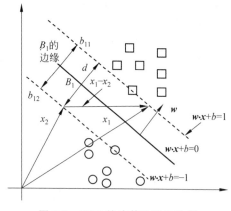

图 8-3 SVM 的决策边界和边缘

图 8-3 显示了包含圆圈和方块的二维训练集,图中的实线表示决策边界,它将训练样本一分为二,划入各自的类中。如果 $\boldsymbol{x}_a$ 和 $\boldsymbol{x}_b$ 是两个位于决策边界上的点,则

$$\boldsymbol{w}\boldsymbol{x}_a + b = 0$$

$$\boldsymbol{w}\boldsymbol{x}_b + b = 0$$

两个方程相减,得到:

$$\boldsymbol{w}(\boldsymbol{x}_a - \boldsymbol{x}_b) = 0$$

其中,$\boldsymbol{x}_a - \boldsymbol{x}_b$ 是一个平行于决策边界的向量,它的方向是从 x_b 到 x_a。由于 $\boldsymbol{w}(\boldsymbol{x}_a - \boldsymbol{x}_b)$ 的结果为 0,因此 $\boldsymbol{w}$ 的方向必然垂直于决策边界,如图 8-3 所示。

对于任何位于决策边界上方的方块 $\boldsymbol{x}_s$,可以证明:

$$\boldsymbol{w}\boldsymbol{x}_s + b = k$$

其中,$k > 0$。类似地,对于任何位于决策边界下方的圆圈 $\boldsymbol{x}_c$,可以证明:

$$\boldsymbol{w}\boldsymbol{x}_c + b = k'$$

其中,$k' < 0$。如果标记所有方块的类标号为 +1,标记所有圆圈的类标号为 −1,则可以通过以下方式预测任何测试样本 $\boldsymbol{z}$ 的类标号 y:

$$y = \begin{cases} +1, & \boldsymbol{w}\boldsymbol{z} + b > 0 \\ -1, & \boldsymbol{w}\boldsymbol{z} + b < 0 \end{cases}$$

8.2.2 线性分类器边缘

考虑那些离决策边界最近的方块和圆圈。由于方块位于决策边界的上方,因此,对于某个正值 k,方块必然满足公式 $\boldsymbol{w}\boldsymbol{x}_s + b = k$;对于某个负值 k,圆圈必然满足公式 $\boldsymbol{w}\boldsymbol{x}_c + b = k'$。调整决策边界的参数 $\boldsymbol{w}$ 和 b,两个平行的超平面 b_{i1} 和 b_{i2} 可以表示如下。

$$b_{i1}: \boldsymbol{w}\boldsymbol{x} + b = 1$$

$$b_{i2}: \boldsymbol{w}\boldsymbol{x} + b = -1$$

决策边界的边缘由这两个超平面之间的距离给定。为了计算边缘,令 $\boldsymbol{x}_1$ 是 b_{i1} 上的一个数据点,令 $\boldsymbol{x}_2$ 是 b_{i2} 上的一个数据点,将 $\boldsymbol{x}_1$ 代入公式 $\boldsymbol{w}\boldsymbol{x} + b = 1$ 中,将 $\boldsymbol{x}_2$ 代入公式 $\boldsymbol{w}\boldsymbol{x} + b$

$=-1$ 中,则边缘 d 可以通过两式相减得到:

$$w(x_1 - x_2) = 2$$
$$\|w\| \times d = 2$$
$$d = \frac{2}{\|w\|}$$

8.2.3 训练线性支持向量机模型

SVM 的训练阶段包括从训练数据中估计决策边界的参数 w 和 b,选择的参数必须满足下面两个条件:

(1) 如果 $y_i = 1, wx_i + b \geqslant 1$。

(2) 如果 $y_i = -1, wx_i + b \leqslant -1$。

这些条件要求所有类标号为 1 的训练数据(即方块)都必须位于超平面 $wx + b = 1$ 上或位于它的上方,而那些类标号为 -1 的训练实例(即圆圈)都必须位于超平面 $wx + b = -1$ 上或位于它的下方。这两个不等式可以概括为如下更紧凑的形式:

$$y_i(wx_i + b) \geqslant 1, \quad i = 1, 2, \cdots, N$$

尽管前面的条件也可用于其他线性分类器(包括感知器),但 SVM 增加了一个要求,那就是决策边界的边缘必须是最大的。然而,最大化边缘边界等价于最小化下面的目标函数:

$$f(w) = \frac{\|w\|^2}{2}$$

于是,SVM 的学习任务可以形式化地描述为以下被约束的优化问题:

$$\min_w f(w) = \min_w \frac{\|w\|^2}{2}$$

受限于 $y_i(wx_i + b) \geqslant 1, \quad i = 1, 2, \cdots, N$

由于目标函数是二次的,而约束在参数 w 和 b 上是线性的,因此这个问题是一个凸优化问题,可以通过拉格朗日乘数(乘子)法进行求解,下面给出求解过程。

首先,把目标函数 $f(w)$ 改造成为如下形式的新的目标函数,即拉格朗日函数:

$$L(w, b, \lambda) = \frac{1}{2}\|w\|^2 - \sum_{i=1}^{N}\lambda_i[y_i(wx_i + b) - 1] \tag{8-1}$$

其中,参数 λ_i 称为拉格朗日乘子。

为了最小化拉格朗日函数,对 $L(w, b, \lambda)$ 关于 w 和 b 求偏导,并令它们等于零:

$$\frac{\partial L(w, b, \lambda)}{\partial w} = 0 \Rightarrow w = \sum_{i=1}^{N}\lambda_i y_i x_i \tag{8-2}$$

$$\frac{\partial L(w, b, \lambda)}{\partial b} = 0 \Rightarrow \sum_{i=1}^{N}\lambda_i y_i = 0 \tag{8-3}$$

因为拉格朗日乘子是未知的,因此还不能得到 w 和 b 的解。如果 SVM 学习任务的被约束的优化问题只包含等式约束,则可以利用从该等式约束中得到的 N 个方程 $w = \sum_{i=1}^{N}\lambda_i y_i x_i$ 和 $\sum_{i=1}^{N}\lambda_i y_i = 0$ 求得 w、b 和 λ_i 的可行解。

注意:等式约束的拉格朗日乘子是可以取任意值的自由参数。

处理不等式约束的一种方法是把它变换成一组等式约束。只要限制拉格朗日乘子非负,这种变换便是可行的,这样就得到如下的拉格朗日乘子约束:

$$\lambda_i \geqslant 0 \tag{8-4}$$

$$\lambda_i [y_i(\boldsymbol{w}\boldsymbol{x}_i + b) - 1] = 0 \tag{8-5}$$

这样,应用式(8-5)给定的约束后,许多拉格朗日乘子都变为零。该约束表明:除非训练样本满足方程 $y_i(\boldsymbol{w}\boldsymbol{x}_i+b)=1$,否则拉格朗日乘子 λ_i 必须为零。那些 $\lambda_i>0$ 对应的训练样本位于超平面 b_{i1} 或 b_{i2} 上,通常称这些样本向量为支持向量。不在这些超平面上的训练样本使得 $\lambda_i=0$。式(8-2)和式(8-5)还表明,定义决策边界的参数 $\boldsymbol{w}$ 和 b 仅依赖于这些支持向量。

对前面的优化问题求解仍是十分困难的,因为这涉及参数 $\boldsymbol{w}$、b 和 λ_i。通过将拉格朗日函数变换成仅包含拉格朗日乘子的函数(称作对偶问题、对偶拉格朗日函数),可以简化该问题。为了变换成对偶问题,首先将公式 $\boldsymbol{w} = \sum_{i=1}^{N}\lambda_i y_i \boldsymbol{x}_i$ 和公式 $\sum_{i=1}^{N}\lambda_i y_i = 0$ 代入式(8-1)中,这将原优化问题转换为如式(8-6)所示的对偶问题:

$$
\begin{aligned}
L_d &= \frac{1}{2}(\boldsymbol{w}\boldsymbol{w}) - \boldsymbol{w}\sum_{i=1}^{N}\lambda_i y_i \boldsymbol{x}_i - b\sum_{i=1}^{N}\lambda_i y_i + \sum_{i=1}^{N}\lambda_i \\
&= \frac{1}{2}(\boldsymbol{w}\boldsymbol{w}) - \boldsymbol{w}\boldsymbol{w} + \sum_{i=1}^{N}\lambda_i \\
&= -\frac{1}{2}(\boldsymbol{w}\boldsymbol{w}) + \sum_{i=1}^{N}\lambda_i \\
&= \sum_{i=1}^{N}\lambda_i - \frac{1}{2}\sum_{i=1}^{N}\sum_{j=1}^{N}\lambda_i \lambda_j y_i y_j (\boldsymbol{x}_i \boldsymbol{x}_j)
\end{aligned} \tag{8-6}
$$

$$\text{受限于约束} \quad \lambda_i \geqslant 0, \quad \sum_{i=1}^{N}\lambda_i y_i = 0$$

对偶拉格朗日函数与原拉格朗日函数的主要区别如下。

(1)对偶拉格朗日函数仅涉及拉格朗日乘子和训练样本,而原拉格朗日函数除涉及拉格朗日乘子外,还涉及决策边界的参数。尽管如此,这两个优化问题的解是等价的。

(2)式(8-6)中的二次项前有一个负号,这说明原来的拉格朗日函数 $L(w,b,\lambda)$ 的最小化问题变换成了仅涉及 λ 的对偶拉格朗日函数 L_d 的最大化问题。

式(8-6)是一个凸二次规划问题,有唯一的最优解。对偶问题的规模依赖于样本的大小 N,而不依赖于输入的维度。对 λ 进行求解时,尽管 λ 有 N 个,但是多伴随 $\lambda_i=0$ 消失,而只有少量满足 $\lambda_i>0$。求解式(8-6)得 λ,然后就可以通过公式 $\boldsymbol{w} = \sum_{i=1}^{N}\lambda_i y_i \boldsymbol{x}_i$ 和公式 $\lambda_i[y_i(\boldsymbol{w}\boldsymbol{x}_i+b)-1]=0$ 来计算 $\boldsymbol{w}$ 和 b。决策边界可以表示如下:

$$\boldsymbol{x}\left(\sum_{i=1}^{N}\lambda_i y_i \boldsymbol{x}_i\right) + b = 0$$

由于 b 是通过 $\lambda_i[y_i(\boldsymbol{w}\boldsymbol{x}_i+b)-1]=0$ 得到的,而 y_i 是通过数值计算得到的,因此可能存在数值误差,计算出的 b 值可能不唯一,它取决于 $\lambda_i[y_i(\boldsymbol{w}\boldsymbol{x}_i+b)-1]=0$ 中使用的支持

向量。实践中,使用 b 的平均值作为决策边界的参数。

【例 8-1】　给定 3 个数据点:正例点 $\boldsymbol{x}_1=(3,3)^\mathrm{T}$、$\boldsymbol{x}_2=(4,3)^\mathrm{T}$,负例点 $\boldsymbol{x}_3=(1,1)^\mathrm{T}$,求线性可分支持向量机。

解:使用极小形式的对偶拉格朗日函数:

$$\min_{\lambda} \frac{1}{2}\sum_{i=1}^{3}\sum_{j=1}^{3}\lambda_i\lambda_j y_i y_j(\boldsymbol{x}_i \boldsymbol{x}_j) - \sum_{i=1}^{3}\lambda_i$$

$$=\frac{1}{2}(18\lambda_1^2 + 25\lambda_2^2 + 2\lambda_3^2 + 42\lambda_1\lambda_2 - 12\lambda_1\lambda_3 - 14\lambda_2\lambda_3) - \lambda_1 -_2 - \lambda_3$$

约束条件:

$$\lambda_1 + \lambda_2 - \lambda_3 = 0$$
$$\lambda_i \geqslant 0, \quad i = 1,2,3$$

将 $\lambda_3 = \lambda_1 + \lambda_2$ 代入目标函数,得到关于 λ_1、λ_2 的函数:

$$f(\lambda_1,\lambda_2) = 4\lambda_1^2 + \frac{13}{2}\lambda_2^2 + 10\lambda_1\lambda_2 - 2\lambda_1 - 2\lambda_2$$

分别对 λ_1、λ_2 求偏导并令其等于 0,得到 $8\lambda_1 + 10\lambda_2 - 2 = 0$、$13\lambda_2 + 10\lambda_1 - 2 = 0$,求得 $f(\lambda_1,\lambda_2)$ 在点 $(1.5,-1)$ 处取极值,而该点不满足条件 $\lambda_2 \geqslant 0$,所以,最小值在边界上达到。

当 $\lambda_1 = 0$,最小值 $f(0,2/13) = -2/13$

当 $\lambda_2 = 0$,最小值 $f(1/4,0) = -1/4$

因此,$f(\lambda_1,\lambda_2)$ 在 $\lambda_1 = 1/4$、$\lambda_2 = 0$ 时达到最小,此时 $\lambda_3 = \lambda_1 + \lambda_2 = 1/4$。

不等于零的那个系数所对应的那个样本点就是支持向量,即 $\lambda_1 = \lambda_3 = 1/4$ 对应的点 $\boldsymbol{x}_1$、$\boldsymbol{x}_3$ 是支持向量。

$$w_1 = \sum_i \lambda_i y_i x_{i1} = (1/4)\times 1 \times 3 + 1/4 \times (-1) \times 1 = 1/2$$

$$w_2 = \sum_i \lambda_i y_i x_{i2} = (1/4)\times 1 \times 3 + 1/4 \times (-1) \times 1 = 1/2$$

b 可以使用 $\lambda_i[y_i(\boldsymbol{w}\boldsymbol{x}_i + b) - 1] = 0$ 对每个支持向量进行计算:

$$b^{(1)} = 1 - \boldsymbol{w}\boldsymbol{x}_1 = 1 - (1/2 \times 3 + 1/2 \times 3) = -2$$

$$b^{(2)} = -1 - \boldsymbol{w}\boldsymbol{x}_3 = -1 - (1/2 \times 1 + 1/2 \times 1) = -2$$

对 $b^{(1)}$ 与 $b^{(2)}$ 的值取平均,得到 $b = -2$。对应于这些参数的决策边界是:

$$0.5x_1 + 0.5x_2 - 2 = 0$$

确定了决策边界的参数之后,检验实例 $\boldsymbol{x}$ 就可以按以下公式分类:

$$f(\boldsymbol{x}) = \mathrm{sign}(0.5x_1 + 0.5x_2 - 2)$$

如果 $f(\boldsymbol{x}) = 1$,则检验实例被分到正类,否则被分到负类。

8.3　Python 实现支持向量机

Python 实现
支持向量机

支持向量机是针对线性可分情况进行分析,对于线性不可分的情况,通过使用一个核函数将低维输入空间线性不可分的样本转化为高维特征空间使其线性可分,从数据上看就是把数据映射到多维,例如从一维映射到四维。常用的核函数有线性核函数、多项式核函数、高斯核函数、Sigmoid 核函数。

sklearn 机器学习库提供了 3 种支持向量机分类模型：sklearn.svm.SVC、sklearn.svm.NuSVC、sklearn.svm.LinearSVC。sklearn.SVC 和 sklearn.NuSVC 类似，区别仅在于对损失的度量方式不同。而 sklearn.LinearSVC 是线性分类，不支持各种低维到高维的核函数，仅支持线性核函数，对线性不可分的数据不能使用。

8.3.1 SVC 支持向量机分类模型

sklearn.svm.SVC 是一种基于 libsvm 的支持向量机，由于其时间复杂度为 $O(n^2)$，当样本数量超过两万时难以实现，其语法格式如下。

```
sklearn.svm.SVC(C=1.0, kernel='rbf', degree=3, gamma='auto', coef0=0.0,
probability=False, tol=0.001, class_weight=None, max_iter=-1, decision_
function_shape='ovr', random_state=None)
```

参数说明如下。

（1）C：错误项的惩罚系数，float 类型，默认值为 1.0。C 越大，对分错样本的惩罚越大，因此，在训练样本中准确率越高，但是泛化能力降低；相反，减小 C 的话，容许训练样本中有一些误分类错误样本，泛化能力强。对于训练样本带有噪声的情况，一般采用后者，把训练样本集中错误分类的样本作为噪声。

（2）kernel：用于选择模型所使用的核函数，str 类型，默认值为"rbf"。算法中常用的核函数有：linear，线性核函数；poly，多项式核函数；rbf，高斯核函数；sigmod，sigmod 核函数。

（3）degree：int 类型，默认值为 3。该参数只对 kernel='poly'(多项式核函数)有用，是指多项式核函数的阶数 n，如果给的核函数参数是其他核函数，则会自动忽略该参数。

（4）gamma：float 类型，默认值为'auto'。该参数为核函数系数，只对'rbf''poly''sigmod'有效。如果 gamma 设置为'auto'，代表其值为样本特征数的倒数，即 1/n_features。

（5）coef0：float 类型，默认值为 0.0。该参数表示核函数中的独立项，只对'poly'和'sigmod'核函数有用，是指其中的参数 c。

（6）probability：bool 类型，默认值为 False。该参数表示是否启用概率估计。这必须在调用 fit()之前启用，并且会使 fit()方法速度变慢。

（7）tol：float 类型，默认值为 1e-3。SVM 停止训练的误差精度，即阈值。

（8）class_weight：字典类型或者'balance'字符串，默认值为 None。该参数表示给每个类别分别设置不同的惩罚参数 C，如果没有给，则所有类别都给 C=1，即前面参数指出的参数 C。如果给定参数'balance'，则使用 y 的值自动调整与输入数据中的类频率成反比的权重。

（9）max_iter：int 类型，默认值为-1，表示最大迭代次数。如果该参数设置为-1，则表示不受限制。

（10）decision_function_shape：决策树类型，该参数可取值'ovo'或'ovr'，默认为'ovr'。

'ovo'表示一对一,'ovr'表示一对多。

(11) random_state:其类型可以是 int、RandomState instance、None,默认为 None。该参数表示在混洗数据时所使用的伪随机数发生器的种子,如果选 int,则为随机数生成器种子;如果选 RandomState instance,则为随机数生成器;如果选 None,则随机数生成器使用的是 np.random。

SVC 模型对象的方法如下。

(1) decision_function(X)

返回样本 X 到分离超平面的距离。

(2) fit(X, y[, sample_weight])

根据给定的训练数据拟合 SVM 模型。

(3) get_params([deep])

获取模型对象的参数并以字典形式返回,默认 deep=true。

(4) predict(X)

根据测试数据集进行预测。

(5) score(X, y[, sample_weight])

返回给定测试数据预测的平均精确度。

(6) predict_log_proba(X_test),svc.predict_proba(X_test)

当 sklearn.svm.SVC(probability=True)时,才会有这两个值,分别得到样本的对数概率以及普通概率。

SVC 模型对象的属性如下。

(1) support_:以数组的形式返回支持向量的索引。

(2) support_vectors_:返回支持向量。

(3) n_support_:每个类别支持向量的个数。

(4) dual_coef_:支持向量系数。

(5) coef_:每个特征系数(重要性),只有核函数是 LinearSVC 的时候可用。

(6) intercept_:决策函数中的常数(截距)。

下面给出 sklearn.svm.SVC 的一个应用举例。

```
from sklearn import svm
import numpy as np
import matplotlib.pyplot as plt              #Python 中的绘图模块
#平面上的 8 个点
X =[[0.39,0.17],[0.49,0.71],[0.92,0.61],[0.74,0.89],[0.18,0.06], [0.41,0.26],
[0.94,0.81], [0.21,0.01]]
Y =[1,-1,-1,-1,1,1,-1,1]                      #标记数据点所属的类
clf =svm.SVC(kernel='linear')                 #建立模型,linear 为小写,线性核函数
clf.fit(X,Y)                                   #训练模型
w =clf.coef_[0]                                #取得 w 值,w 是二维的
a =-w[0]/w[1]                                  #计算直线的斜率
x =np.linspace(0,1,50)                         #随机产生连续 x 值
```

```
y = a * x - (clf.intercept_[0]) /w[1]                      #根据随机产生的 x 值得到 y 值
#计算与直线相平行的两条直线
b = clf.support_vectors_[0]                                 #获取 1 个支持向量
y_down = a * x + (b[1]- a * b[0])
c = clf.support_vectors_[-1]                                #获取 1 个支持向量
y_up = a * x + (c[1]- a * c[0])
print('模型参数 w:',w)
print('边缘直线斜率:',a)
print('打印出支持向量:',clf.support_vectors_)
#画出三条直线
plt.plot(x,y,'k-')
plt.plot(x,y_down,'k--')
plt.plot(x,y_up,'k--')
#绘制散点图
plt.scatter([s[0] for s in X],[s[1] for s in X],c=Y, cmap=plt.cm.Paired)
plt.show()
```

运行上述代码,执行结果如下。

模型参数 w: [-1.12374761 -1.65144735]
边缘直线斜率: -0.680462268214
打印出支持向量: [[0.49 0.71]
 [0.92 0.61]
 [0.74 0.89]
 [0.39 0.17]
 [0.18 0.06]
 [0.41 0.26]]

生成的 SVM 图如图 8-4 所示。

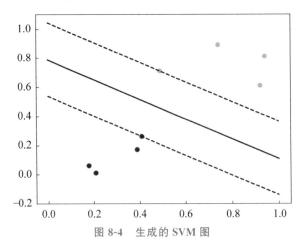

图 8-4　生成的 SVM 图

8.3.2　NuSVC 支持向量机分类模型

NuSVC 模型的语法格式如下。

```
sklearn.svm.NuSVC(nu=0.5, kernel='rbf', degree=3, gamma='auto', coef0=0.0,
probability=False, tol=0.001, class_weight=None, max_iter=-1, decision_
function_shape='ovr', random_state=None))
```

参数说明如下。

(1) nu：训练误差分数的上限和支持向量分数的下限，float 类型，默认值为 0.5，应该在区间(0，1)。

(2) kernel：核函数，str 类型，默认值为"rbf"。算法中常用的核函数有：linear，线性核函数；poly，多项式核函数；rbf，高斯核函数；sigmod，sigmod 核函数。

(3) degree：int 类型，默认值为 3。当核函数是多项式核函数的时候，用来控制函数的最高次数。多项式核函数将低维的输入空间映射到高维的特征空间。

NuSVC 模型对象的属性如下。

(1) support_：以数组的形式返回支持向量的索引。

(2) support_vectors_：返回支持向量。

(3) n_support_：每个类别支持向量的个数。

(4) dual_coef_：支持向量系数。

(5) coef_：每个特征系数(重要性)，只有核函数是 LinearSVC 的时候可用。

(6) intercept_：决策函数中的常数。

NuSVC 模型对象的方法与 SVC 类似。

下面给出 sklearn.svm.NuSVC 的一个应用举例。

```
>>>import numpy as np
>>>from sklearn.svm import NuSVC
>>>X =np.array([[-1, -1], [-2, -1], [1, 1], [2, 1]])
>>>y =np.array([1, 1, 2, 2])
>>>clf =NuSVC()
>>>clf.fit(X, y)
NuSVC()
>>>print("predict :",clf.predict([[-0.8, -1]]))
predict : [1]
>>>print("support index :", clf.support_)
support index : [0 1 2 3]
>>>print("class label :",clf.classes_)
class label : [1 2]
```

8.3.3　LinearSVC 支持向量机分类模型

LinearSVC 实现了线性分类支持向量机，它是根据 Liblinear 库实现的，可用于二类分类,也可用于多类分类。有多种惩罚参数和损失函数可供选择,训练集实例数量大(大于 1 万)时也可以很好地进行归一化,既支持稠密输入矩阵,也支持稀疏输入矩阵,多分类问题采用 one-vs-rest 方法实现。LinearSVC 模型的语法格式如下。

```
sklearn.svm.LinearSVC(penalty='l2', loss='squared_hinge', dual=True, tol=
0.0001, C=1.0, multi_class='ovr', fit_intercept=True, intercept_scaling=1,
class_weight=None, verbose=0, random_state=None, max_iter=1000)
```

参数说明如下。

(1) penalty:指明在惩罚中使用的范数,string 类型,默认值为 l2,还可以取值 l1。

(2) loss:表示损失函数,string 类型,默认值为 squared_hinge,还可以取值 hinge。hinge 是标准的 SVM 损失函数,而 squared_hinge 是 hinge 的平方。

(3) dual:bool 类型,默认值为 true。如果为 true,则求解对偶问题;如果为 false,则求解原始问题。当样本数量大于特征数量时,倾向采用求解原始问题。

(4) multi_class:指定多分类问题的策略,string 类型,默认值为 ovr。ovr 采用 one-vs-rest 分类策略;取值 crammer_singer 时为多类联合分类策略,很少用,因为它的计算量大,而且精度不会更佳,此时忽略 loss、penalty、dual 参数。

(5) fit_intercept:布尔值。如果为 true,则计算截距,即决策函数中的常数项;否则忽略截距。

LinearSVC 模型对象的属性如下。

(1) support_:以数组的形式返回支持向量的索引。

(2) support_vectors_:返回支持向量。

(3) n_support_:每个类别支持向量的个数。

(4) dual_coef_:支持向量的系数。

(5) coef_:每个特征系数(重要性),只有核函数是 LinearSVC 的时候可用。

(6) intercept_:决策函数中的常数。

LinearSVC 模型对象的方法与其他两种模型类似。

(1) decision_function(X)

返回样本 X 到分离超平面的距离。

(2) fit(X, y[, sample_weight])

根据给定的训练数据拟合 SVM 模型。

(3) get_params([deep])

获取模型对象的参数并以字典形式返回,默认 deep=true。

(4) predict(X)

根据测试数据集进行预测。

(5) score(X, y[, sample_weight])

返回给定测试数据预测的平均精确度。

下面是 sklearn.svm. LinearSVC 的一个应用示例。

```
import matplotlib.pyplot as plt
```

```
import numpy as np
from sklearn import datasets,cross_validation,svm
iris=datasets.load_iris()                    #加载鸢尾花数据集
X_train =iris.data[:,[0,2]]                  #获取属性数据的前两列
y_train =iris.target                         #获取类别数据
#切分数据集,取数据集的 80%作为训练数据,20%作为测试数据
X_train,X_test,y_train,y_test=cross_validation.train_test_split(X_train,y_
train,test_size=0.2,random_state=1)
lsvc=svm.LinearSVC()
lsvc.fit(X_train,y_train)
print("分类器评分: %.2f" %lsvc.score(X_test,y_test))
print("预测的类别:",lsvc.predict(X_test))
print("实际的类别:",y_test)
```

运行上述代码,输出结果如下。

```
分类器评分: 0.83
预测的类别:[0 1 1 0 2 1 2 0 0 2 1 0 2 1 1 0 1 2 0 0 2 2 2 0 2 1 0 0 2 2]
实际的类别:[0 1 1 0 2 1 2 0 0 2 1 0 2 1 1 0 1 1 0 0 1 1 1 0 2 1 0 0 1 2]
```

8.4　本章小结

　　本章主要介绍支持向量机分类。首先介绍了支持向量机分类原理;然后介绍了线性支持向量机的线性决策边界、线性分类器边缘、模型训练;最后介绍了 sklearn 机器学习库提供的 3 种支持向量机分类模型。

第9章

聚　类

"物以类聚，人以群分"，聚类(clustering)是人类认识世界的一种重要方法。所谓聚类，就是按照事物的某些属性，把事物聚集成簇，使簇内的对象之间具有较高的相似性，而不同簇的对象之间差别较大。聚类是一个无监督的学习过程，它同分类的根本区别在于：分类需要事先知道所依据的对象特征，而聚类是要找到这个对象特征。

9.1　聚类概述

9.1.1　聚类概念

聚类是将对象集合中的对象分类到不同的类或者簇的一个过程，使得同一个簇中的对象有很大的相似性，而不同簇间的对象有很大的相异性。簇内的相似性越大，簇间差别越大，聚类就越好。

虽然聚类也起到了分类的作用，但和大多数分类是有差别的，大多数分类都是人们事先已确定某种事物分类的准则或各类别的标准，分类的过程就是比较分类的要素与各类别标准，然后将各数据对象划归于各类别中。聚类是归纳的，不需要事先确定分类的准则，不考虑已知的类标记。

聚类结果的好坏取决于该聚类方法采用的相似性评估方法，以及该方法的具体实现。聚类方法的好坏还取决于该方法是能发现某些还是所有的隐含模式。对聚类算法的典型要求如下。

1. 可伸缩性

可伸缩性指的是算法不论对于小数据集还是对于大数据集都应是有效的。

2. 处理不同字段类型的能力

算法不仅要能处理数值型数据，还要有处理其他类型数据的能力，包括分类、标称类型、序数类型、二元类型，或者这些数据类型的混合。

3. 能发现任意形状的簇

有些簇具有规则的形状，如矩形和球形，但是，更一般地，簇可以具有任意形状。

4. 用于决定输入参数的领域知识最小化

许多聚类算法要求用户输入一定的参数,如希望簇的数目。聚类结果对于输入参数很敏感,通常参数较难确定,尤其是对于含有高维对象的数据集更是如此。

5. 能够处理噪声数据

现实世界中的数据集常常包含孤立点、空缺、未知数据或有错误的数据。一些聚类算法对于这样的数据敏感,可能导致低质量的聚类结果。所以,人们希望算法可以在聚类过程中检测代表噪声和离群的点,然后删除它们,或者消除它们的负面影响。

6. 对输入数据对象的顺序不敏感

一些聚类算法对于输入数据的顺序是敏感的。对于同一个数据集合,以不同的顺序提交给同一个算法,可能产生差别很大的聚类结果,这是人们不希望的。

7. 可解释性和可用性

聚类的结果最终都是要面向用户的,用户期望聚类得到的结果是可解释的、可理解的和可用的。也就是说,聚类结果可能需要与特定的语义解释和应用相联系。重要的是,研究应用目标如何影响聚类特征和聚类方法的选择。

9.1.2　聚类方法类型

按照聚类方法的主要思路的不同,聚类方法可以分为划分聚类方法、层次聚类方法、基于密度的聚类方法等。

1. 划分聚类方法

对于给定的数据集,划分聚类方法首先创建一个初始划分,然后采用一种迭代的重定位技术,尝试通过对象在划分间的移动来改进划分,直到使评价聚类性能的评价函数的值达到最优为止。划分聚类方法以距离作为数据集中不同数据间的相似性度量,将数据集划分成多个簇。划分聚类方法是最基本的聚类方法,属于这样的聚类方法有 k 均值(k-means)、k 中心点(k-medoids)等。

划分聚类方法的主要思想:给定一个包含 n 个数据对象的数据集,划分聚类方法将数据对象的数据集进行 k 个划分,每个划分表示一个簇(类),并且 $k \leqslant n$,同时满足下列两个条件:每个簇至少包含一个对象,每个对象属于且仅属于一个簇。对于给定的要构建的划分的数目 k,划分方法首先给出一个初始的划分,然后采用一种迭代的重定位技术,尝试通过对象在划分间移动来改进划分,使得每一次改进之后的划分方案都较前一次更好。好的划分是指同一簇中的对象之间尽可能"接近",不同簇中的对象之间尽可能"远离"。

划分聚类方法的评价函数:评价划分聚类效果的评价函数着重考虑两方面,即每个簇中的对象应该是紧凑的,各个簇间的对象的距离应该尽可能远。实现这种考虑的一种直接方法是观察聚类 C 的类内差异 $w(C)$ 和类间差异 $b(C)$。类内差异衡量类内的对象之间的紧凑性,类间差异衡量不同类之间的距离。

类内差异可以用距离函数表示,最简单的就是计算类内的每个对象点到它所属类中心的距离的平方和,即

$$w(C) = \sum_{i=1}^{k} w(C_i) = \sum_{i=1}^{k} \sum_{x \in C_i} d(\boldsymbol{x}, \bar{\boldsymbol{x}}_i)^2 \tag{9-1}$$

类间差异定义为类中心之间距离的平方和,即

$$b(C) = \sum_{x \leqslant j < i \leqslant k} d(\bar{\boldsymbol{x}}_j, \bar{\boldsymbol{x}}_i)^2 \tag{9-2}$$

式(9-1)和式(9-2)中的 $\bar{\boldsymbol{x}}_i$、$\bar{\boldsymbol{x}}_j$ 分别是类 C_i、C_j 的类中心。

聚类 C 的聚类质量可用 $w(C)$ 和 $b(C)$ 的一个单调组合来表示,比如 $w(C)/b(C)$。

2. 层次聚类方法

划分聚类方法获得的是单级聚类,而层次聚类方法是将数据集分解成多级进行聚类,层的分解可以用树状图来表示。根据层次的分解方法不同,层次聚类方法可以分为凝聚层次聚类方法和分裂层次聚类方法。凝聚的方法也称为自底向上的方法,一开始将每个对象作为单独的一簇,然后不断地合并相近的对象或簇。分裂的方法也称为自顶向下的方法,一开始将所有的对象置于一个簇中,在迭代的每一步中,一个簇被分裂为更小的簇,直到每个对象在一个单独的簇中,或者达到算法终止条件。

3. 基于密度的聚类方法

绝大多数划分聚类方法基于对象之间的距离进行聚类,采用这样的方法只能发现球状的类,而在发现任意形状的类上会遇到困难。基于密度的聚类方法的主要思想是:只要临近区域的密度(对象或数据点的数目)超过某个阈值,就继续聚类。采用这样的方法可以过滤噪声和孤立点数据,发现任意形状的类。

9.1.3 聚类的应用领域

聚类的典型应用领域如下。

1. 商业

聚类分析被用来发现不同的客户群,并且通过购买模式刻画不同客户群的特征。聚类分析是细分市场的有效工具,同时也可用于研究消费者行为,寻找新的潜在市场,选择实验的市场。

2. 保险

对购买了汽车保险的客户,标识哪些是较高平均赔偿成本的客户。

3. 城市规划

根据类型、价格、地理位置等划分不同类型的住宅。

4. 搜索引擎

对搜索引擎返回的结果进行聚类,使用户迅速定位到所需要的信息。

5. 电子商务

在电商网站中,通过分组聚类出具有相似浏览行为的客户,并分析客户的共同特征,可以更好地帮助电商用户了解自己的客户,向客户提供更合适的服务。

9.2　*k*-means 聚类

9.2.1　*k*-means 聚类原理

k-means 聚类算法也被称为 *k* 均值聚类算法,是一种广泛使用的聚类算法。*k*-means 用质心表示一个簇,质心就是一组数据对象点的平均值。*k*-means 算法以 *k* 为输入参数,将 *n* 个数据对象划分为 *k* 个簇,使得簇内数据对象具有较高的相似度。

k-means 聚类的算法思想:从包含 *n* 个数据对象的数据集中随机选择 *k* 个对象,每个对象代表一个簇的平均值,或质心,或中心,其中 *k* 是用户指定的参数,即所期望的要划分成的簇的个数;对剩余的每个数据对象点根据其与各个簇中心的距离,将它指派到最近的簇;然后,根据指派到簇的数据对象点,更新每个簇的中心;重复指派和更新步骤,直到簇不发生变化,或直到直到中心不发生变化,或度量聚类质量的目标函数收敛。

k-means 算法的目标函数 *E* 定义如下。

$$E = \sum_{i=1}^{k} \sum_{x \in C_i} \left[d(x, \bar{x}_i) \right]^2 \tag{9-3}$$

其中 x 是空间中的点,表示给定的数据对象,$\bar{x}_i$ 是簇 C_i 的数据对象的平均值,$d(x, \bar{x}_i)$ 表示 x 与 $\bar{x}_i$ 之间的距离。例如,3 个二维点(1,3)、(2,1)和(6,2)的质心是((1+2+6)/3,(3+1+2)/3)=(3,2)。*k*-means 算法的目标就是最小化目标函数 *E*,这个目标函数可以保证生成的簇尽可能紧凑。

算法 9.1　*k*-means 算法。

输入:所期望的簇的数目 *k*,包含 *n* 个对象的数据集 *D*

输出:*k* 个簇的集合

① 从 *D* 中任意选择 *k* 个对象作为初始簇中心;

② repeat

③ 将每个点指派到最近的中心,形成 *k* 个簇;

④ 重新计算每个簇的中心;

⑤ 计算目标函数 *E*;

⑥ until 目标函数 *E* 不再发生变化或中心不再发生变化;

算法分析:*k*-means 算法的步骤③和步骤④试图直接最小化目标函数 *E*,步骤③通过将每个点指派到最近的中心形成簇,最小化关于给定中心的目标函数 *E*;而步骤④重新计算每个簇的中心,进一步最小化 E。

【例 9-1】 假设要进行聚类的数据集为 $\{2,4,10,12,3,20,30,11,25\}$,要求的簇的数量为 $k=2$。

应用 $k\text{-means}$ 算法进行聚类的步骤如下。

第 1 步：初始时用前两个数值作为簇的质心,这两个簇的质心记作：$m_1=2,m_2=4$;

第 2 步：对剩余的每个对象,根据其与各个簇中心的距离,将它指派给最近的簇中,可得：$C_1=\{2,3\},C_2=\{4,10,12,20,30,11,25\}$;

第 3 步：计算簇的新质心：$m_1=(2+3)/2=2.5,m_2=(4+10+12+20+30+11+25)/7=16$;

重新对簇中的成员进行分配,可得 $C_1=\{2,3,4\}$ 和 $C_2=\{10,12,20,30,11,25\}$,不断重复这个过程,均值不再变化时最终可得到两个簇：$C_1=\{2,3,4,10,11,12\}$ 和 $C_2=\{20,30,25\}$。

$k\text{-means}$ 聚类算法的优点：快速、简单;当处理大数据集时,$k\text{-means}$ 聚类算法有较高的效率并且是可伸缩的,该算法的时间复杂度是 $O(nkt)$,其中 n 是数据集中对象的数目,t 是算法迭代的次数,k 是簇的数目;当簇是密集的、球状或团状的,且簇与簇之间区别明显时,算法的聚类效果更好。

$k\text{-means}$ 聚类算法的缺点：k 是事先给定的,k 值的选定是非常难以估计的,很多时候,事先并不知道给定的数据集应该分成多少个类别才最合适;在 $k\text{-means}$ 聚类算法中,首先需要选择 k 个数据作为初始聚类中心来确定一个初始划分,然后对初始划分进行优化,这个初始聚类中心的选择对聚类结果有较大的影响,对于不同的初始值,可能会导致不同的聚类结果;仅适合对数值型数据聚类,只有在簇均值有定义的情况下才能使用(如果有非数值型数据,需另外处理);不适合发现非凸形状的簇,因为使用的是欧氏距离,适合发现凸状的簇;对"噪声"和孤立点数据敏感,少量的该类数据能够对中心产生较大的影响。

9.2.2 Python 实现对鸢尾花 $k\text{-means}$ 聚类

使用 sklearn.cluster 中的 KMeans 模型可实现 $k\text{-means}$ 聚类。KMeans 模型的语法格式如下。

```
sklearn.cluster.KMeans(n_clusters=8,init='k-means++', n_init=10, max_iter=
300, tol=0.0001, precompute_distances='auto', n_jobs=1)
```

模型参数说明如下。

n_clusters：整型,默认值为 8,拟打算生成的聚类数,一般需要选取多个 k 值进行运算,并用评估标准判断所选 k 值的好坏,从中选择最好的 k。

init：簇质心初始值的选择方式,有 $k\text{-means}++$、random、一个 ndarray 3 种可选值,默认值为 $k\text{-means}++$。$k\text{-means}++$ 用一种巧妙的方式选定初始质心,从而能加速迭代过程的收敛。random 随机从训练数据中选取初始质心。如果传递的是一个 ndarray,其形式为(n_clusters, n_features),并给出初始质心。

n_init：用不同的初始质心运行算法的次数，这是因为 k-means 算法是受初始值影响的局部最优的迭代算法，因此需要多运行几次以选择一个较好的聚类效果，默认值是 10，最后返回最好的结果。

max_iter：整型，默认值为 300，k-means 算法所进行的最大迭代数。

tol：容忍的最小误差，当误差小于 tol 时，就会退出迭代，认为达到收敛。

precompute_distances：3 个可选值，即 auto、true 和 false，预计算距离，计算速度快但占用很多内存。auto，如果样本数乘以聚类数大于 12million，则不预先计算距离；true，总是预先计算距离；false，不预先计算距离。

n_jobs：整型，指定计算所用的进程数。若该值为 -1，则用所有的 CPU 进行运算。若该值为 1，则不进行并行运算，这样便于调试。

模型的属性说明如下。

cluster_centers_：输出聚类的质心，数据形式是数组。

labels_：输出每个样本点对应的类别。

inertia_：float 型，每个点到其簇的质心的距离的平方和。

模型的方法说明如下。

fit(X)：在数据集 X 上进行 k-means 聚类。

predict(X)：对 X 中的每个样本预测其所属的类别。

fit_predict(X)：计算 X 的聚类中心，并预测 X 中每个样本所属的类别，相当于先调用 fit(X)，再调用 predict(X)。

fit_transform(X[，y])：进行 k-means 聚类模型训练，并将 X 转化到聚类距离空间（方便计算距离）。

score(X[，y])：X 中每一点到聚类中心的距离平方和的相反数。

set_params(* * params)：根据传入的 params 构造模型的参数。

transform(X[，y])：将 X 转换到聚类距离空间，在新空间中，每个维度都是到簇中心的距离。

【例 9-2】　使用 KMeans 模型对鸢尾花数据集进行 k-means 聚类。

```
>>> from sklearn.datasets import load_iris
>>> from sklearn.cluster import KMeans
>>> import matplotlib.pyplot as plt
>>> import numpy as np
>>> import matplotlib
>>> from sklearn.cross_validation import train_test_split    #引用了交叉验证
>>> iris = load_iris()                        #加载数据
>>> target = iris.target                      #提取数据集中的标签(花的类别)
>>> set(target)                               #查看数据集中的标签的不同值
{0, 1, 2}
>>> iris['feature_names']                     #查看数据的特征名
['sepal length (cm)', 'sepal width (cm)', 'petal length (cm)', 'petal width (cm)
']
```

```
>>> data = iris.data                          #提取数据集中的特征数据
>>> X = data[:, [0, 2]]                        #提取第 1 列和第 3 列数据,即花萼长度与花瓣长度
>>> y = iris.target                            #获取类别属性数据
>>> label = np.array(y)                        #转换数据类型
>>> index_0 = np.where(label==0)               #获取类别为 0 的数据索引
#按选取的两个特征绘制散点
>>> plt.scatter(X[index_0,0],X[index_0,1],marker='o',color ='red', edgecolors
='k', label='label0')
>>> index_1 = np.where(label==1)               #获取类别为 1 的数据索引
>>> plt.scatter(X[index_1,0],X[index_1,1], marker='*', color ='purple', label
='label1')
>>> index_2 = np.where(label==2)               #获取类别为 2 的数据索引
>>> plt.scatter(X[index_2,0],X[index_2,1], marker='+', color ='blue', label =
'label2')
>>> plt.xlabel('sepal length', fontsize=15)
>>> plt.ylabel('petal length',fontsize=15)
>>> plt.legend(loc ='lower right')
>>> plt.show()                                 #显示按鸢尾花的花萼长度与花瓣长度绘制的散点图如图 9-1 所示
```

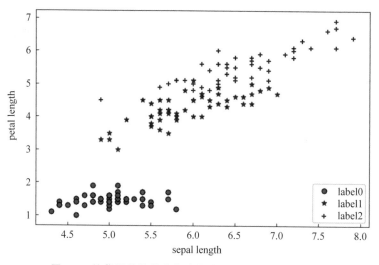

图 9-1　按鸢尾花的花萼长度与花瓣长度绘制的散点图

```
#切分数据集,取数据集的 75% 作为训练数据,25% 作为测试数据
>>> X_train, X_test, y_train, y_test =train_test_split(X, y, random_state=1)
>>> kms = KMeans(n_clusters=3)                 #构造 k-means 聚类模型,设定生成的聚类数为 3
>>> kms.fit(X_train)                           #在数据集 X_train 上进行 k-means 聚类
KMeans(algorithm='auto', copy_x=True, init='k-means++', max_iter=300,
    n_clusters=3, n_init=10, n_jobs=1, precompute_distances='auto',
    random_state=None, tol=0.0001, verbose=0)
>>> label_pred = kms.labels_                   #获取聚类标签
#绘制 k-means 结果
```

```
>>>x0 =X_train[label_pred ==0]
>>>x1 =X_train[label_pred ==1]
>>>x2 =X_train[label_pred ==2]
>>>plt.scatter(x0[:,0], x0[:,1], color ='red', marker='o',edgecolors='k',
label='label0')
>>>plt.scatter(x1[:,0], x1[:,1], color ='blue', marker='*', edgecolors='k',
label='label1')
>>>plt.scatter(x2[:,0], x2[:,1], c ="k", marker='+', label='label2')
>>>plt.xlabel('sepal length', fontsize=15)
>>>plt.ylabel('petal length',fontsize=15)
>>>plt.legend(loc ='lower right')
>>>plt.show()                #显示鸢尾花数据集 k-means 聚类的结果如图 9-2 所示
```

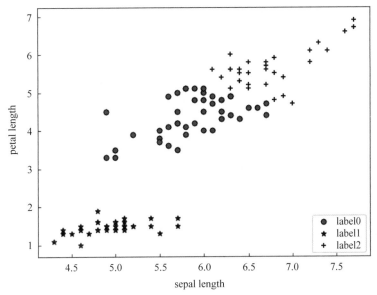

图 9-2　按鸢尾花的花萼长度与花瓣长度 k-means 聚类的结果

9.3　层次聚类

9.3.1　层次聚类原理

　　层次聚类是通过递归地对数据对象进行合并或者分裂,直到满足某种终止条件为止。根据层次分解是自底向上(合并)还是自顶向下(分裂)形成,层次聚类方法分为凝聚型聚类方法和分裂型聚类方法。单纯的层次聚类方法无法对已经做的合并或分裂进行调整,如果在某一步没有很好地选择合并或分裂,可能导致低质量的聚类结果。但是,层次聚类算法没有使用准则函数,对数据结构的假设较少,所以它的通用性更强。

1. 自底向上的凝聚层次聚类

这种自底向上的策略首先将每个对象作为一个簇,然后合并这些原子簇为越来越大的簇,直到所有的对象都在一个簇中,或者达到了某个终止条件。绝大多数的层次聚类方法都属于这一类,只是在簇间相似度的定义上有所不同。经典的凝聚层次聚类算法以AGNES 算法为代表。

AGNES 算法描述如下。

输入:n 个对象,终止条件簇的数目 k

输出:k 个簇

1:将每个对象当成一个初始簇

2:Repeat

3:根据两个簇中最近的数据点找到最近的两个簇

4:合并两个簇,生成新的簇的集合

5:Until 达到定义的簇的数目

【例 9-3】 使用 AGNES 算法将表 9-1 所示的包含两个属性的数据集聚为 2 个簇。

表 9-1 包含两个属性的数据集

序号	属性 1	属性 2	序号	属性 1	属性 2
1	1	1	5	3	4
2	1	2	6	3	5
3	2	1	7	4	4
4	2	2	8	4	5

使用 AGNES 算法将表 9-1 所示的包含两个属性的数据集聚为 2 个簇的过程见表 9-2。

表 9-2 将表 9-1 所示的包含两个属性的数据集聚为 2 个簇

步骤	最近的簇距离	选取最近的两个簇	合并后的新簇
1	1	{1}、{2}	{1,2}、{3}、{4}、{5}、{6}、{7}、{8}
2	1	{3}、{4}	{1,2}、{3,4}、{5}、{6}、{7}、{8}
3	1	{5}、{6}	{1,2}、{3,4}、{5,6}、{7}、{8}
4	1	{7}、{8}	{1,2}、{3,4}、{5,6}、{7,8}
5	1	{1,2}、{3,4}	{1,2,3,4}、{5,6}、{7,8}
6	1	{5,6}、{7,8}	{1,2,3,4}、{5,6,7,8}

第 1 步:根据初始簇计算簇之间的距离,最小距离为 1,随机找出距离最小的两个簇进行合并,将 1、2 两个点合并为一个簇。

第 2 步:对上一次合并后的簇计算簇间距离,找出距离最近的两个簇进行合并,这次将 3、4 两个点合并为一个簇。

第 3 步：重复第 2 步，5、6 两个点合并为一个簇。

第 4 步：重复第 2 步，7、8 两个点合并为一个簇。

第 5 步：合并{1,2}、{3,4}使之成为一个包含 4 个点的簇。

第 6 步：合并{5,6}、{7,8}，由于合并后的簇的数目达到用户输入的终止条件，因此程序终止。

2. 自顶向下的分裂层次聚类

这种自顶向下的策略与凝聚的层次聚类相反，它首先将所有对象置于一个簇中，然后逐渐细分为越来越小的簇，直到每个对象自成一簇，或者达到了某个终止条件，例如达到了某个希望的簇数目，或者两个最近的簇之间的距离超过了某个阈值。经典的分裂层次聚类算法以 DIANA 算法为代表。

图 9-3 描述了一种凝聚层次聚类算法 AGNES(AGglomerative NESting)和一种分裂层次聚类算法 DIANA(DIvisive ANAlysis)对一个包含 5 个数据对象的数据集合{a,b, c,d,e}的处理过程。

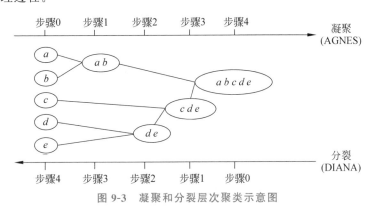

图 9-3　凝聚和分裂层次聚类示意图

AGNES 凝聚层次聚类算法最初将每个对象看作一个簇，然后将这些簇根据某些准则逐步合并。例如，如果簇 C_1 中的一个对象和簇 C_2 中的一个对象之间的距离是所有属于不同簇的对象间欧氏距离中最小的(簇间的相似度用属于不同簇中最近的数据点对之间的欧氏距离来度量)，则合并 C_1 和 C_2，称为簇间最小距离簇合并准则。凝聚层次聚类的合并过程反复进行，直到所有的对象最终合并形成一个簇，或达到规定的簇数目。

在 DIANA 分裂层次聚类方法的处理过程中，所有的对象初始都放在一个簇中。根据一些原则(比如最邻近的最大欧氏距离)，将该簇分裂。簇的分裂过程反复进行，直到最终每个新的簇只包含一个对象，或达到规定的簇数目。

3. 簇间距离度量方法

4 个广泛采用的簇间距离度量方法如下，其中 p 和 p' 是隶属于两个不同簇的两个数据对象点，$|p-p'|$ 表示对象点 p 和 p' 之间的距离，m_i 是簇 C_i 中的数据对象点的均值，

n_i 是簇 C_i 中的数据对象的数目。

1）簇间最小距离

簇间最小距离是指用两个簇中所有数据点的最近距离代表两个簇的距离。簇间最小距离度量方法的直观图如图 9-4 所示。

$$\text{簇间最小距离：} d_{\min}(C_i, C_j) = \min_{p \in C, p' \in C_j} |p - p'|$$

2）簇间最大距离

簇间最大距离是指用两个簇所有数据点的最远距离代表两个簇的距离。簇间最大距离度量方法的直观图如图 9-5 所示。

$$\text{簇间最大距离：} d_{\max}(C_i, C_j) = \max_{p \in C, p' \in C_j} |p - p'|$$

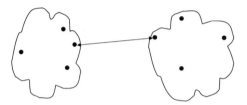 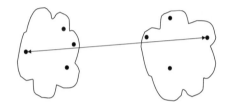

图 9-4　簇间最小距离度量方法的直观图　　图 9-5　簇间最大距离度量方法的直观图

3）簇间均值距离

簇间均值距离是指用两个簇各自中心点之间的距离代表两个簇的距离。簇间均值距离度量方法的直观图如图 9-6 所示。

$$\text{簇间均值距离：} d_{\mathrm{mean}}(C_i, C_j) = |m_i - m_j|$$

4）簇间平均距离

簇间平均距离是指用两个簇所有数据点间的距离的平均值代表两个簇的距离。簇间平均距离 $d_{\mathrm{average}}(C_i, C_j)$ 度量方法的直观图如图 9-7 所示。

$$\text{簇间平均距离：} d_{\mathrm{average}}(C_i, C_j) = \frac{1}{n_i n_j} \sum_{p \in C_i} \sum_{p' \in C_j} |p - p'|$$

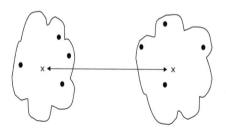 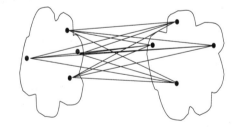

图 9-6　簇间均值距离度量方法的直观图　　图 9-7　簇间平均距离度量方法的直观图

当聚类算法使用最小距离 $d_{\min}(C_i, C_j)$ 衡量簇间距离时，称为最近邻聚类算法，其计算每一对簇中最相似（最接近）两个样本的距离，并合并距离最近的两个样本所属簇。此外，如果当最近簇之间的距离超过某个任意的阈值时聚类过程终止，则称其为单连接算法。

当一个算法使用最大距离 $d_{max}(C_i, C_j)$ 度量簇间距离时,称为最远邻聚类算法,其计算两个簇中最不相似两个样本(距离最远的样本)的距离,并合并两个最接近(距离最近)的簇。如果当最近簇之间的最大距离超过某个任意的阈值时聚类过程便终止,则称其为全连接算法。

最小、最大度量代表了簇间距离度量的两个极端,它们趋向对离群点或噪声数据过分敏感。使用均值距离和平均距离是对最小和最大距离之间的一种折中方法,而且可以克服离群点敏感性问题。尽管均值距离计算简单,但是平均距离也有它的优势,因为它既能处理数值数据,又能处理分类数据。

9.3.2 Python 实现凝聚层次聚类

1. Python 实现簇间最大距离的凝聚层次聚类算法

下面给出簇间最大距离的凝聚层次聚类的算法实现。

```python
import pandas as pd
import numpy as np
np.random.seed(150)
features=['f1','f2','f3']                        #设置特征的名称
labels =["s0","s1","s2","s3","s4"]               #设置数据样本编号
X =np.random.random_sample([5,3]) * 10           #生成一个(5,3)的数组
#通过 pandas 将数组转换成一个 DataFrame 类型
df=pd.DataFrame(X,columns=features,index=labels)
print(df)                                        #查看生成的数据
```

运行上述代码,输出结果如下。

```
          f1          f2          f3
s0   9.085839    2.579716    8.776551
s1   7.389655    6.980765    5.172086
s2   9.521096    9.136445    0.781745
s3   7.823205    1.136654    6.408499
s4   0.797630    2.319660    3.859515
```

下面使用 scipy 库中 spatial.distance 子模块下的 pdist() 函数计算距离矩阵,将矩阵用一个 DataFrame 对象进行保存。

```python
'''
pdist:计算两两样本间的欧氏距离,返回一个一维数组
squareform:将数组转换成一个对称矩阵
'''
from scipy.spatial.distance import pdist,squareform
dist_matrix =pd.DataFrame(squareform(pdist(df,metric='euclidean')),columns
=labels,index=labels)
print(dist_matrix)                               #查看距离矩阵
```

在上述代码中,基于样本的特征 f1、f2 和 f3,使用欧氏距离计算了两两样本间的距离,运行上述代码,输出结果如下。

```
        s0          s1          s2          s3          s4
s0    0.000000    5.936198   10.348772    3.047023    9.640502
s1    5.936198    0.000000    5.335269    5.989184    8.179458
s2   10.348772    5.335269    0.000000    9.926725   11.490870
s3    3.047023    5.989184    9.926725    0.000000    7.566738
s4    9.640502    8.179458   11.490870    7.566738    0.000000
```

下面通过 scipy 库中的 linkage() 函数,获取一个以簇间最大距离作为距离判定标准的关系矩阵。

```
from scipy.cluster.hierarchy import linkage
#linkage()以簇间最大距离作为距离判断标准,得到一个关系矩阵,实现层次聚类
#linkage()返回长度为 n-1 的数组,其包含每一步合并簇的信息,n 为数据集的样本数
row_clusters =linkage(pdist(df,metric= 'euclidean'),method="complete")
print(row_clusters)                              #输出合并簇的过程信息
```

输出结果如下。

```
[[ 0.     3.     3.04702252  2.  ]
 [ 1.     2.     5.33526865  2.  ]
 [ 4.     5.     9.6405024   3.  ]
 [ 6.     7.    11.49086965  5.  ]]
```

这个矩阵的每一行的格式是[idx1,idx2,dist,sample_count]。在第一步[0. 3.   3.047 022 52   2.   ]中,linkage()决定合并簇 0 和簇 3,因为它们之间的距离为 3.047 022 52,为当前最短距离。这里的 0 和 3 分别代表簇在数组中的下标。在这一步中,一个具有两个实验样本的簇(该簇在数组中的下标为 5)诞生了。在第二步中,linkage()决定合并簇 1 和簇 2,因为它们之间的距离为 5.335 268 65,为当前最短距离。在这一步中,另一个具有两个实验样本的簇(该簇在数组中的下标为 6)诞生了。

```
#将关系矩阵转换成一个 DataFrame 对象
clusters = pd. DataFrame (row _ clusters, columns = [ " label 1"," label 2 ",
"distance","sample size"], index = [ "cluster % d"% (i + 1) for i in range (row_
clusters.shape[0])])
print(clusters)
```

输出结果如下。

```
           label 1   label 2   distance    sample size
cluster 1    0.0       3.0       3.047023      2.0
cluster 2    1.0       2.0       5.335269      2.0
cluster 3    4.0       5.0       9.640502      3.0
cluster 4    6.0       7.0      11.490870      5.0
```

上面输出结果的第一列表示合并过程中新生成的簇,第二列和第三列表示被合并的两个簇,第四列表示的是两个簇的欧氏距离,最后一列表示的是合并后的簇中样本的数量。

下面使用 scipy 库中的 dendrogram()函数通过关系矩阵绘制层次聚类的树状图,树状图展现了层次聚类中簇合并的顺序,以及合并时簇间的距离。

```
from scipy.cluster.hierarchy import dendrogram
import matplotlib.pyplot as plt
dendrogram(row_clusters,labels=labels)
plt.tight_layout()
plt.ylabel('Euclidean distance')
plt.show()                                    #显示层次聚类的树状图如图 9-8 所示
```

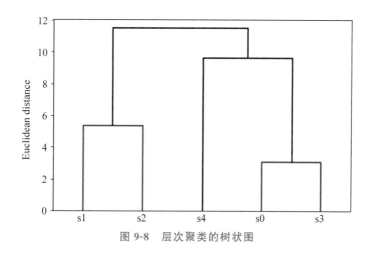

图 9-8　层次聚类的树状图

此树状图描述了采用凝聚层次聚类合并生成不同簇的过程。在树状图中,横轴上的标记代表数据点,纵轴标明簇间的距离。图像中,横线所在高度表明簇合并时的距离。从图 9-8 中可以看出,首先是 s0 和 s3 合并,接下来是 s1 和 s2 合并。

2. 使用 sklearn.cluster 模块的 AgglomerativeClustering 实现凝聚聚类

sklearn.cluster 模块下的 AgglomerativeClustering 模型也可以实现凝聚聚类,可指定返回簇的数量。

```
>>>from sklearn.cluster import AgglomerativeClustering
>>>import numpy as np
>>>X =np.array([[1, 2], [1, 4], [1, 0],[4, 2], [4, 4], [4, 0]])
'''n_clusters:设置簇的个数
    linkage:设置簇间距离的判定标准,可以是 {"ward"(最小化合并的簇的方差),
"complete"(全连接距离),"average"(簇间平均距离),"single"(单连接距离)}中之一,默
认是"ward"
'''
```

```
>>>clustering = AgglomerativeClustering(n_clusters = 2, affinity = "euclidean",
linkage = "complete")                        #构建凝聚聚类模型
>>>clustering.fit(X)                         #在数据集 X 上进行凝聚聚类
AgglomerativeClustering(affinity = 'euclidean', compute_full_tree = 'auto',
        connectivity = None, linkage = 'complete', memory = None,
        n_clusters = 2,
        pooling_func = <function mean at 0x0000000005B47F28>)
>>>clustering.labels_                        #返回每个样本所属的簇标号
array([0, 0, 1, 0, 0, 1], dtype = int64)
```

层次聚类算法的优点是：可以通过设置不同的相关参数值，得到不同粒度上的层次聚类结构；在聚类形状方面，层次聚类适用于任意形状的聚类，并且对样本的输入顺序不敏感。

层次聚类算法的困难在于合并或分裂点的选择。这样的决定是非常关键的，因为一旦一组对象被合并或者分裂，下一步的处理将在新生成的簇上进行。已做的处理不能被撤销，簇之间也不能交换对象。如果在某一步没有很好地选择合并或分裂的决定，就可能导致低质量的聚类结果。此外，这种聚类方法不具有很好的可伸缩性，因为合并或分裂的决定需要检查和估算大量的对象或簇。改进层次聚类质量的一个方向是将层次聚类和其他的聚类技术相结合，形成多阶段聚类。下面介绍的 BIRCH 聚类算法就是一种这样的聚类算法。

9.3.3　BIRCH 聚类原理

BIRCH(Balanced Iterative Reducing and Clustering Using Hierarchies，采用层次方法的平衡迭代规约和聚类)是一种针对大规模数据集的聚类算法，该算法中引入了"聚类特征(Clustering Feature，CF)"和"聚类特征树(CF 树)"两个概念，通过这两个概念对簇进行概括，利用各个簇之间的距离，采用层次方法的平衡迭代规约和聚类对数据集聚类。首先用树结构对数据对象进行层次划分，其中叶子结点或低层次的非叶子结点可以看作由分辨率决定的"微簇"，然后使用其他的聚类算法对这些微簇进行宏聚类，这可克服凝聚聚类方法所面临的两个困难：①可伸缩性；②不能撤销前一步所做的工作。BIRCH 聚类算法最大的特点是能利用有限的内存资源完成对大数据集高质量地聚类，通过单遍扫描数据集最小化 I/O 代价。

BIRCH 使用聚类特征概括一个簇，使用聚类特征树(CF 树)表示聚类的层次结构，这些结构可帮助聚类方法在大型数据库中取得好的速度和伸缩性，对新对象增量和动态聚类也非常有效。

BIRCH 算法的特点：采用了多阶段聚类技术，数据集的单边扫描产生了一个基本的聚类，一或多遍的额外扫描可以进一步改进聚类质量；BIRCH 是一种增量的聚类方法，因为它对每一个数据点的聚类的决策都是基于当前已经处理过的数据点，而不是基于全局的数据点；如果簇不是球形的，BIRCH 不能很好地工作，因为它用了半径或直径的概念来控制聚类的边界。

1) 聚类特征(Clustering Feature,CF)

给定由 n 个 d 维数据对象或点组成的簇,可以用以下公式定义该簇的质心 x_0、半径 R 和直径 D:

$$x_0 = \frac{\sum\limits_{i=1}^{n} x_i}{n}$$

$$R = \sqrt{\frac{\sum\limits_{i=1}^{n} (x_i - x_0)^2}{n}}$$

$$D = \sqrt{\frac{\sum\limits_{i=1}^{n} \sum\limits_{j=1}^{n} (x_i - x_j)^2}{n(n-1)}}$$

其中,R 是簇中数据对象到质心的平均距离;D 是簇中逐对对象的平均距离。R 和 D 都反映了质心周围簇的紧凑程度。

CF 是 BIRCH 聚类算法的核心,CF 树中的结点都是由 CF 组成的。考虑一个由 n 个 d 维数据对象或点组成的簇,簇的聚类特征 CF 可用一个三元组表示 $CF = <n, LS, SS>$,这个三元组就代表了簇的所有信息,其中 n 是簇中点的数目,LS 是 n 个点的线性和$\left(\text{即} \sum\limits_{i=1}^{n} x_i\right)$,SS 是数据点的平方和$\left(\text{即} \sum\limits_{i=1}^{n} x_i^2\right)$。

聚类特征本质上是给定簇的统计汇总:从统计学的观点看,它是簇的零阶矩、一阶矩和二阶矩。使用聚类特征,可以很容易地推导出簇的许多有用的统计量,如簇的质心 x_0、半径 R 和直径 D 分别是:

$$x_0 = \frac{\sum\limits_{i=1}^{n} x_i}{n} = \frac{LS}{n}$$

$$R = \sqrt{\frac{\sum\limits_{i=1}^{n} (x_i - x_0)^2}{n}} \sqrt{\frac{n\,SS - 2LS^2}{n^2}}$$

$$D = \sqrt{\frac{\sum\limits_{i=1}^{n} \sum\limits_{j=1}^{n} (x_i - x_j)^2}{n(n-1)}} \sqrt{\frac{2n\,SS - 2LS^2}{n(n-1)}}$$

使用聚类特征概括簇,可以避免存储个体对象或点的详细信息,只需要固定大小的空间来存放聚类特征。

聚类特征是可加的,也就是说,对于两个不相交的簇 C_1 和 C_2,其聚类特征分别为 $CF_1 = <n_1, LS_1, SS_1>$ 和 $CF_2 = <n_2, LS_2, SS_2>$,那么,由 C_1 和 C_2 合并而成的簇的聚类特征就是 $CF_1 + CF_2 = <n_1 + n_2, LS_1 + LS_2, SS_1 + SS_2>$。

【例 9-4】 假设簇 C_1 中有 3 个数据点(2,4)、(4,5)和(5,6),则 $CF_1 = <3, (2+4+5, 4+5+6), (2^2+4^2+5^2, 4^2+5^2+6^2)> = <3, (11, 15), (45, 77)>$,设簇 C_2 的 $CF_2 = <4, (40, 42), (100, 101)>$,那么,由簇 C_1 和簇 C_2 合并而来的簇 C_3 的聚类特征 CF_3

计算如下：

$$CF_2 = <3+4, (11+40, 15+42), (45+100, 77+101)>$$
$$= <7, (51, 57), (145, 178)>$$

2) 聚类特征树(CF 树)

CF 树是一棵高度平衡的树，它存储了层次聚类的聚类特征。图 9-9 给出了一个例子。根据定义，树中的非叶子结点有后代或"子女"。非叶子结点存储了其子女的 CF 的总和，因而汇总了关于其子女的聚类信息。CF 树有两个参数：分支因子 B 和阈值 T。分支因子定义了每个非叶子点子女的最大数目，而阈值参数 T 给出了存储在树的叶子结点中的子簇的最大直径。这两个参数会影响聚类特征树的大小。

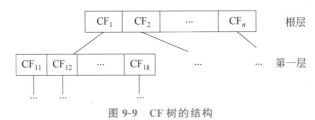

图 9-9　CF 树的结构

从图 9-9 中可以看出，根结点的 CF_1 的三元组的值，可以由它指向的 k 个子结点(CF_{11},CF_{12},$\cdots$,CF_{1k})的值相加得到，即 $CF_1 = CF_{11} + CF_{12} + \cdots + CF_{1k}$。这样，在更新 CF 树的时候，可以很高效。

BIRCH 算法主要包括以下两个阶段。

阶段 1：BIRCH 扫描数据库，建立一棵存放于内存的初始 CF 树，它可以看作数据的多层压缩，试图保留数据的内在的聚类结构。

阶段 2：BIRCH 采用某个(选定的)聚类算法对 CF 树的叶子结点进行聚类，把稀疏的簇当作离群点删除，而把稠密的簇合并为更大的簇。

在阶段 1 中，随着对象被插入，CF 树被动态地构造，因而可支持增量聚类。一个对象被插入最近的叶子结点(子簇)。如果插入后，存储在叶子结点中的子簇的直径大于阈值，则该叶子结点和其他可能的结点被分裂。新对象插入后，关于该对象的信息向树根结点传递。通过修改阈值，CF 树的大小可以改变。如果存储 CF 树需要的内存大于主存的大小，可以定义较大的阈值，并重建 CF 树。在 CF 树重建过程中，通过利用老树的叶子结点来重新构建一棵新树，因而树的重建过程不需要访问所有点，即构建 CF 树只需访问数据一次就行。

可以在阶段 2 使用任意聚类算法，例如典型的划分方法。

算法 9.2　BIRCH 算法

输入：数据集$\{x_1, x_2, \cdots, x_n\}$，阈值 T

输出：m 个簇

① for each $i \in \{1, 2, \cdots, n\}$

② 将 x_i 插入与其最近的一个叶子结点中；

③ if 插入后的簇小于或等于阈值

④ 将 x_i 插入该叶子结点,并重新调整从根到此叶子路径上的所有三元组;

⑤ else if 插入后结点中有剩余空间

⑥ 把 x_i 作为一个单独的簇插入并重新调整从根到此叶子路径上的所有三元组;

⑦ else 分裂该结点并调整从根到此叶子结点路径上的三元组。

BIRCH 算法的优点:节约内存,所有对象都在磁盘上;聚类速度快,只需要扫描一遍训练集就可以建立 CF 树,CF 树的增加、删除、修改操作都很快;可以识别噪声点,还可以对数据集进行初步分类的预处理。

BIRCH 算法的缺点:由于 CF 树对每个结点的 CF 个数有限制,导致聚类的结果可能和真实的类别分布不同;对高维特征的数据聚类效果不好;如果簇不是球形的,则聚类效果不好。

9.3.4　Python 实现 BIRCH 聚类

可用 sklearn.cluster 模块下的 Birch 模型实现 BIRCH 聚类算法。Birch 模型的语法格式如下。

```
Birch(threshold=0.5,branching_factor=50,n_clusters=3,compute_labels=true)
```

参数说明如下。

threshold:叶子结点每个 CF 的最大样本半径阈值 T,它决定了每个 CF 里所有样本形成的超球体的半径阈值。一般来说,threshold 越小,CF Tree 的建立阶段的规模越大,即 BIRCH 算法第一阶段所花的时间和内存会越多。但是,选择多大以达到聚类效果,则需要通过调参来实现。默认值是 0.5,如果样本的方差较大,则一般需要增大这个默认值。

branching_factor:每个结点中 CF 子簇的最大数目。如果一个新样本的加入使得结点中子簇的数目超过 branching_factor,那么该结点将被拆分为两个结点,子簇将在两个结点中重新分布。

n_clusters:类别数 k,在 BIRCH 算法中是可选的,如果类别数非常多,我们也没有先验知识,则一般输入 None。但是,如果我们有类别的先验知识,则推荐输入这个先验的类别值,默认值是 3。

compute_labels:布尔值,表示是否计算数据集中每个样本的类标号,默认是 true。

Birch 模型的常用属性如下。

root_:CF 树的根。

subcluster_labels_:分配给子簇质心的标签。

labels_:返回输入数据集中每个样本所属的类标号。

下面给出一个 Birch 的使用举例。

```
import numpy as np
import matplotlib.pyplot as plt
from sklearn.datasets.samples_generator import make_blobs
from sklearn.cluster import Birch
'''生成样本数据集,X 为样本特征,Y 为样本簇类别,共 1000 个样本,每个样本 2 个特征,共 4 个
```

簇,簇中心在[-1,-1], [0,0],[1,1], [2,2]'''

```
X, y =make_blobs(n_samples=1000, n_features=2, centers=[[-1,-1], [0,0], [1,1],
[2,2]], cluster_std=[0.4, 0.3, 0.4, 0.3], random_state =9)
#设置Birch聚类模型
birch =Birch(n_clusters =None)
#训练模型并预测每个样本所属的类别
y_pred =birch.fit_predict(X)
#绘制散点图
plt.scatter(X[:, 0], X[:, 1], c=y_pred)
plt.show()                                    #显示BIRCH聚类的结果,如图 9-10
所示
```

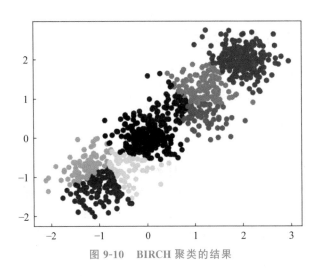

图 9-10　BIRCH 聚类的结果

9.4　密度聚类

密度聚类

9.4.1　密度聚类原理

由于层次聚类算法和划分聚类算法往往只能发现"类圆形"的聚类,为弥补这一缺陷,以发现任意形状的聚类,提出基于密度的聚类算法,该类算法认为在整个样本空间点中,各目标类簇是由一群稠密样本点组成的,这些稠密样本点被低密度区域(噪声)分隔,而算法的目的就是过滤低密度区域,发现稠密样本点。

基于密度的聚类方法以数据集在空间分布上的稠密程度为依据进行聚类,无须预先设定簇的数量,特别适合对未知内容的数据集进行聚类。基于密度聚类方法的基本思想是:只要一个区域中的点的密度大于某个阈值,就把它加到与之相近的聚类中,对于簇中的每个对象,在给定的半径ε的邻域中至少要包含最小数目(MinPts)个对象。基于密度的聚类方法的代表算法为具有噪声的基于密度的聚类(Density-Based Spatial Clustering of Applications with Noise,DBSCAN)算法。

DBSCAN 算法将具有足够高密度的区域划分为簇,并在具有噪声的空间数据集中发现任意形状的簇,它将簇定义为密度相连的点的最大集合。DBSCAN 聚类算法用到的基本术语如下。

对象的 ε 邻域:给定对象半径为 ε 内的区域称为该对象的 ε 邻域。

MinPts:数据对象的 ε 邻域中至少包含的对象数目。

核心对象:如果给定对象 ε 邻域内的样本点数大于或等于 MinPts,则称该对象为核心对象。如在图 9-11 中,设 $\varepsilon=1$、MinPts$=5$,q 是一个核心对象。

边界点:不是核心点,但落在某个核心点的 ε 邻域内。边界点可能落在多个核心点的邻域内。

噪声点:噪声点是既非核心点也非边界点的任何点。

直接密度可达:如果 p 在 q 的 ε 邻域内,而 q 是一个核心对象,则称对象 p 从对象 q 出发是直接密度可达的。

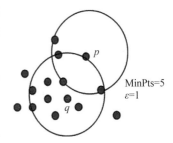

图 9-11　核心点、边界点和噪声点

密度可达的:给定一个对象集合 D,如果存在一个对象链 $p_1,p_2,\cdots,p_n,q=p_1,p=p_n$,对 $p_n\in D,(1\leqslant i\leqslant n)$,$p_{i+1}$ 是从 p_i 关于 ε 和 MitPts 直接密度可达的,则对象 p 是从对象 q 关于 ε 和 MinPts 密度可达的,如图 9-12 所示。通常由一个核心对象和其密度可达的所有对象构成一个聚类。

密度相连的:如果对象集合 D 中存在一个对象 o,使得对象 p 和 q 是从 o 关于 ε 和 MinPts 密度可达的,那么对象 p 和 q 是关于 ε 和 MinPts 密度相连的,如图 9-13 所示。

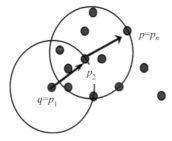

图 9-12　密度可达的

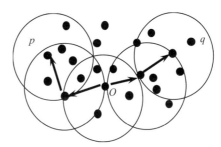

图 9-13　密度相连的

【例 9-5】　假设半径 $\varepsilon=3$,MinPts$=3$,点 p 的 ε 领域中有点 $\{m,p,p_1,p_2,o\}$,点 m 的 ε 领域中有点 $\{m,q,p,m_1,m_2\}$,点 q 的 ε 领域中有 $\{q,m\}$,点 o 的 ε 领域中有点 $\{o,p,s\}$,点 s 的 ε 领域中有点 $\{o,s,s_1\}$。

那么,核心对象有 p,m,o,s(q 不是核心对象,因为它对应的 ε 领域中点数量等于 2,小于 MinPts$=3$);点 m 从点 p 直接密度可达,因为 m 在 p 的 ε 领域内,并且 p 为核心对象;点 q 从点 p 密度可达,因为点 q 从点 m 直接密度可达,并且点 m 从点 p 直接密度可达;点 q 到点 s 密度相连,因为点 q 从点 p 密度可达,并且点 s 从点 p 密度可达。

给定核心点、边界点和噪声点的定义后,DBSCAN 算法的思想可描述为:任意两个足够靠近(相互之间的距离在 ε 之内)的核心点将放在同一个簇中;同样,任何与核心点足够靠近的边界点也放到与核心点相同的簇中;噪声点被丢弃。DBSCAN 算法将簇定义为密度相连的点的最大集合。

算法 9.3 DBSCAN 算法

输入：ε——半径，MinPts——给定点在 ε 邻域内成为核心对象时邻域内至少要包含的数据对象数，数据对象集合 $D=\{x_1,x_2,\cdots,x_n\}$。

输出：簇划分 C。

1：初始化核心对象集合 $\Omega=\varnothing$，初始化聚类簇数 $k=0$，初始化未访问样本集合 $\Gamma=D$，簇划分 $C=\varnothing$；

2：对于 $j=1,2,\cdots,n$，按下面的步骤找出所有的核心对象：

(1) 通过距离度量方式，找到样本 x_j 的 ε 邻域子样本集 $N_\varepsilon(x_j)$。

(2) 如果子样本集的样本个数满足 $|N_\varepsilon(x_j)|\geqslant$MinPts，就将样本 x_j 加入核心对象样本集合：$\Omega=\Omega\bigcup\{x_j\}$。

3：如果核心对象集合 $\Omega=\varnothing$，则算法结束；否则 $k=0$，转入步骤 4。

4：在核心对象集合 Ω 中随机选择一个核心对象 o，初始化当前簇核心对象队列 $\Omega_{cur}=\{o\}$，初始化类别序号 $k=k+1$，初始化当前簇样本集合 $C_k=\{o\}$，更新未访问样本集合 $\Gamma=\Gamma-\{o\}$。

【例 9-6】 下面给出一个样本数据集，其样本数据的属性信息见表 9-3，根据所给的数据对其进行 DBSCAN 计算，设 $n=12$，$\varepsilon=1$，MinPts$=4$。

表 9-3 样本数据集

序号	属性 1	属性 2	序号	属性 1	属性 2
1	2	1	7	5	2
2	5	1	8	6	2
3	1	2	9	1	3
4	2	2	10	2	3
5	3	2	11	5	3
6	4	2	12	2	4

DBSCAN 计算过程见表 9-4。

表 9-4 DBSCAN 计算过程

步骤	选择的点	在 ε 中点的个数	通过计算可达点而找到的新簇
1	1	2	无
2	2	2	无
3	3	3	无
4	4	5	簇 C_1：$\{1,3,4,5,9,10,12\}$
5	5	3	已在一个簇 C_1 中
6	6	3	无
7	7	5	簇 C_2：$\{2,6,7,8,11\}$

续表

步骤	选择的点	在 ϵ 中点的个数	通过计算可达点而找到的新簇
8	8	2	已在一个簇 C_2 中
9	9	3	已在一个簇 C_1 中
10	10	4	已在一个簇 C_1 中
11	11	2	已在一个簇 C_2 中
12	12	2	已在一个簇 C_1 中

9.4.2　Python 实现 DBSCAN 密度聚类

sklearn.cluster 库提供了 DBSCAN 模型来实现 DBSCAN 聚类。DBSCAN 模型的语法格式如下。

```
DBSCAN(eps=0.5, min_samples=5, metric='euclidean', algorithm='auto', leaf_
size=30, p=None, n_jobs=1)
```

参数说明如下。

eps：ϵ 参数，float 型，可选，用于确定邻域大小。

min_samples：int 型，MinPts 参数，用于判断核心对象。

metric：string 型，用于计算特征向量之间的距离，可以用默认的欧氏距离，还可以自己定义距离函数。

algorithm：{'auto', 'ball_tree', 'kd_tree', 'brute'}，最近邻搜索算法参数，默认为 auto，brute 是蛮力实现，kd_tree 是 kd 树实现，ball_tree 是球树实现，auto 则会在 3 种算法中做权衡，选择一个最好的算法。

leaf_size：int 型，默认为 30，控制 kd 树或者球树中叶子中的最小样本个数。这个值越小，生成的 kd 树或者球树越大，层数越深，建树时间越长，反之，则生成的 kd 树或者球树会小，层数较浅，建树时间较短。

p：最近邻距离度量参数。只用于闵可夫斯基距离和带权重闵可夫斯基距离中 p 值的选择，$p=1$ 为曼哈顿距离，$p=2$ 为欧式距离。

n_jobs：整型，指定计算所用的进程数。若该值为 -1，则用所有的 CPU 进行运算。若该值为 1，则不进行并行运算，这样方便调试。

DBSCAN 模型的属性如下。

core_sample_indices_：核心点的索引，核心样本在原始训练集中的位置。

components_：返回核心点，数据类型为 array，shape $=$ [n_core_samples, n_features]。

labels_：返回每个点所属簇的标签，数据类型为 array，shape $=$ [n_samples]，-1 代表噪声。

DBSCAN 模型的方法如下。

fit(X[,y,sample_weight])：训练模型。

fit_predict($X[,y,sample\_weight]$)：训练模型并预测每个样本所属的簇标记。

下面给出 DBSCAN 算法的应用举例。

```
>>>from sklearn.cluster import DBSCAN
>>>from sklearn.datasets.samples_generator import make_blobs
>>>from sklearn.preprocessing import StandardScaler
>>>import matplotlib.pyplot as plt
>>>centers =[[1, 1], [-1, -1], [1, -1]]
#生成样本数据
>>>X, labels_true =make_blobs(n_samples=200, centers=centers, cluster_std=
0.4)
>>>db =DBSCAN(eps=0.3, min_samples=10,metric='euclidean')        #创建模型
>>>db.fit_predict(X)                        #训练模型并预测每个样本所属的簇标记
>>>db.labels_                               #返回每个点所属簇的标签
array([0, -1, 0, 2, 1, 1, -1, 1, 1, 0, 2, -1, 1, 1, 1, 1,
      -1, -1, 1, 0, 0, 0, 2, 1, -1, 2, 2, 1, 0, 2, 2, -1, 0,
      ..............................................................,
       0, 2, 2, 2, -1, 1, 2, -1, 1, 1, -1, -1, 0], dtype=int64)
>>>db.core_sample_indices_ #返回核心点的索引
array([ 2, 4, 5, 7, 9, 13, 14, 15, 16, 19, 22, 24, 26,
      31, 33, 36, 37, 40, 41, 43, 44, 47, 49, 51, 60, 64,
      66, 67, 70, 72, 78, 79, 80, 81, 82, 84, 89, 90, 91,
      92, 93, 94, 96, 101, 108, 109, 112, 113, 116, 125, 126, 128,
      130, 131, 134, 136, 137, 139, 140, 143, 144, 145, 147, 151, 152,
      153, 155, 156, 159, 162, 166, 169, 170, 171, 172, 174, 177, 178,
      179, 184, 188, 189, 190, 192, 193, 196, dtype=int64)
                                        #绘制 DBSCAN 聚类结果
>>>plt.scatter(X[db.labels_==0,0],X[db.labels_==0,1],c='r', marker='o',
edgecolors='r', s=40, label='cluster 1')
>>>plt.scatter(X[db.labels_==1,0],X[db.labels_==1,1],c='b',marker='s',
edgecolors='b',s=40,label='cluster 2')
>>>plt.scatter(X[db.labels_==2,0],X[db.labels_==2,1],c='purple',marker=
'*',edgecolors='purple',s=40,label='cluster 3')
>>>plt.legend()
>>>plt.show()                            #显示 DBSCAN 聚类的结果,如图 9-14 所示
```

下面给出使用 DBSCAN 对鸢尾花数据集进行聚类的代码实现。

```
>>>import matplotlib.pyplot as plt
>>>import numpy as np
>>>from sklearn import datasets
>>>from sklearn.cluster import DBSCAN
>>>iris =datasets.load_iris()
>>>X =iris.data[:, [0,2]]                #表示只取特征空间中的两个维度
>>>print(X.shape)
```

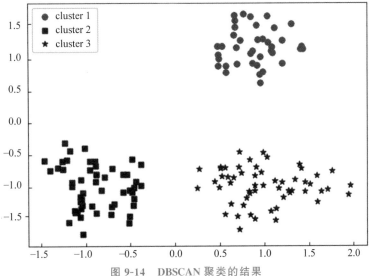

图 9-14　DBSCAN 聚类的结果

```
(150, 2)
>>> dbscan =DBSCAN(eps=0.3, min_samples=6)  #创建模型
>>> dbscan.fit(X)                           #训练模型
>>> dbscan.labels_ #返回每个点所属簇的标签,可看出聚成了两个簇
array([ 0,  0,  0,   0,  0,  0,   0, 0,  0,   0, 0, 0, 0,    0, -1,  0,   0,
        0,  0,  0,   0,  0, -1,   0, 0,  0,   0, 0, 0, 0,    0,  0,  0,   0,
        0,  0,  0,   0,  0,  0,   0, 0,  0,   0, 0, 0, 0,    0,  0,  0,   1,
        1,  1,  1,   1,  1,  1,  -1, 1, -1,  -1, 1, 1, 1,    1,  1,  1,   1,
        1,  1,  1,   1,  1,  1,   1, 1,  1,   1, 1, 1, 1,    1,  1,  1,   1,
        1,  1,  1,   1,  1,  1,   1, 1, -1,   1, 1, 1, 1,   -1,  1,  1,   1,
        1,  1,  1,  -1, -1,  1,   1, 1,  1,   1, 1, 1, 1,    1,  1, -1,  -1,
        1,  1,  1,  -1,  1,  1,   1, 1,  1,   1, 1, 1, -1,   1,  1,  1,  -1,
        1,  1,  1,   1,  1,  1,   1, 1,  1,   1, 1, 1, 1,    1]),
      dtype=int64)
#绘制 DBSCAN 结果
>>> x0 =X[dbscan.labels_ ==0]
>>> x1 =X[dbscan.labels_ ==1]
>>> x2 =X[dbscan.labels_ ==2]
>>> plt.scatter(x0[:, 0], x0[:, 1], c="", marker='o', edgecolors='red', label=
'label0')
>>> plt.scatter(x1[:, 0], x1[:, 1], c="", marker=' * ', edgecolors='blue', label
='label1')
>>> plt.scatter(x2[:, 0], x2[:, 1], c="k", marker='+', label='label2')
>>> plt.xlabel('sepal length')
>>> plt.ylabel('petal length')
>>> plt.legend()
>>> plt.show()             #显示 DBSCAN 对鸢尾花数据集聚类的结果,如图 9-15 所示
```

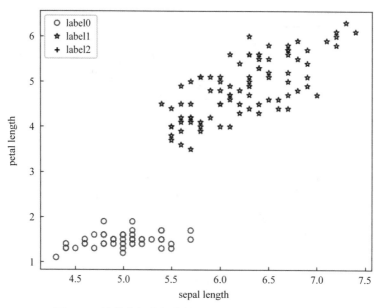

图 9-15 按花萼长度与花瓣长度 DBSCAN 聚类的结果

9.5 本章小结

本章主要介绍聚类。首先介绍了聚类概念、聚类方法类型、聚类的应用领域;然后介绍了 k 均值聚类原理,并给出鸢尾花 k 均值聚类的 Python 实现;接着介绍了层次聚类原理,并给出凝聚层次聚类的 Python 实现、BIRCH 聚类的 Python 实现;最后介绍了密度聚类原理,并给出 DBSCAN 密度聚类的 Python 实现。

第
10
章

人工神经网络

人工神经网络从信息处理角度对人脑神经元网络进行抽象,建立运算模型,由大量的结点(或称神经元)相互连接构成网络,每个结点代表一种特定的输出函数,称为激励函数。每两个连接结点间的连接权重代表该连接对信号的加权,这相当于人工神经网络的记忆。人工神经网络应用广泛,除用于模式识别外,还可用于求解函数的极值、自动控制等问题。

10.1 神经元

10.1.1 神经元概述

人的大脑中有数十亿个称为神经元的细胞,它们互相连接形成一个神经网络。人工神经网络是对生物神经网络的模拟,它的基本工作单元是人工神经元。

生物学上的神经元结构如图 10-1 所示。人类大脑神经元细胞的树突用于接收来自外部的多个强度不同的刺激,并在神经元细胞体内进行处理,然后将其转化为一个输出结果。神经元有兴奋和抑制两种状态。一般情况下,大多数的神经元处于抑制状态,但是一旦某个神经元受到刺激,导致它的电位超过一个阈值,那么这个神经元就会被激活,处于"兴奋"状态,进而向其他的神经元传播化学物质。神经元可被理解为生物大脑中神经网络的子结点,输入信号抵达

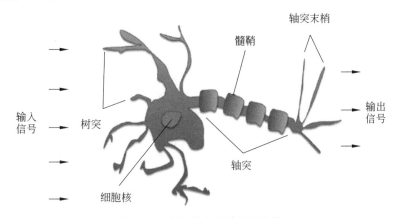

图 10-1 生物学上的神经元结构

树突并在神经细胞体内聚集,当聚集的信号强度超过一定的阈值,就会产生一个输出信号,并通过轴突进行传递,传递给下一个神经元。

人工神经元是对生物神经元的抽象与模拟,所谓抽象是从数学角度而言的,所谓模拟是从其结构和功能角度而言的。人工神经元是人工神经网络操作的基本信息处理单位,m 个输入特征(可以是来自其他 m 个神经元传递过来的输入信号)的人工神经元模型如图 10-2 所示,这就是所谓的"M-P 神经元模型"(McCulloch and Pitts,1943),是开创性的人工神经元模型,它将复杂的生物神经元活动通过简单的数学模型表示出来。从图 10-2 中可以看出,神经元先获得 m 个输入,这些输入通过带权重的连接进行传递,神经元将接收到的各个输入进行加权求和得到总输入值(也称叠加起来的刺激强度),之后与神经元的阈值进行比较,然后通过激活函数处理以产生神经元的输出值。

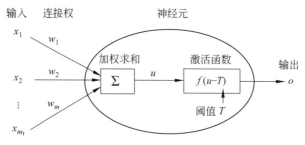

图 10-2 m 个输入特征的人工神经元模型

人工神经元模型可以看成由 3 种基本元素组成。

(1)一组连接权值,权值可以取正值,也可以取负值,权值为正表示激活,权值为负表示抑制。w_i 是输入特征 x_i 对应的连接权值,代表了特征 x_i 的重要程度,影响输入 x_i 的刺激强度。

(2)一个加法器,用于求输入信号的加权和。

(3)一个激活函数,用来限制神经元输出振幅。激活函数也称为压制函数,因为它将输入信号压制(限制)到允许范围之内的一定值。通常,一个神经元输出的正常幅度范围可以写成单位闭区间[0.1],或者另一种区间[−1,1]。

另外,可以给一个神经元模型加一个外部偏置(阈值),记为 T,其作用是影响输出结果。一个人工神经元可以用以下公式表示:

$$u = \sum_{i=1}^{m} w_i x_i$$
$$o = f(u - T)$$

其中 $x_i(i=1,2,\cdots,m)$ 为输入信号;w_i 为连接权值;m 为输入信号的数目;u 为输入信号与连接权值的乘积和;$f()$ 为激活函数;T 为神经元的偏置(阈值);o 为神经元输出信号。

10.1.2   激活函数

神经元的不同模型主要区别在于采用了不同的激活函数,从而使神经元具有不同的信息处理特性。神经元的信息处理特性是决定人工神经网络整体性能的要素。激活函数的选取具有重要意义。神经元的激活函数反映了神经元输出与其激活状态之间的关系。常用的激活函数有以下 4 种形式。

1. 阈值型激活函数

图 10-3(a)、(b)为阈值型激活函数,当 $f(x)$ 的函数值只取 0 或 1 时,$f(x)$ 为图 10-3(a)所示的单位阶跃函数:

$$f(x)=\begin{cases}1, & x\geqslant 0\\ 0, & x<0\end{cases}$$

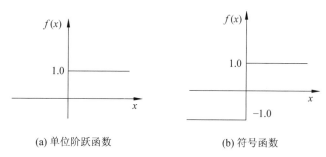

(a) 单位阶跃函数　　　　　　(b) 符号函数

图 10-3　阈值型激活函数

使用该激活函数的神经元称为阈值型神经元,经典的 M-P 模型就属于这一类。函数中的自变量 x 代表 $u-T$,当 $u\geqslant T$ 时,即神经元输入的加权和 u 达到或超过给定的阈值 T 时,神经元为兴奋状态,输出为 1;当 $u<T$ 时,即神经元输入的加权和不超过给定的阈值时,该神经元不被激活,神经元为抑制状态,输出为 0。阶跃函数通常只在单层感知器上有用,单层感知器是神经网络的早期形式,可用于分类线性可分的数据。单位阶跃可用于二元分类任务,其输出为 1(若输入加权和高于特定阈值)或 0(若输入加权和低于特定阈值)。

当 $f(x)$ 的函数值只取 -1 或 1 时,$f(x)$ 为图 10-3(b)所示的 sgn(符号函数):

$$\mathrm{sgn}(x)=f(x)=\begin{cases}1, & x\geqslant 0\\ -1, & x<0\end{cases}$$

然而,阶跃函数具有不连续、不光滑等不太好的性质,因此实际常用 Sigmoid 函数作为激活函数。

2. Sigmoid 函数

Sigmoid 函数的定义如下。

$$f(x)=\frac{1}{1+\mathrm{e}^{-x}}$$

Sigmoid 函数是连续可导函数,该函数的导数 $f'(x)=f(x)(1-f(x))$。Sigmoid 函数曲线如图 10-4 所示,其把较大范围内变化的输入值压缩到 $(0,1)$ 输出值范围内,因此,实际应用中可以把 Sigmoid 的结果当成概率值。

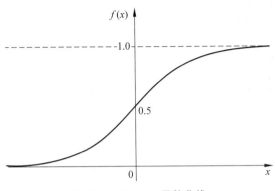

图 10-4　Sigmoid 函数曲线

Sigmoid 函数的导数 $f'(x)=f(x)(1-f(x))$ 的函数图像如图 10-5 所示。

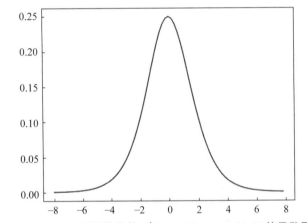

图 10-5　Sigmoid 函数的导数 $f'(x)=f(x)(1-f(x))$ 的函数图像

对于 Sigmoid 函数：

(1) 当 x 值非常大或者非常小时，Sigmoid 函数的导数 $f'(x)$ 将接近 0，这会导致权重 w 的梯度接近 0，使得梯度更新十分缓慢，即梯度消失(Sigmoid 函数值都在 0～1，此时 Sigmoid 函数的导数值在 0.2～0.25，一层层传递下去，缩小的程度越来越大)。

(2) 若 Sigmoid 函数的输出不是以 0 为均值(均值为 0.5)，将不便于下层的计算。Sigmoid 函数可用在网络最后一层，作为输出层进行二分类，尽量不在隐藏层。

3. tanh 函数

tanh 函数是拉伸过的 Sigmoid 函数，以零为中心。tanh 函数比 Sigmoid 激活函数收敛得更快。tanh 函数的定义如下：

$$f(x)=\tanh(x)=\frac{e^{x}-e^{-x}}{e^{x}+e^{-x}}=\frac{1-e^{-2x}}{1+e^{-2x}}=\frac{2}{1+e^{-2x}}-1$$

tanh 函数的图像如图 10-6 所示。tanh 函数的值域为(−1，1)，tanh 函数在 0 附近很短一段区域内可看作线性的。由于 tanh 函数的均值为 0，因此弥补了 Sigmoid 函数均值为 0.5 的缺点。

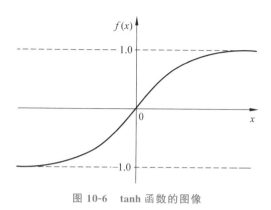

图 10-6　tanh 函数的图像

tanh 函数的缺点同 Sigmoid 函数的第一个缺点,当 x 很大或很小时,$f'(x)$ 接近于 0,会导致梯度很小,权重更新非常缓慢,但它解决了 Sigmoid 函数的不是以 0 为均值输出问题。

4. ReLU 函数

ReLU(Rectified Linear Unit,修正线性单元)函数的训练速度比 tanh 函数快 6 倍。ReLU 是目前使用最频繁的一个函数。当输入值小于零时,输出值为零。当输入值大于或等于零时,输出值等于输入值。当输入值为正数时,导数为 1。ReLU 函数的定义如下。

$$f(x) = \max(0,x) = \begin{cases} x, & x \geqslant 0 \\ 0, & x < 0 \end{cases}$$

ReLU 函数的图像如图 10-7 所示。

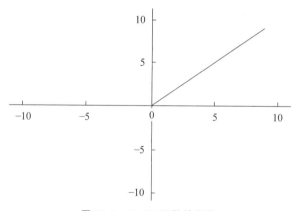

图 10-7　ReLU 函数的图像

由函数图像和表达式可以很清楚地看到,当输入值小于或等于 0 时,输出 0;当输入值大于 0 时,输出的值与输入值相同。

ReLU 函数的优点如下。

（1）在输入为正数的时候（对于大多数输入 x 空间来说），不存在梯度消失问题。

（2）计算速度要快很多。ReLU 函数只有线性关系，不管是前向传播还是反向传播，都比 Sigmod 和 tanh 函数要快很多（Sigmod 和 tanh 函数要计算指数，计算速度比较慢）。

（3）收敛速度远快于 Sigmoid 和 tanh 函数。

ReLU 函数的缺点如下。

（1）当输入为负时，梯度为 0，会产生梯度消失问题。

（2）Dead ReLU 问题，指的是某些神经元可能永远不会被激活，导致相应的参数永远不能被更新。主要有两个原因可能导致这种情况产生：①非常不幸的参数初始化，这种情况比较少见；②学习速率太高导致神经元在训练过程中参数更新太大。

5. Leaky ReLU 函数

Leaky ReLU 函数让单元未激活时能有一个很小的非零梯度。这里，很小的非零梯度是 0.01。Leaky ReLU 函数的定义如下。

$$f(x) = \begin{cases} x, & x \geqslant 0 \\ 0.01x, & x < 0 \end{cases}$$

Leaky ReLU 函数解决了 ReLU 函数在输入为负的情况下产生的梯度消失问题。

6. ELU 函数

ELU（Exponential Linear Unit，指数线性单元）尝试加快学习速度。基于 ELU，有可能得到比 ReLU 更高的分类精确度。

$$f(x) = \begin{cases} x, & x \geqslant 0 \\ \alpha(e^x - 1), & x < 0 \end{cases}$$

这里，α 是一个超参数（限制：$\alpha \geqslant 0$）。

ELU 和 Leaky ReLU 函数类似，都是为了解决 ReLU 梯度消失的问题，理论上 ELU 好于 ReLU，但在实际使用中并没有证据证明 ELU 总是优于 ReLU，且实际使用中还是以 ReLU 为主。

10.2　感知器

感知器

感知器是美国学者弗兰克-罗森布拉特在研究大脑的存储、学习和认知过程中提出的一类具有自学习能力的神经网络模型。根据网络中拥有的计算单元的层数的不同，感知器可以分为单层感知器和多层感知器。

10.2.1　感知器模型

单层感知器是指只有一层处理单元的感知器，如果包括输入层在内，应为两层，其拓扑结构如图 10-8 所示。

图 10-8 中的输入层也称感知层，有 n 个神经元结点，这些结点只负责引入外部信息，

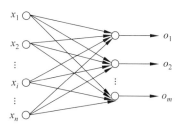

图 10-8　单层感知器

自身无信息处理能力,每个结点接收一个输入信号,n 个输入信号构成输入列向量 $\boldsymbol{X}$。输出层也称为处理层,有 m 个神经元结点,每个结点均具有信息处理能力,m 个结点向外部输出处理信息,构成输出列向量 $\boldsymbol{O}$。输入层各输入神经元到输出神经元 j 的连接权值用权值列向量 $\boldsymbol{W}_j$ 表示,$j=1,2,\ldots,m$,m 个权值列向量构成单层感知器的权值矩阵 $\boldsymbol{W}$。3 个列向量分别表示为

$$\boldsymbol{X}=(x_1,x_2,\cdots,x_i,\cdots,x_n)^{\mathrm{T}}$$
$$\boldsymbol{O}=(o_1,o_2,\cdots,o_i,\cdots,o_m)^{\mathrm{T}}$$
$$\boldsymbol{W}_j=(w_{1j},w_{2j},\cdots,w_{ij},\cdots,w_{nj})^{\mathrm{T}}$$

假设各输出神经元的阈值分别是 $T_j(j=1,2,\cdots,m)$,输出层中任一神经元 j 的净输入 net_j' 为来自输入层各神经元的输入加权和

$$\mathrm{net}_j'=\sum_{i=1}^{n}w_{ij}x_i$$

输出 o_j 由输出神经元的激活函数决定,离散型单层感知器的激活函数一般采用符号函数,o_j 具体表示如下。

$$o_j=\mathrm{sgn}(\mathrm{net}_j'-T_j)$$

如果令 $x_0=-1$,$w_{0j}=T_j$,则有 $-T_j=x_0w_{0j}$,因此,净输入与阈值之差可表示为

$$\mathrm{net}_j'-T_j=\mathrm{net}_j=\sum_{i=0}^{n}w_{ij}x_i=\boldsymbol{W}_j^{\mathrm{T}}X$$

其中,$\boldsymbol{X}=(x_0,x_1,x_2,\cdots,x_i,\cdots,x_n)^{\mathrm{T}}$,$\boldsymbol{W}_j=(w_{0j},w_{1j},w_{2j},\cdots,w_{ij},\cdots,w_{nj})^{\mathrm{T}}$,采用此约定后,这时单层感知器的神经元模型可简化为

$$o_j=\mathrm{sgn}(\mathrm{net}_j)=\mathrm{sgn}\Big(\sum_{i=0}^{n}w_{ij}x_i\Big)=\mathrm{sgn}(\boldsymbol{W}_j^{\mathrm{T}}\boldsymbol{X})$$

本章后面内容约定净输入指的是 net_j,与原来净输入 net_j' 的区别是 net_j 包含了阈值。

10.2.2　感知器学习算法

弗兰克-罗森布拉特基于神经元模型提出了第一个感知器(称为罗森布拉特感知器)学习规则,并给出一个自学习算法,此算法可以自动通过优化得到输入神经元和输出神经元之间的权重系数,此系数与输入神经元的输入值的乘积决定了输出神经元是否被激活。在监督学习与分类中,该类算法可用于预测样本所属的类别。若把其看作一个二分类任

务,则可把两类分别记为 1(正类别)和−1(负类别)。

为便于直观分析,考虑图 10-9 中只有一个输出神经元的感知器情况,输出神经元的

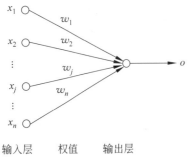

输入层　　权值　　输出层
图 10-9　一个输出神经元的感知器

阈值设为 T。不难看出,一个输出神经元的感知器实际上就是一个 M-P 神经元模型。

图 10-9 中,感知器实现样本的线性分类的主要过程是:将一个输入样本的属性数据 x_1、x_2、$\cdots$、x_n 与相应的权值 w_0、w_1、$\cdots$、w_n 分别相乘,乘积相加后再与阈值 T 相减,相减的结果通过激活函数 sgn( ) 进行处理,当相减的结果小于 0 时,sgn( ) 函数的函数值为−1;当相减的结果大于或等于 0 时,sgn( ) 函数的函数值为 1。这样,根据 sgn( ) 函数的输出值 o,把样本数据分成两类,设 $\boldsymbol{W}=(w_0,w_1,w_2,\cdots,w_i,$

$\cdots,w_n)^{\mathrm{T}}$,sgn( )函数的数学形式表示如下:

$$\mathrm{sgn}\Big(\sum_{i=1}^{n}w_ix_i-T\Big)=\mathrm{sgn}\Big(\sum_{i=0}^{n}w_ix_i\Big)=\mathrm{sgn}(\boldsymbol{W}^{\mathrm{T}}\boldsymbol{X})=\begin{cases}1,&\sum_{i=0}^{n}w_ix_i\geqslant 0\\[2mm]-1,&\sum_{i=0}^{n}w_ix_i<0\end{cases}$$

弗兰克-罗森布拉特感知器最初的学习规则(训练算法)比较简单,考虑到训练过程就是感知器连接权值随每一个输出调整改变的过程,为此,用 t 表示学习步的序号,权值看作 t 的函数,$t=0$ 对应学习开始前的初始状态,此时对应的连接权值为初始化权值。弗兰克-罗森布拉特感知器最初的学习规则主要包括以下步骤。

(1) 将权值 $w_0(0)$、$w_1(0)$、$w_n(0)$ 初始化为一个非零随机数。

(2) 输入样本对 $\{\boldsymbol{X}^i,d^i\}$,其中 $\boldsymbol{X}^i=(-1,x_1^i,x_2^i,\cdots,x_n^i)$ 为输入样本的属性数据,d^i 为输入样本的属性数据的期望输出(也称监督信号、教师信号),上标 i 代表样本的序号,即第 i 个样本,设样本集中的样本总数为 m,则 $i=1,2,\cdots,m$。

(3) 计算输出神经元的实际输出 $o^i(t)=\mathrm{sgn}(\boldsymbol{W}^{\mathrm{T}}(t)\boldsymbol{X}^i)$。

(4) 调整输入神经元与输出神经元之间的连接权值,$\boldsymbol{W}(t+1)=\boldsymbol{W}(t)+\eta[d^i-o^i(t)]\boldsymbol{X}$,其中 η 为学习速率,用于控制调整速度,η 值太大会影响训练的稳定性,η 值太小则使训练的收敛速度变慢,一般取 $0<\eta\leqslant 1$ 的数。

(5) 返回到步骤(2)输入下一对样本。

以上步骤周而复始,直到感知器对所有样本的实际输出与期望输出相等为止。

许多学者已经证明,如果输入样本线性可分,无论感知器的初始权向量如何取值,经过有限次调整后,总能稳定到一个权向量,该权向量确定的超平面能将两类样本正确分开。可以看到,能将样本正确分类的权向量并不是唯一的,一般初始权向量不同,训练过程和所得到的结果也不同,但都能满足期望输出与实际输出之间的误差为零的要求。

【例 10-1】　某输出神经元感知器连接 3 个输入神经元,给定 3 对训练样本如下。

$$\boldsymbol{X}^1=(-1,1,-2,0)^{\mathrm{T}}\quad d^1=-1$$

$$\mathbf{X}^2 = (-1,0,1.5,-0.5)^{\mathrm{T}} d^2 = -1$$
$$\mathbf{X}^3 = (-1,-1,1,0.5)^{\mathrm{T}} d^3 = 1$$

设初始权向量 $\mathbf{W}(0) = (0.5,1,1,0.5)^{\mathrm{T}}$，$\eta = 0.1$。注意，输入向量中第一个分量 x_0 恒等于 -1，权向量中第一个分量为阈值，试根据以上学习规则训练感知器。

解：

第 1 步，输入 $\mathbf{X}^1 = (-1,1,-2,0)^{\mathrm{T}}$，得

$$\mathbf{W}^{\mathrm{T}}(0)\mathbf{X}^1 = (0.5,1,1,0.5)(-1,1,-2,0)^{\mathrm{T}} = -1.5$$
$$o^1(1) = \mathrm{sgn}(-1.5) = -1$$
$$\begin{aligned} \mathbf{W}(1) &= \mathbf{W}(0) + \eta[d^1 - o^1(0)]\mathbf{X}^1 \\ &= (0.5,1,1,0.5)^{\mathrm{T}} + 0.1[-1-(-1)](-1,1,-2,0)^{\mathrm{T}} \\ &= (0.5,1,1,0.5)^{\mathrm{T}} \end{aligned}$$

$d^1 = o^1(1)$，所以 $\mathbf{W}(1) = \mathbf{W}(0)$

第 2 步，输入 $\mathbf{X}^2 = (-1,0,1.5,-0.5)^{\mathrm{T}}$，得

$$\mathbf{W}^{\mathrm{T}}(1)\mathbf{X}^2 = (0.5,1,1,0.5)(-1,0,1.5,-0.5)^{\mathrm{T}} = 0.75$$
$$o^2(2) = \mathrm{sgn}(0.75) = 1$$
$$\begin{aligned} \mathbf{W}(2) &= \mathbf{W}(1) + \eta[d^2 - o^2(2)]\mathbf{X}^2 \\ &= (0.5,1,1,0.5)^{\mathrm{T}} + 0.1[-1-1](-1,0,1.5,-0.5)^{\mathrm{T}} \\ &= (0.7,1,0.7,0.6)^{\mathrm{T}} \end{aligned}$$

第 3 步，输入 $\mathbf{X}^3 = (-1,-1,1,0.5)^{\mathrm{T}}$，得

$$\mathbf{W}^{\mathrm{T}}(2)\mathbf{X}^3 = (0.7,1,0.7,0.6)(-1,-1,1,0.5)^{\mathrm{T}} = -0.7$$
$$o^3(3) = \mathrm{sgn}(-0.7) = -1$$
$$\begin{aligned} \mathbf{W}(3) &= \mathbf{W}(2) + \eta[d^3 - o^3(3)]\mathbf{X}^3 \\ &= (0.7,1,0.7,0.6)^{\mathrm{T}} + 0.1[1-(-1)](-1,-1,1,0.5)^{\mathrm{T}} \\ &= (0.5,0.8,0.9,0.7)^{\mathrm{T}} \end{aligned}$$

第 4 步，继续输入 $\mathbf{X}$ 进行训练，直到 $d^i - o^i = 0, i = 1,2,3$。

【例 10-2】 用一个输出神经元的感知器实现逻辑"与"功能。

解： 逻辑"与"的真值表见表 10-1。

表 10-1 逻辑"与"的真值表

x_1	x_2	y	x_1	x_2	y
0	0	0	1	0	0
0	1	0	1	1	1

从逻辑"与"的真值表可以看出，4 个二维输入样本的输出真值有两种情况：一种使输出为 0；另一种使输出为 1。由于输出值分为两类，因此属于分类问题。用感知器学习规则进行训练，将得到的能够将两类输入样本线性分开的一组连接权值标在图 10-10 中。令包含阈值的净输入为零，可得到分类判决方程为

$$0.5x_1 + 0.5x_2 - 0.7 = 0$$

判决方程对应的分界线对样本的分类如图 10-11 所示。

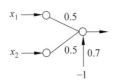
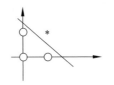

图 10-10　"与"逻辑感知器　　　图 10-11　"与"运算的分类

实际上,满足图 10-9 所示条件的参数有无数多个。例如,$(w_0,w_1,w_2)=(0.8,0.5,0.5)$,或者 $(w_0,w_1,w_2)=(0.75,0.5,0.5)$ 时也满足与门条件。

【例 10-3】　用一个输出神经元的感知器实现逻辑"或"功能。

解：逻辑"或"的真值表见表 10-2。

表 10-2　逻辑"或"的真值表

x_1	x_2	y	x_1	x_2	y
0	0	0	1	0	1
0	1	1	1	1	1

从逻辑"或"的真值表中可以看出,4 个二维输入样本的输出真值也分为两类:一类使输出为 0;另一类使输出为 1。用感知器学习规则进行,得到的一组连接权值为 $(w_0,w_1,w_2)=(0.5,1,1)$,令净输入为零,得到的分类判决方程为

$$x_1+x_2-0.5=0$$

该直线能把图 10-12 中的两类样本分开。显然,该直线也不是唯一解。

图 10-12　"或"运算的分类

【例 10-4】　用一个输出神经元的感知器实现逻辑"与非"功能。

解："与非"就是颠倒了逻辑"与"的输出。逻辑"与非"的真值表见表 10-3,仅当 x_1 和 x_2 同时为 1 时输出 0,其他时候输出 1。

表 10-3　逻辑"与非"的真值表

x_1	x_2	y	x_1	x_2	y
0	0	1	1	0	1
0	1	1	1	1	0

从逻辑"与非"的真值表中可以看出,4 个二维输入样本的输出真值也分为两类:一类使输出为 0;另一类使输出为 1。用感知器学习规则进行,得到的一组连接权值为 $(w_0,w_1,w_2)=(-0.7,-0.5,-0.5)$,令净输入为零,得到的分类判决方程为

$$-0.5x_1-0.5x_2+0.7=0$$

显然,该直线也不是唯一解。

10.2.3　Python 实现感知器学习算法

使用面向对象编程的方式,通过定义一个感知器类来实现感知器的分类功能,使用定义的感知器类实例化一个对象,通过对象调用在感知器类中定义的 fit()方法从数据中学习权重,通过对象调用在感知器类中定义的 predict()方法预测样本的类标。定义的感知器类所在文件命名为 Perceptron.py,其内容如下。

```python
import numpy as np
#eta 是学习速率, n_iter 是迭代次数
#errors_用来记录每次迭代错误分类的样本数
#w_是权重
class Perceptron(object):                          #定义感知器类
    def __init__(self,eta=0.01,n_iter=10):         #初始化方法
        self.eta=eta                               #定义学习速率 eta 为类的对象属性
        self.n_iter=n_iter                         #定义权重向量的训练次数为类的对象属性

    def fit(self,X,y):
'''定义属性权重并初始化为一个长度为 m+1 的一维 0 向量,m 为特征数量,1
        为增加的 0 权重列(即阈值)
'''
        self.w_=np.zeros(1+X.shape[1])             #X 的列数+1
        self.errors_=[]              #初始化错误列表,用来记录每次迭代错误分类样本数量
        for k in range(self.n_iter):               #迭代次数
            errors=0
            for xi,target in zip(X,y):
                #计算预测值与实际值之间的误差,再乘以学习速率
                update=self.eta * (target-self.predict(xi))
                self.w_[1:]+=update * xi           #更新属性权重
                self.w_[0]+=update * 1             #更新阈值
                errors +=int(update!=0)            #记录这次迭代的错误分类数
            self.errors_.append(errors)
        return self

    def input(self,X):               #计算属性、权重的数量积,结合阈值得到激活函数的输入
        X_dot=np.dot(X,self.w_[1:])+self.w_[0]
        return X_dot                               #返回激活函数的输入

    #定义预测函数
    def predict(self,X):
        #若 self.input(X)>=0.0,则 target_pred 的值为 1,否则为-1
        target_pred=1 if self.input(X)>=0.0 else -1
        return target_pred
```

在使用感知器实现线性分类时,首先通过 Perceptron 类实例化一个对象,在实例化

时指定学习速率 eta 的大小和在训练集上进行迭代的最大次数 n_iter 的大小,然后通过调用实例化对象的 fit()方法进行样本数据的学习,即通过样本数据训练模型。

在对模型进行训练之前,首先初始化权重,然后通过 fit()方法训练模型更新权重。在更新权重的过程中使用了 predict()方法计算样本属性数据的类标,在完成模型训练后,该方法用来预测未知数据的类标。此外,在每次迭代过程中,记录每轮迭代中错误分类的样本数量,并将其存放在 self.errors_ 列表中,以便后续用于评价感知器性能的好坏,或用于根据设置的错误分类样本数量的阈值决定何时终止训练。

10.2.4 使用感知器分类鸢尾花数据

为了测试前面定义的感知器算法的好坏,下面从鸢尾花数据集中挑选山鸢尾(Setosa)和变色鸢尾(Versicolor)两种花的 SepalLength(萼片长度)、PetalLength(花瓣长度)作为特征数据。虽然感知器并不将样本数据的特征数量限定为两个,但出于可视化的原因,这里只考虑数据集中的 SepalLength(萼片长度)和 PetalLength(花瓣长度)这两个特征。

可以从网络上下载鸢尾花数据集,也可以通过从机器学习库 sklearn.datasets 直接加载 iris 数据集。

```
>>> import matplotlib.pyplot as plt
>>> import matplotlib
>>> matplotlib.rcParams['font.family'] = 'STSong'    #STSong 为华文宋体
>>> import numpy as np
>>> from sklearn.datasets import load_iris
>>> iris = load_iris()
>>> data = iris.data                                 #特征数据
>>> target = iris.target                             #类标数据
>>> data[0:5]                                        #显示前 5 行特征数据
array([[5.1, 3.5, 1.4, 0.2],
       [4.9, 3. , 1.4, 0.2],
       [4.7, 3.2, 1.3, 0.2],
       [4.6, 3.1, 1.5, 0.2],
       [5. , 3.6, 1.4, 0.2]])
>>> target[0:5]                                      #显示前 5 行类标数据
array([0, 0, 0, 0, 0])
>>> target[95:100]                                   #显示后 5 行类标数据
array([1, 1, 1, 1, 1])
```

接下来,从中提取 100 个类标,其中包括 50 个山鸢尾类标和 50 个变色鸢尾类标,并将这些类标分别用-1 和 1 替代,提取 100 个训练样本的第一个特征列(萼片长度)和第三个特征列(花瓣长度),然后据此绘制散点图。

```
>>> X = data[0:100,[0,2]]                #获取前 100 条数据的第 1 列和第 3 列
>>> y = target[0:100]                    #获取类别属性数据的前 100 条数据
```

```
>>>label =np.array(y)
>>>index_0 =np.where(label==0)                    #获取 label 中数据值为 0 的索引
>>>plt.scatter(X[index_0,0],X[index_0,1],marker= 'x',color ='k',label ='山鸢
尾')
<matplotlib.collections.PathCollection object at 0x0000000019607748>
>>>index_1 =np.where(label==1)                    #获取 label 中数据值为 1 的索引
>>>plt.scatter(X[index_1,0],X[index_1,1],marker='o',color ='k',label ='变色鸢
尾')
<matplotlib.collections.PathCollection object at 0x0000000019607BA8>
>>>plt.xlabel('萼片长度',fontsize=13)
Text(0.5,0,'萼片长度')
>>>plt.ylabel('花瓣长度',fontsize=13)
Text(0,0.5,'花瓣长度')
>>>plt.legend(loc ='lower right')
<matplotlib.legend.Legend object at 0x0000000019607B38>
>>>plt.show()                                      #显示绘制的散点图,如图 10-13 所示
```

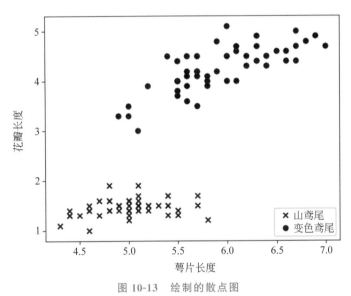

图 10-13　绘制的散点图

　　下面利用抽取出的鸢尾花数据子集训练前面定义的感知器模型,最后绘制出每次迭代的错误分类样本数量的折线图,以查看算法是否收敛。

```
y=np.where(y==0,-1,1)
ppn=Perceptron(eta=0.1,n_iter=10)
ppn.fit(X,y)
plt.plot(range(1,len(ppn.errors_)+1),ppn.errors_,marker='o',color ='k')
plt.xlabel('迭代次数',fontsize=13)
plt.ylabel('错误分类样本数量',fontsize=13)
plt.show()
```

运行上述代码,输出结果如图 10-14 所示。

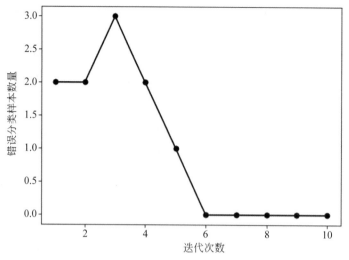

图 10-14　错误分类样本数量

如图 10-14 所示,线性分类器在第 6 次迭代后就已经收敛,具备了对训练样本进行正确分类的能力。

10.2.5　单层感知器的局限性

由 10.2.2 节中的 3 个例子可知,单层感知器可实现逻辑"与"、逻辑"或"和逻辑"与非"功能。那么,它是否也具有"异或"功能呢?

逻辑"异或"的真值表见表 10-4。

表 10-4　逻辑"异或"的真值表

x_1	x_2	y	x_1	x_2	y
0	0	0	1	0	1
0	1	1	1	1	0

表 10-4 中的 4 个二维输入样本也分为两类,把它们标在图 10-15 所示的平面坐标系中可以发现,任何直线都不可能把两类样本分开。

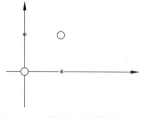

图 10-15　异或"问题线性不可分

如果两类样本可以用直线、平面或超平面分开,则称为线性可分,否则称为线性不可分。由感知器分类的几何意义可知,由于净输入为零确定的分类判决方程是线性方程,因而它只能解决线性可分问题。由此可知,单计算层感知器的局限性:仅对线性可分问题具有分类能力。

10.3　BP 神经网络

单计算层感知器只能解决线性可分问题,克服单计算层感知器这一局限性的有效办法是,在输入层与输出层之间引入隐层作为输入模式的"内部表示",将单计算层感知器变成多计算层感知器,称为多层感知器(Multilayer Perceptron,MLP)网络,也叫人工神经网络(Artificial Neural Network,ANN)。MLP 并没有规定隐层的数量,可以根据需求设置合适的隐层层数。MLP 对输出层神经元的个数也没有限制,可以根据需求设置合适的输出层个数。

【例 10-5】　用两个计算层解决"异或"问题。

解:用图 10-16 所示的两计算层感知器就能解决异或问题。激活函数:

$$f(x)=\begin{cases}1, & x\geqslant 0\\ 0, & x<0\end{cases}$$

对于输入 $(0,1)$,$f_1(0+1-0.5)=1$,$f_2(-0-1+1.5)=1$,$f_3(1+1-1.5)=1$

对于输入 $(1,0)$,$f_1(1+0-0.5)=1$,$f_2(-1-0+1.5)=1$,$f_3(1+1-1.5)=1$

对于输入 $(0,0)$,$f_1(0+0-0.5)=0$,$f_2(-0-0+1.5)=1$,$f_3(0+1-1.5)=0$

对于输入 $(1,1)$,$f_1(1+1-0.5)=1$,$f_2(-1-1+1.5)=0$,$f_3(1+0-1.5)=0$

如图 10-17 所示,位于阴影区域的两个点判断类别为 1,阴影区域外边的两个点判别类别为 0,由于 $f_1=x_1+x_2-0.5$ 和 $f_2=-x_1-x_2+1.5$ 正是阴影区域的两条边界线,就 f_1 而言,在 f_1 左下方的点都为负,在 f_1 右上方的点都为正,再看 f_2,如果 f_2 是 $x_1+x_2-1.5$,其对直线两边的点的正负取值与 f_1 相同,左下方为负,右上方为正,但这里对 f_2 取了相反数,所以,对于 f_2 而言,f_2 左下方为正,右上方为负,这样的话,对于阴影区域的点来说,它们代入 f_1,f_2 永远为正,从而由 Sigmoid 函数可以得到两个 1,而对于阴影区域外的点,它们的 f_1、f_2 永远一正一负,从而 Sigmoid 函数永远得到一个 1 和一个 0,这样,对于输入 $(0,1)$、$(1,0)$、$(0,0)$ 和 $(1,1)$,得到 3 个 1 和一个 0,从而转化为一个简单的线性可分问题,从而分类。

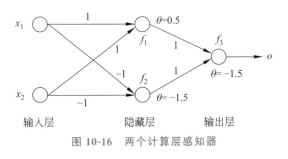

图 10-16　两个计算层感知器

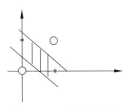

图 10-17　"异或"分类

10.3.1　BP 神经网络模型

BP(back propagation)神经网络由 Rumelhart 和 McClelland 为首的科学家提出,是一种按照误差逆向传播算法训练的多层前馈神经网络,是目前

BP 神经网络模型

应用较广泛的神经网络模型之一。

以图 10-18 所示的单隐层神经网络的应用最普遍，一般将单隐层神经网络称为三层神经网络，它包括输入层（第 1 层）、隐藏层（第 2 层）和输出层（第 3 层）。

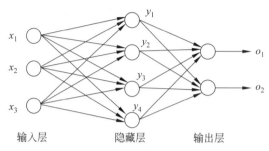

图 10-18　三层 BP 神经网络

从图 10-17 可以看到，每层神经元与下一层神经元是全连接的，神经元之间不存在同层连接，也不存在跨层连接，这样的神经网络结构通常称为"多层前馈神经网络"（multi-layer feedforward neural networks），或者多层感知器（Multilayer Perceptron，MLP）。多层感知器的第 1 层是输入层，有 3 个神经元，其仅接收外界输入信号，不进行函数处理，输入向量为 $\boldsymbol{X} = (x_1, x_2, x_3)^{\mathrm{T}}$，设 $x_0 = -1$，是为隐层神经元引入阈值而设置的；中间是隐藏层，有 4 个神经元，分别接收各输入信号的加权和，隐层输出向量为 $\boldsymbol{Y} = (y_1, y_2, y_3, y_4)^{\mathrm{T}}$，设 $y_0 = -1$，是为输出层神经元引入阈值而设置的；第三层是输出层，有 2 个神经元，分别接收 $\boldsymbol{Y}$ 的各分量的加权和，输出层输出向量为 $\boldsymbol{O} = (o_1, o_2)^{\mathrm{T}}$；期望输出向量为 $\boldsymbol{d} = (d_1, d_2)^{\mathrm{T}}$；隐藏层与输出层的神经元对信号进行加工，最终结果由输出层神经元输出。第一层到第二层之间的权重矩阵用 $\boldsymbol{W}^{(1)} = (\boldsymbol{W}_1^{(1)}, \boldsymbol{W}_2^{(1)}, \boldsymbol{W}_3^{(1)}, \boldsymbol{W}_4^{(1)})$ 表示，其中列向量 $\boldsymbol{W}_j^{(1)}$ 为第二层第 j 个神经元对应的权重向量，是第一层所有神经元到第 j 个神经元的连接权重。第二层到第三层的权重矩阵为 $\boldsymbol{W}^{(2)} = (\boldsymbol{W}_1^{(2)}, \boldsymbol{W}_2^{(2)})$。

下面分析各层信号之间的数学关系。

对于输出层，有

$$o_k = f(\mathrm{net}_k) \quad k = 1, 2$$

$$\mathrm{net}_k = \sum_{j=0}^{4} w_{jk}^{(2)} y_j \quad k = 1, 2$$

对于隐藏层，有

$$y_j = f(\mathrm{net}_j) \quad j = 1, 2, 3, 4$$

$$\mathrm{net}_j = \sum_{i=0}^{3} w_{ij}^{(1)} x_i \quad j = 1, 2, 3, 4$$

以上两式中，激活函数 $f(x)$ 均为单极性 Sigmoid 函数：

$$f(x) = \frac{1}{1 + \mathrm{e}^{-x}}$$

$f(x)$ 具有连续、可导的特点，且有 $f'(x) = f(x)(1 - f(x))$。

上述前 5 个式子共同构成了三层 BP 神经网络的数学模型。

10.3.2　BP 神经网络学习算法

BP 神经网络学习的过程就是在外界输入样本的刺激下不断改变网络的连接权重的过程,以使网络的输出不断地接近期望的输出。

BP 学习算法由输入样本的前向计算(正向传播)和误差信号的反向传播两个过程构成。正向传播过程为:输入样本→输入层→隐层→输出层,每层神经元的状态只影响下一层神经元。若输出层的实际输出与期望输出不符,则转向误差信号的反向传播过程,修正神经单元之间的连接权重。学习过程持续进行,直到网络输出的误差减少到可接受的程度,或进行到预先设定的学习次数为止。

下面以三层感知器为例介绍 BP 学习算法,然后所得结论可推广到一般多层感知器的情况。

设 BP 网络的输入层有 n 个神经元,隐藏层有 m 个神经元,输出层有 l 个神经元,第一层到第二层之间的权重矩阵用 $\boldsymbol{W}^{(1)}=(\boldsymbol{W}_1^{(1)},\boldsymbol{W}_2^{(1)},\cdots,\boldsymbol{W}_m^{(1)})$ 表示,其中列向量 $\boldsymbol{W}_j^{(1)}$ 为第二层第 j 个神经元对应的权重向量,是第一层所有神经元到第 j 个神经元的连接权重。第二层到第三层的权重矩阵为 $\boldsymbol{W}^{(2)}=(\boldsymbol{W}_1^{(2)},\boldsymbol{W}_2^{(2)},\cdots,\boldsymbol{W}_l^{(2)})$。

当网络输出与期望输出不等时,设它们之间的误差为 E,定义如下

$$E=\frac{1}{2}(\boldsymbol{d}-\boldsymbol{O})^2$$

$$=\frac{1}{2}\sum_{k=1}^{l}(d_k-o_k)^2$$

将上述误差定义式展开至隐藏层,有

$$E=\frac{1}{2}\sum_{k=1}^{l}\left[d_k-f(\mathrm{net}_k)\right]^2$$

$$=\frac{1}{2}\sum_{k=1}^{l}\left[d_k-f\left(\sum_{j=0}^{m}w_{jk}^{(2)}y_j\right)\right]^2$$

进一步展开至输入层,有

$$E=\frac{1}{2}\sum_{k=1}^{l}\left\{d_k-f\left[\sum_{j=0}^{m}w_{jk}^{(2)}f(\mathrm{net}_j)\right]\right\}^2$$

$$=\frac{1}{2}\sum_{k=1}^{l}\left\{d_k-f\left[\sum_{j=0}^{m}w_{jk}^{(2)}f\left(\sum_{i=0}^{n}w_{ij}^{(1)}x_i\right)\right]\right\}^2$$

由上式可以看出,网络输出与期望输出的误差是各层神经元之间的连接权重 $\boldsymbol{W}_{jk}^{(2)}$、$\boldsymbol{W}_{ij}^{(1)}$ 的函数,因此,调整权重可改变误差 E。

显然,调整权重的原则是使误差 E 不断地减小,E 趋近于 0,表示实际输出与期望输出更加接近。所以,多层感知器的训练过程就是不断调整连接权重,以使误差函数值趋近于 0。多层感知器使用误差反向传播算法进行权重调整。误差反向传播算法通过比较实际输出和期望输出得到误差信号,把误差信号从输出层逐层向前传播得到各层的误差信号,再通过调整各层的连接权重以减小误差。

BP 算法基于梯度下降策略调整权重,以误差的负梯度方向对权重进行调整,使权重

的调整量与误差的梯度下降成正比,即

$$\Delta w_{jk}^{(2)} = -\eta \frac{\partial E}{\partial w_{jk}^{(2)}} \quad j=0,1,2,\cdots,m;k=1,2,\cdots,l$$

$$\Delta w_{ij}^{(1)} = -\eta \frac{\partial E}{\partial w_{ij}^{(1)}} \quad i=0,1,2,\cdots,n;j=1,2,\cdots,m$$

式中,负号表示负梯度方向;$\eta \in (0,1)$表示学习速率,控制着算法每一轮迭代中的更新步长,若其太大,则容易振荡,若其太小,则收敛速度太慢。

下面给出具体的权值调整计算式。

对于输出层,调整权重的公式可写为

$$
\begin{aligned}
\Delta w_{jk}^{(2)} &= -\eta \frac{\partial E}{\partial w_{jk}^{(2)}} \\
&= -\eta \frac{\partial E}{\partial \mathrm{net}_k} \frac{\partial \mathrm{net}_k}{\partial w_{jk}^{(2)}} \\
&= -\eta \frac{\partial E}{\partial o_k} \frac{\partial o_k}{\partial \mathrm{net}_k} y_j \\
&= -\eta \frac{\partial E}{\partial o_k} f'(\mathrm{net}_k) y_j \\
&= -\eta [-(d_k - o_k)] f'(\mathrm{net}_k) y_j \\
&= -\eta [-(d_k - o_k)] f(\mathrm{net}_k)[1 - f(\mathrm{net}_k)] y_j \\
&= -\eta [-(d_k - o_k)] o_k [1 - o_k] y_j \\
&= \eta (d_k - o_k) o_k (1 - o_k) y_j
\end{aligned}
$$

对于隐藏层,调整权重的公式可写为

$$
\begin{aligned}
\Delta w_{ij}^{(1)} &= -\eta \frac{\partial E}{\partial w_{ij}^{(1)}} \\
&= -\eta \frac{\partial E}{\partial \mathrm{net}_j} \frac{\partial \mathrm{net}_j}{\partial w_{ij}^{(1)}} \\
&= -\eta \frac{\partial E}{\partial y_j} \cdot \frac{\partial y_j}{\partial \mathrm{net}_j} x_i \\
&= -\eta \frac{\partial E}{\partial y_j} f'(\mathrm{net}_j) x_i \\
&= -\eta \Big[-\sum_{k=1}^{l} (d_k - o_k) f'(\mathrm{net}_k) w_{jk}^{(2)} \Big] f'(\mathrm{net}_j) x_i \\
&= \eta \Big(\sum_{k=1}^{l} (d_k - o_k) f'(\mathrm{net}_k) w_{jk}^{(2)} \Big) f'(\mathrm{net}_j) x_i \\
&= \eta \Big(\sum_{k=1}^{l} (d_k - o_k) o_k (1 - o_k) w_{jk}^{(2)} \Big) f(\mathrm{net}_j)[1 - f(\mathrm{net}_j)] x_i \\
&= \eta \Big(\sum_{k=1}^{l} (d_k - o_k) o_k (1 - o_k) w_{jk}^{(2)} \Big) y_j (1 - y_j) x_i
\end{aligned}
$$

至此,得到三层感知器的 BP 学习算法权值调整计算公式。

10.3.3　用 BP 神经网络实现鸢尾花分类

实现鸢尾花分类的 BP 神经网络的代码如下。

```python
import math
import random
import pandas as pd
import numpy as np
flowerLables ={0: 'Iris-setosa', 1: 'Iris-versicolor', 2: 'Iris-virginica'}
random.seed(0)
#函数 sigmoid
def sigmoid(x):
    return 1.0 / (1.0 +math.exp(-x))


#函数 sigmoid 的导数
def dsigmoid(x):
    return x * (1 - x)


class BP:
    """ 三层反向传播神经网络 """
    def __init__(self, ni, nh, no):
        #输入层、隐藏层、输出层的结点(数)
        self.ni =ni +1       #输入层增加一个偏差结点,是为隐藏层神经元引入阈值而设置的
        self.nh =nh +1       #隐藏层增加一个偏差结点,是为输出层神经元引入阈值而设置的
        self.no =no

        self.ti =[1.0] * self.ni         #输入层所有结点阈值
        self.th =[1.0] * self.nh         #隐藏层所有结点阈值
        self.to =[1.0] * self.no         #输出层所有结点阈值

        self.wi =np.full((self.ni, self.nh),0.0)      #建立输入层到隐藏层的权重矩阵
        self.wo =np.full((self.nh, self.no),0.0)      #建立隐藏层到输出层的权重矩阵

        #将权值矩阵的元素设为随机值
        for i in range(self.ni):
            for j in range(self.nh):
                self.wi[i][j] =np.random.random()
        for j in range(self.nh):
            for k in range(self.no):
                self.wo[j][k] =np.random.random()

    def update(self, inputs):
        if len(inputs) !=self.ni -1:
            raise ValueError('输入数据的特征个数与输入层结点数不符!')
```

```python
                #输入层输出
                for i in range(self.ni -1):
                    self.ti[i] =inputs[i]                #输入神经元原样输出
                #隐藏层输出
                for j in range(self.nh):
                    sum =0.0
                    for i in range(self.ni):
                        sum =sum +self.ti[i] * self.wi[i][j]
                    self.th[j] =sigmoid(sum)             #计算隐藏层神经元的输出
                #输出层输出
                for k in range(self.no):
                    sum =0.0
                    for j in range(self.nh):
                        sum =sum +self.th[j] * self.wo[j][k]
                    self.to[k] =sigmoid(sum)             #计算输出层神经元的输出
                return self.to[:]                        #返回输出神经元的实际输出


            def backPropagate(self, targets, lr):
                """ 反向传播 """
                #计算输出层的误差
                output_deltas =[0.0] * self.no
                for k in range(self.no):
                    error =targets[k] -self.to[k]
                    output_deltas[k] =dsigmoid(self.to[k]) * error
                    #Δw_{jk}^{(2)} =η(d_k - o_k) f'(net_k) y_j
                #计算隐藏层的误差
                hidden_deltas =[0.0] * self.nh
                for j in range(self.nh):
                    error =0.0
                    for k in range(self.no):
                        error =error +output_deltas[k] * self.wo[j][k]
                    hidden_deltas[j] =dsigmoid(self.th[j]) * error
                    #Δw_{ij}^{(1)} =η(Σ_{k=1}^{l}(d_k - o_k) f'(net_k) w_{jk}^{(2)}) f'(net_j) x_i
                #更新输出层权重
                for j in range(self.nh):
                    for k in range(self.no):
                        change =output_deltas[k] * self.th[j]   #th[j]即 y_j
                        self.wo[j][k] =self.wo[j][k] +lr * change #lr * change 为 Δw_{jk}^{(2)}
                #更新输入层权重
                for i in range(self.ni):
                    for j in range(self.nh):
                        change =hidden_deltas[j] * self.ti[i]       #ti[i]即 x_i
                        self.wi[i][j] =self.wi[i][j] +lr * change #lr * change 为 Δw_{ij}^{(1)}
                #计算误差
```

```python
            error = 0.0
            error += 0.5 * (targets[k] - self.to[k]) ** 2
        return error

    def test(self, patterns):
        count = 0
        for p in patterns:
            target = flowerLables[(p[1].index(1))]
            result = self.update(p[0])
            index = result.index(max(result))
            print(p[0], ':', target, '->', flowerLables[index])
            count += (target == flowerLables[index])
        accuracy = float(count / len(patterns))
        print('accuracy: %-.9f' % accuracy)

    def weights(self):
        print('输入层权重:')
        for i in range(self.ni):
            print(self.wi[i])
        print()
        print('输出层权重:')
        for j in range(self.nh):
            print(self.wo[j])

    def train(self, patterns, iterations=1000, lr=0.1):
        # lr: 学习速率(learning rate)
        for i in range(iterations):
            error = 0.0
            for p in patterns:
                inputs = p[0]                # 获取 4 个特征数据
                targets = p[1]               # 获取花的类别数据,targets 的长度为 3
                self.update(inputs)          # 返回输出神经元的实际输出
                # 一轮迭代所有训练样本累计误差
                error = error + self.backPropagate(targets, lr)
            if i % 100 == 0:
                print('error: %-.9f' % error)

def iris():
    data = []
    # 读取数据
    raw = pd.read_csv('Iris.csv')
    raw_data = raw.values
    raw_feature = raw_data[0:, 0:4]
    for i in range(len(raw_feature)):
```

```python
        ele =[]
        ele.append(list(raw_feature[i]))
        if raw_data[i][4] =='Iris-setosa':
            ele.append([1, 0, 0])
        elif raw_data[i][4] =='Iris-versicolor':
            ele.append([0, 1, 0])
        else:
            ele.append([0, 0, 1])
        data.append(ele)
    #随机排列数据
    random.shuffle(data)
    training =data[0:100]
    test =data[101:]
    bp =BP(4, 7, 3)
    bp.train(training, iterations=10000)
    bp.test(test)


if __name__ =='__main__':
    iris()
```

运行上述代码,输出结果如下。

```
accuracy: 0.918367347
```

10.4 本章小结

本章主要介绍感知器分类。首先介绍了人工神经元与激活函数;接着介绍了感知器模型和感知器学习算法;然后介绍了 Python 实现感知器学习算法和使用感知器分类鸢尾花数据;最后介绍了 BP 神经网络模型、BP 神经网络学习算法、用 BP 神经网络实现鸢尾花分类。

第 11 章

OpenCV 图像识别

图像识别是指利用计算机对图像进行处理、分析和理解，以识别各种不同模式的目标和对象的技术。图像识别是以图像的主要特征为基础的。每个图像都有它的特征，如字母 A 有个尖，P 有个圈，而 Y 的中心有个锐角等。图像的主要特征集中在图像轮廓曲度最大或轮廓方向突然改变的地方，这些地方的信息量最大。

11.1　图像识别基础

11.1.1　图像表示

数字图像是连续的光信号经过传感器的采样在空间域上的表达。一副图像被定义为空间各个坐标点上色彩值(或强度)的集合。所以，用数学方法描述图像就有如下的表达式：

$$I = f(x, y, z, t) \tag{11-1}$$

式(11-1)中，(x, y, z)是空间坐标；t 是时间；I 表示图像强度(或颜色值)。

当研究的是静态、二维平面图像时，式(11-1)可简化为

$$I = f(x, y) \tag{11-2}$$

式(11-2)表明，一副静态平面图像可以用二维颜色值(强度)函数表示。

数字图像在计算机中保存为二维整数数组(也称为矩阵)，数组中的元素是二维图像中的像素，每个像素都用有限数值表示，对应二维空间中一个特定的位置。图像是由二维像素点组成的矩阵，通常每个像素点由 3 个元素组成——红、绿、蓝，这 3 个基本分量可以组成高清的图像。也可以把图像上的每个像素点理解为(x, y, z)这样的一个点，这个点定义在三维空间，分别代表红、绿、蓝分量。

存储图像的二维矩阵有时候被称为图像的分辨率，实际上代表图像的像素(样本点)的多少。例如，说一副图像的分辨率是 1024×768 像素，意味着该图像在水平方向上有 1024 像素，在垂直方向上有 768 像素。因而，也可以用像素的总数表示分辨率。但是，分辨率本质上是一个度量图像像素密集程度的参数，通常用每英寸像素(pixel per inch, ppi)数量表示。所以，分辨率指单位面积或

长度上的像素的数量。显然,分辨率取决于像素之间的间隔,如果像素之间的距离越小,说明像素越密,分辨率越高,反之,则分辨率越低。可以看出,分辨率是用来度量图像、刻画细节的能力的一个概念。

同样,各种显示或打印设备也有其分辨率,用于描述其显示或打印能力。例如,说某种型号的电视机具有 4K 的分辨率,即表示该电视机在一定的像素间隔下,水平方向上可以显示 3840 像素,而垂直方向上可以显示 2160 像素。3840×2160 是符合 16∶9 宽高比的 4K 标准。有些电视或摄像机的 4K 是指 4096×2160。

显示器或电视机的屏幕可以做得比较大,也可以做小点,如果都是 4K 的显示分辨率,屏幕面积小的显示器,像素点之间的间隔小一些,画面看上去更加细腻;反之,屏幕面积大的显示器,像素之间的间隔也比较大,画面可能出现细小的间隔,看上去就没有那么连贯细腻了,可以说清晰度低一些。

总而言之,分辨率这个词有多种含义,一般情况下用于表示图像的像素多少,或者表示图像的大小(以像素为单位)。同时,严格来说,分辨率是指图像或设备的表示或显示能力,用单位面积或长度上的像素数量表示。

11.1.2 图像颜色模型

所谓颜色模型,是指颜色取值的表示方式或数学描述。常用的颜色模型是 RGB 模型。

人们发现通过不同强度的红、绿、蓝 3 种基本色光可以合成任何其他颜色,并且在技术上实现了这种解决方案。因此,如果一种颜色模型能够表示红、绿、蓝 3 种基本色光的强度,实际上就表示了任何颜色。这正是 RGB 颜色模型的由来。

RGB 颜色模型又称红绿蓝三原色模型,它是一种基于自然界任何颜色都可以由 3 种原色(红色、绿色和蓝色)的色光以不同的比例相加而成的原理提出的颜色模型。

RGB 颜色模型可以看作三维直角坐标颜色系统中的一个单位正方体,如图 11-1 所示。任何一种颜色在 RGB 颜色空间中都可以用三维空间中的一个点表示。

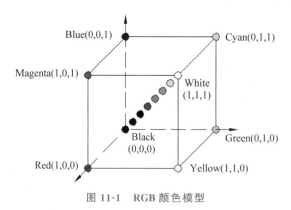

图 11-1　RGB 颜色模型

在 RGB 颜色空间上,当 3 个基色的亮度值为零时,即在原点处,就显示为黑色。当 3 种基色都达到最高亮度时(在点(1,1,1)处),1 看作归一化的最大取值,就表现为白色。

在连接黑色与白色的对角线上,颜色会从黑到白呈逐渐过渡状态,这些颜色称为灰度色,是由亮度等量的三基色混合而成的。任一颜色 F 是这个立方体坐标中的一点,调整三色系数 R、G、B 中的任一系数(表示含有相应颜色成分的多少)都会改变 F 的坐标值,即改变 F 的色值。例如,对于含有 256 个等级的红色,0 表示不含红色成分,255 表示含有 100% 的红色成分。同样,绿色和蓝色也可以划分为 256 个等级,这样每种原色可以用 8 位二进制数据表示,于是 3 原色总共需要 24 位二进制数,这样能够表示出的颜色种类数目为 $256 \times 256 \times 256 = 2^{24}$,常见颜色的 RGB 组合值见表 11-1。

表 11-1　常见颜色的 RGB 组合值

颜色	R	G	B
红	255	0	0
蓝	0	0	255
绿	0	255	0
黄	255	255	0
紫	255	0	255
青	0	255	255
白	255	255	255
黑	0	0	0
灰	128	128	128

未经压缩的原始 BMP 文件就是使用 RGB 标准给出的 3 个数值存储图像数据的,称为 RGB 图像。在 RGB 图像中每个元素都用 24 位二进制数表示,故也称为 24 位真彩色图像。

假设将像素的顺序定义为:蓝、绿、红,那么就可以定义一个像素点为(blue,green,red)。每个图像由大量的像素点组成,那么就得到了一个 H×W×3 的矩阵(H 为高,W 为宽,"3"表示像素点的数值,由 3 个基本分量组成)。OpenCV 图像算法库中的图片就是以 RGB 的形式存储的,对图像矩阵也是这么定义的。

我们看一下 OpenCV 中存储图片的形式,图 11-2 是按照 BGR 顺序存储的 RGB 颜色模型的图片,每个格子表示一个像素点,可以将整个图片拆分为蓝色、绿色、红色 3 种颜色的矩阵,如图 11-3 所示。

通过图 11-2 和图 11-3,知道了 OpenCV 存储图片的形式。Python 环境的 OpenCV 库存储颜色的数据结构就是 ndarray 类型。OpenCV 将图片读取进来,经过解码后以 ndarray 形式存储。

```
>>> import cv2
>>> import numpy as np
>>> image = cv2.imread(r"D:\Python\lena.jpg")
                                    #使用 cv2 的 imread()方法读入一个图片
```

0,128,255	0,0,0	255,255,128
0,122,255	0,0,0	0,0,0
128,255,10	255,255,128	0,255,0

图 11-2　OpenCV 中按 BGR 顺序存储的彩色图片

0	0	255
0	0	0
128	255	0

B

128	0	255
122	0	0
255	255	255

G

255	0	128
255	0	0
10	128	0

R

图 11-3　将彩色图片拆分成 3 个颜色通道存储的形式

```
>>>type(image)                          #查看 image 的数据类型
<class 'numpy.ndarray'>
>>>image.shape                          #查看 image 数据的存储维度
(304, 304, 3)
#将存储图片的 image 的数据内容打印出来,可以看到图片数据的存储形式
>>>print(image)
[[[133 207 249]
  [ 55 123 188]
  [ 69 129 229]
  ...
  [ 74 101 157]
  [ 56 84 131]
  [194 222 255]]
  ...
  [208 206 226]
  [187 185 204]
  [227 223 242]]]
#将存储图片数据的 image 变量以"lena1.jpg"为文件名写到磁盘中,保存为一张图片
#其返回值结果为 True 代表写入成功,反之代表写入失败
>>>cv2.imwrite(r"D:\mypython\lena1.jpg",image)
True
```

注意：OpenCV 判断图片的格式是通过扩展名实现的，所以，在使用 OpenCV 的时候要注意图片文件的扩展名。

11.2　OpenCV 计算机视觉库

OpenCV 计算机视觉库

OpenCV 于 1999 年由 Intel 建立，如今由 Willow Garage 提供支持。OpenCV 是一个基于 BSD 许可（开源）发行的跨平台计算机视觉库，可以运行在 Linux、Windows、MacOS 操作系统上。它提供了 Python、C++、Java、MATLAB 等语言的接口，实现了图像处理和计算机视觉方面的很多通用算法。

11.2.1　安装 OpenCV

在 Python 的安装文件的 Scripts 文件夹下直接使用"pip install opencv-python"命令安装 OpenCV。安装 opencv-python 库的命令界面如图 11-4 所示。

图 11-4　安装 opencv-python 库的命令界面

安装完成之后，在命令行格式的 Python 的＞＞＞提示符后面输入"import cv2"，按 Enter 键执行后，若没有提示 no module 错误，则表示安装成功。

11.2.2　OpenCV 的主要功能模块

OpenCV 已经进入 3.0 时代，在 2.2 版本之后 OpenCV 包含 12 个模块，具体介绍如下。

opencv_core：核心功能模块，包括基本结构、算法、线性代数、离散傅里叶变换、XML 和 YML 文件 I/O 等。

opencv_imgpro：图像处理模块，包括滤波、高斯模糊、形态学处理、几何变换、颜色空间转换及直方图计算等。

opencv_highgui：高层用户交互模块，包括 GUI、图像与视频 I/O 等。

opencv_ml：机器学习模块，包括支持向量机、决策树、boosting 方法（一种用来提高弱分类器准确度的算法）。

opencv_features2d：二维特征检测与描述模块，包括图像特征检测、描述、匹配等。

opencv_video：视频模块，包括光流法、背景减除、目标跟踪等。

opencv_objdetect：目标检测模块，包括基于 Haar 特征或 LBP（local binary patterns）特征的人脸检测、基于 HOG（history of oriented gradient）特征的人体检测。

opencv_calib3d：3D 模块，包括摄像机标定、立体匹配、3D 重建等。

opencv_flann：FLANN（Fast Library for Approximate Nearest Neighbors），聚类及

多维空间搜索库。

opencv_contrib：新贡献的模块，包含一些开发者新贡献出来的尚不成熟的代码。

opencv_legacy：遗留模块，包括一些过期的代码，用于保持前后兼容。

opencv_gpu：GPU 加速模块，包括一些可以利用 CUDA 进行加速的函数。

11.2.3　OpenCV 读入、显示与保存图像

1. 读入图像

使用函数 cv2.imread(filepath,flags)读入一幅图像。

参数说明如下。

filepath：要读入的图像的路径。

flags：读入图像的方式。cv2.IMREAD_COLOR，默认参数，以彩色形式读入，将图像调整为 3 通道的 BGR 图像；cv2.IMREAD_GRAYSCALE，以灰度形式读入；cv2.IMREAD_UNCHANGED，以原图形式读入。注意：如果觉得以上标识太麻烦，可以简单地使用 1,0,-1 代替。

```
>>> import cv2
#以灰度形式加载一幅彩色图像
>>> img = cv2.imread('lena.jpg',cv2.IMREAD_GRAYSCALE)
>>> cv2.imshow('image',img)                    #显示加载的灰度图像,如图 11-5 所示
```

图 11-5　灰度图像

2. 显示图像

使用函数 cv2.imshow(wname,img)显示图像，第一个参数指定显示图像的窗口的名字，第二个参数是要显示的图像(imread 读入的图像)。窗口大小自动调整为图像大小。

使用函数 cv2.waitkey(delaytime)指定 cv2.imshow(wname,img)显示图像的时间，等待键盘输入，单位为毫秒，即等待指定的毫秒数 delaytime 看期间是否有键盘输入，若

在等待时间内按键,则返回按键的 ASCII 码;若在 delaytime 时间内未按任何键,则返回
—1。参数为 0 表示无限等待,按任意键退出。

　　cv2.destroyAllWindow():销毁所有窗口。

　　cv2.destroyWindow(wname):销毁指定窗口。

　　cv2.destroyAllWindow():使用的示例代码如下。

```
import cv2
img=cv2.imread(r"D:\Python\lena.jpg")
cv2.imshow("Image",img)
cv2.waitKey(0)
#释放窗口
cv2.destroyAllWindows()
```

3. 保存图像

　　使用函数 cv2.imwrite(file,img,num)保存一个图像。第一个参数表示保存的路径
及图片名,第二个参数是要保存的图像。第三个参数,可选,它针对特定的格式:对于
JPEG,其表示的是图像的质量,用 0~100 的整数表示,默认为 95;对于 PNG,第三个参数
表示的是压缩级别,默认为 3。

　　注意:

　　cv2.IMWRITE_JPEG_QUALITY 的类型为 long,必须转换成 int。

　　cv2.IMWRITE_PNG_COMPRESSION,从 0 到 9,压缩级别越高,图像越小。

　　cv2.imwrite('1.png',img, [int(cv2.IMWRITE_JPEG_QUALITY), 95])。

　　cv2.imwrite('1.png',img, [int(cv2.IMWRITE_PNG_COMPRESSION), 9])。

　　【例 11-1】　显示并保存彩色图像。

```
import cv2
img=cv2.imread('test.jpg',cv2.IMREAD_COLOR)          #读入彩色图像
cv2.imshow('image',img)#建立 image 窗口显示图像
cv2.imwrite('test.png',img)                          #保存图像
```

　　【例 11-2】　读入一幅图像,按"s"键保存后退出,若按其他任意键,则直接退出不
保存。

```
import cv2
img =cv2.imread('test.jpg',cv2.IMREAD_UNCHANGED)
cv2.imshow('image',img)
k =cv2.waitKey(0)
if k ==ord('s'):                                 #wait for 's' key to save and exit
    cv2.imwrite('test.png',img)
    cv2.destroyAllWindows()
else:
    cv2.destroyAllWindows()
```

11.2.4 OpenCV 图像颜色变换

图像的颜色变换有很多种,例如可以对彩色图像进行灰度化处理,调节图像的亮度和对比度,将图像转换成负片的形式等。这些操作都表现在对图像的颜色处理上。下面给出图像的几种常用颜色变换。

1. 颜色空间转换

OpenCV 中有多种色彩空间,包括 RGB、GRAY、HSV、YCrCb、HLS、XYZ、YUV、LAB 8 种,使用中经常遇到色彩空间的转换,这是因为在图像处理时,有些图像可能在 RGB 颜色空间转换不如到其他颜色空间转换清晰。可以使用色彩空间转换函数 cv2. cvtColor()进行色彩空间的转换,cvtColor 取 convert color 之意。cv2.cvtColor()函数的语法格式如下。

```
cv2.cvtColor(p1,p2)
```

参数说明如下。

p1 是需要转换的图像;

p2 是转换成的格式。

【例 11-3】 图像颜色格式转换。

```python
import matplotlib.pyplot as plt
import cv2
plt.figure(num="颜色转换")              #创建一个名为"颜色转换"的绘图对象
img_BGR =cv2.imread('lena.jpg')        #读入后的图像格式为 BGR
plt.subplot(3,3,1)                     #在 3×3 画布中的第 1 块区域显示图像
plt.imshow(img_BGR)
plt.axis('off')                        #不显示坐标尺寸
plt.title('BGR')                       #给第 1 块区域添加标题 BGR
#将 BGR 格式转换成 RGB 格式
img_RGB =cv2.cvtColor(img_BGR, cv2.COLOR_BGR2RGB)
plt.subplot(3,3,2)                     #在 3×3 画布中的第 2 块区域显示图像
plt.imshow(img_RGB)
plt.axis('off')
plt.title('RGB')
#将 BGR 格式的图像转换成灰度图像
img_GRAY =cv2.cvtColor(img_BGR, cv2.COLOR_BGR2GRAY)
plt.subplot(3,3,3)                     #在 3×3 画布中的第 3 块区域显示图像
plt.imshow(img_GRAY)
plt.axis('off')
plt.title('GRAY')
img_HSV =cv2.cvtColor(img_BGR, cv2.COLOR_BGR2HSV)
plt.subplot(3,3,4)                     #在 3×3 画布中的第 4 块区域显示图像
plt.imshow(img_HSV)
plt.axis('off')
```

```
plt.title('HSV')
img_YcrCb = cv2.cvtColor(img_BGR, cv2.COLOR_BGR2YCrCb)
plt.subplot(3,3,5)                    #在 3×3 画布中的第 5 块区域显示图像
plt.imshow(img_YcrCb)
plt.axis('off')
plt.title('YcrCb')
img_HLS = cv2.cvtColor(img_BGR, cv2.COLOR_BGR2HLS)
plt.subplot(3,3,6)                    #在 3×3 画布中的第 6 块区域显示图像
plt.imshow(img_HLS)
plt.axis('off')
plt.title('HLS')
img_XYZ = cv2.cvtColor(img_BGR, cv2.COLOR_BGR2XYZ)
plt.subplot(3,3,7)                    #在 3×3 画布中的第 7 块区域显示图像
plt.imshow(img_XYZ)
plt.axis('off')
plt.title('XYZ')
img_LAB = cv2.cvtColor(img_BGR, cv2.COLOR_BGR2LAB)
plt.subplot(3,3,8)                    #在 3×3 画布中的第 8 块区域显示图像
plt.imshow(img_LAB)
plt.axis('off')
plt.title('LAB')
img_YUV = cv2.cvtColor(img_BGR, cv2.COLOR_BGR2YUV)
plt.subplot(3,3,9)
plt.imshow(img_YUV)
plt.axis('off')
plt.title('YUV')
plt.show()
```

运行上述代码,输出不同格式的图像,如图 11-6 所示。

存储彩色图像的颜色模型大多都是 RGB 模型,将 3 个颜色通道的数据分别用矩阵存储。对于灰度图像来讲,没有 RGB 3 个不同的颜色通道,只有一个颜色通道,它的表现形式是一个矩阵。

彩色图像可以转换为灰度图像,虽然在转换为灰度图像的过程中会丢失颜色信息,但是却保留了图像的纹理、线条、轮廓等特征,这些特征往往比颜色特征更重要。

将彩色图像转换为灰度图像后,存储灰度图像所需的存储空间将会减少。相对于彩色图像,对灰度图像进行处理时的计算量将会减少很多,这在工程实践中非常重要。下面给出彩色图像与灰度图像的存储维度对比。

```
>>> import cv2
>>> img = cv2.imread(r"D:\Python\lena.jpg")
>>> img.shape                         #查看 img 数据的存储维度
(512, 512, 3)
#将 BGR 形式的图像转换为灰度图像
>>> gray_img=cv2.cvtColor(img,cv2.COLOR_BGR2GRAY)
>>> gray_img.shape                    #查看 gray_img 数据的存储维度
```

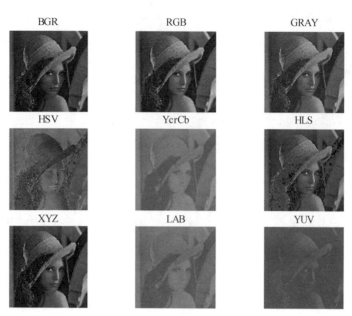

图 11-6　不同格式的图像

```
(512, 512)
#将灰度图像转换为 BGR 形式的图像
>>>img2 =cv2.cvtColor(gray_img,cv2.COLOR_GRAY2BGR)
>>>img2.shape
(512, 512, 3)
>>>print(img)
[[[ 76 113 197]
  [ 76 113 197]
  [ 77 114 198]
  ...
  [ 37 38 72]
  [ 37 39 74]
  [ 41 43 78]]]
#输出将灰度图像重新转换为 BGR 形式图像后的内容
>>>print(img2)
[[[134 134 134]
  [134 134 134]
  [135 135 135]
  ...
  [ 48 48 48]
  [ 49 49 49]
  [ 53 53 53]]]
```

　　从 print(img1)和 print(img2)的输出结果可以看出：将灰度图像 gray_img 再次转换为 BGR 形式的彩色图像后，发现转换后的图像无法恢复原先不同颜色通道的数值，

OpenCV 所采用的方法是将所有的颜色通道全都置成相同的数值,这个数值就是该点的灰度值。

2. 负片转换

负片转换在很多图像处理软件中也叫反色,其明暗与原图像相反,其色彩为原图像的补色。例如,颜色值 A 与颜色值 B 互为补色,则其数值的和为 255,即 RGB 图像中的某点颜色为 (0,0,255) 则其补色为 (255,255,0)。

由于负片的操作过程比较简单,因此 OpenCV 并没有单独封装负片函数,这里需要将一幅图像拆分为各个颜色通道矩阵,然后分别对每一个颜色通道矩阵进行处理,最后再将其重新组合为一幅图像,示例代码如下。

```python
import numpy as np
import cv2
img = cv2.imread(r"D:\Python\lena.jpg")   #读入图像
#获取高度和宽度,注意索引是高度在前,宽度在后
height = img.shape[0]
width = img.shape[1]
#生成一个空的三维数组,用于存放后续 3 个通道的数据
negative_file = np.zeros((height,width,3))
#将 BGR 形式存储的图像拆分成 3 个颜色通道,注意颜色通道的顺序是蓝、绿、红
b,g,r = cv2.split(img)
#进行负片化处理,求每个通道颜色的补色
r = 255 - r
b = 255 - b
g = 255 - g
#将处理后的结果赋值到前面生成的三维数组中
negative_file[:,:,0] = b
negative_file[:,:,1] = g
negative_file[:,:,2] = r
#将生成的反色图像数据保存为“.jpg”形式的图片
cv2.imwrite(r"D:\Python\lena1.jpg",negative_file)
```

原始图像 lena.jpg 如图 11-7 所示。运行上述代码,负片转换后的图像如图 11-8 所示。

图 11-7　原始图像 lena.jpg

图 11-8　负片转换后的图像

【例 11-4】 OpenCV 通道的拆分/合并。

```
import cv2
import matplotlib.pyplot as plt
plt.figure(num="通道的拆分/合并")        #创建一个名为"通道的拆分/合并"的绘图对象
img = cv2.imread('lena.jpg')
b, g, r = cv2.split(img)
merged = cv2.merge((b, g, r))
plt.subplot(2, 3, 1)                    #在 2×3 画布中的第 1 块区域显示图像
plt.imshow(img)
plt.title('BGR')                        #给第 1 块区域添加标题 BGR
plt.subplot(2, 3, 2)                    #在 2×3 画布中的第 2 块区域显示图像
plt.imshow( b)
plt.title('Blue')                       #给第 2 块区域添加标题 Blue
plt.subplot(2, 3, 3)                    #在 2×3 画布中的第 3 块区域显示图像
plt.imshow( g)
plt.title('Green')                      #给第 3 块区域添加标题 Green
plt.subplot(2, 3, 4)                    #在 2×3 画布中的第 4 块区域显示图像
plt.imshow(r)
plt.title('Red')                        #给第 4 块区域添加标题 Red
plt.subplot(2, 3, 5)                    #在 2×3 画布中的第 5 块区域显示图像
plt.imshow(merged)
plt.title('Merged')                     #给第 5 块区域添加标题 Merged
#将 BGR 格式转换成 RGB 格式
merged_RGB = cv2.cvtColor(merged, cv2.COLOR_BGR2RGB)
plt.subplot(2, 3, 6)                    #在 2×3 画布中的第 6 块区域显示图像
plt.imshow(merged_RGB)
plt.title('merged_RGB')                 #给第 6 块区域添加标题 merged_RGB
plt.show()
```

运行上述代码,各通道图像显示结果如图 11-9 所示。

11.2.5　OpenCV 图像裁剪

图像裁剪是在图像数据的矩阵中裁剪出部分矩阵作为新的图像数据,从而实现对图像的裁剪。

【例 11-5】 图片裁剪。

```
import cv2
import numpy as np
img = cv2.imread('changcheng.jpg')
print(img.shape)                        #输出结果为(216, 279, 3)
new_img = img[20:210, 40:270]
cv2.imwrite('changcheng1.jpg', new_img)
```

上述代码实现的过程是将原始的图像从第(20,40)个像素点的位置,裁剪到(210,

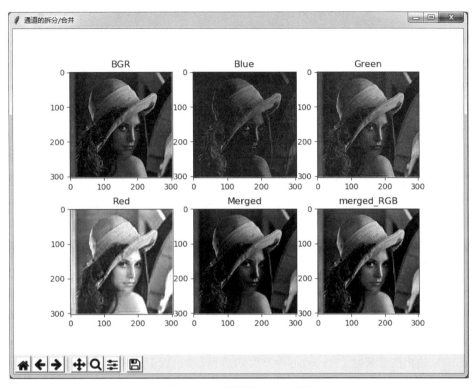

图 11-9　各通道图像显示结果

270）处，裁剪的形状是矩形。原始图像如图 11-10 所示，裁剪后的图像如图 11-11 所示，图像尺寸变小了。

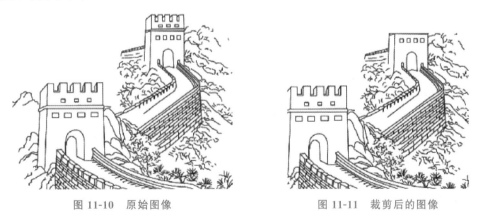

图 11-10　原始图像　　　　　　　　　　图 11-11　裁剪后的图像

11.2.6　OpenCV 图像的几何变换

　　图像的几何变换是指对图像中的图像像素点的位置进行变换的一种操作，它将一幅图像中的坐标位置映射到新的坐标位置，也就是改变像素点的空间位置。经过几何变换的图像，直观看就是其图像的形态发生了变化，例如常见的图像缩放、平移、旋转等都属于几何变换。

1. 图像缩放

假设一幅图像的大小是 100×100 像素,放大一倍后是 200×200 像素。图像中的每一个像素点位置可以看作一个点,也可以看作二维平面上的一个矢量。图像缩放本质上就是将每个像素点的矢量进行缩放,也就是将矢量 x 方向和 y 方向的坐标值缩放,也就是 $[x, y]$ 变成了 $[k_x x, k_y y]$,一般情况下 $k_x = k_y$,但很多时候它们也可以不相同,例如,将 100×100 像素的图像变成 400×300 像素的图像。图像缩放可表示成如下的矩阵乘法形式:

$$\begin{bmatrix} u \\ v \end{bmatrix} = \begin{bmatrix} k_x & 0 \\ 0 & k_y \end{bmatrix} \begin{bmatrix} x \\ y \end{bmatrix}$$

通过上述矩阵乘法,就把原图像上的每一个像素点映射到新图像上相应的像素点了。OpenCV 提供的 resize() 函数可实现图像缩放。resize() 函数的语法格式如下。

```
cv2.resize(src, dsize[, dst[, fx[, fy[, interpolation]]]])
```

参数说明如下。

src:原图像。

dsize:输出图像尺寸。当 dsize 为 0 时,它可以通过以下公式计算得出:

$$dsize = Size(round(fx \times src.cols), round(fy * src.rows))$$

所以,参数 dsize 和参数(fx, fy)不能同时为 0。

dst:输出图像。当参数 dsize 不为 0 时,dst 的大小为 dsize;否则,它的大小需要根据 src 的大小,以及参数 fx 和 fy 决定。dst 的类型(type)和 src 图像的类型相同。

fx:沿水平轴的比例因子。

fy:沿垂直轴的比例因子。

interpolation:插值方法。插值方法共有 5 种:cv.INTER_NEAREST,最近邻插值法,是最简单的插值算法,当然其效果也是最差的,该插值法的思想就是四舍五入,浮点坐标的像素值等于距离该点最近的输入图像的像素值,会造成图像的马赛克、锯齿等现象;INTER_LANCZOS4,基于 8×8 像素邻域的 Lanczos 插值;cv.INTER_LINEAR,双线性插值法(默认),它的插值效果比最邻近插值要好很多,主要思想是计算出浮点坐标像素近似值,计算方法是将包围浮点坐标的 4 个整数坐标的像素值按照一定的比例混合,混合比例为距离浮点坐标的距离;cv.INTER_CUBIC,基于 4×4 像素邻域的 3 次插值法;cv.INTER_AREA,基于局部像素的重采样(resampling using pixel area relation),对于图像抽取(image decimation)来说,这是一个好方法,但如果是放大图像时,它和最近邻插值法的效果类似。

【例 11-6】 使用 OpenCV 实现图像缩放。

```
import cv2
img = cv2.imread("lena.jpg")
height, width = img.shape[:2]
```

```
#缩小图像
dsize = (int(width * 0.5), int(height * 0.5))
shrink = cv2.resize(img, dsize, interpolation=cv2.INTER_AREA)
cv2.imwrite('shrink.jpg', shrink)
#放大图像
fx = 1.3
fy = 1.1
enlarge = cv2.resize(img, (0, 0), fx=fx, fy=fy, interpolation=cv2.INTER_CUBIC)
cv2.imwrite('enlarge.jpg', enlarge)
```

lena.jpg 与运行上述代码得到的 shrink.jpg、enlarge.jpg 分别如图 11-12～图 11-14 所示。

图 11-12　lena.jpg

图 11-13　shrink.jpg

图 11-14　enlarge.jpg

2. 图像平移与旋转

图像平移、旋转通过 cv2.warpAffine()函数实现,旋转时可以自定义或者利用 cv2.getRotationMatrix2D()函数获得旋转矩阵。

```
cv2.warpAffine(src,M,dsize,flags,borderMode,borderValue)
```

参数说明如下。

src：输入图像。

M：变换矩阵,反映平移或旋转的关系,为 InputArray 类型的 2×3 的变换矩阵。

dsize：输出图像的大小。

flags：插值方法。

borderMode：边界像素模式(int 类型)。

borderValue：边界填充值,默认值为 0。

【例 11-7】　图像平移。

在对图像作平移操作时,需创建如下 2 行 3 列的变换矩阵 **M**。**M** 矩阵则表示水平方向上的平移距离为 x,而竖直方向上的平移距离为 y。

$$\boldsymbol{M} = \begin{bmatrix} 1 & 0 & x \\ 0 & 1 & y \end{bmatrix}$$

```
import cv2
import numpy as np
img =cv2.imread('lena.jpg',1)
rows,cols,channels =img.shape
M =np.float32([[1,0,100],[0,1,50]])
dst =cv2.warpAffine(img,M,(cols,rows))
cv2.imshow('img',img)
cv2.imshow('dst',dst)
cv2.waitKey(0)
cv2.destroyAllWindows()
```

运行上述程序代码,得到的 img 窗口和 dst 窗口分别如图 11-15 和图 11-16 所示。

图 11-15　img 窗口

图 11-16　dst 窗口

【例 11-8】　图像旋转。

```
import cv2
import matplotlib.pyplot as plt
img =cv2.imread('lena.jpg')
img_RGB =cv2.cvtColor(img, cv2.COLOR_BGR2RGB)
rows,cols =img_RGB.shape[:2]
#第一个参数为旋转中心,第二个参数为旋转角度,第三个参数为缩放比例
M =cv2.getRotationMatrix2D((cols/2,rows/2),45,1)
#获得旋转矩阵,通过这个矩阵再利用 warpAffine 进行变换
res =cv2.warpAffine(img_RGB,M,(rows,cols))        #(cols,rows)代表输出图像的大小
plt.subplot(121)
plt.imshow(img_RGB)
plt.axis('off')
plt.subplot(122)
plt.axis('off')
plt.imshow(res)
plt.show()
```

运行上述程序代码,得到的 img_RGB 图及旋转图 res 如图 11-17 所示。

(a) img_RGB 图 　　　　　　　(b) 旋转图 res

图 11-17　img_RGB 图及旋转图 res

11.2.7　OpenCV 获取图像属性与感兴趣区域

shuzi.jpg 图像如图 11-18 所示。

$$0\ 1\ 2\ 3\ 4$$
$$5\ 6\ 7\ 8\ 9$$

图 11-18　**shuzi.jpg 图像**

1. 获取图像属性

```
>>>import cv2
#以原图形式读入 BGR 图像,三通道
>>>u =cv2.imread(r"D:\Python\shuzi.jpg",cv2.IMREAD_UNCHANGED)
#以灰度形式读入图像,单通道
>>>g =cv2.imread(r"D:\Python\shuzi.jpg",cv2.IMREAD_GRAYSCALE)
>>>print(g.shape)        #shape 属性–获取图像的形状,返回包含(行数、列数、通道数)的元组
(262, 550)
>>>print(u.shape)
(262, 550, 3)
>>>print(g.size)                        #size 属性–获取图像的像素数目=行数×列数×通道数
144100
>>>print(g.dtype)                       #dtype 属性–获取图像中像素的类型
uint8
```

2. 获取感兴趣区域(ROI)

ROI(region of interest),感兴趣区域。图像处理中,从被处理的图像以方框、圆、椭

圆、不规则多边形等方式勾勒出需要处理的区域，称为感兴趣区域。

```python
import numpy as np
import cv2
#读入图像，三通道
u =cv2.imread(r"D:\Python\shuzi.jpg",cv2.IMREAD_UNCHANGED)
#新建一个大小为262×262像素的BGR图像b，颜色为灰色(128,128,128)
b =np.full((262,262,3),128,dtype=np.uint8)
b[0:50,0:50] = (255,255,255)       #将b中的[0:50,0:50]区域变成白色
u[0:262,0:262] =b                  #用b图像替换到a图像中的[0:262,0:262]区域
cv2.imshow("demo",u)
```

运行上述程序代码，输出的 demo 窗口如图 11-19 所示。

图 11-19　demo 窗口

可以看到，原图像的[0：262,0：262]区域被替换成了灰色，且灰色区域中的[0：50，0：50]区域被替换成了白色。

11.3　OpenCV 人脸检测

OpenCV 提供了很多人脸检测相关的分类器，如 haarcascade_frontalface_default. xml 文件，位于 D:\Python\Lib\site-packages\cv2\data 文件夹下，D：\Python 为 Python 安装文件夹。将该分类器文件复制到所要编写的程序脚本文件所在的目录下。

11.3.1　OpenCV 图片人脸检测

【例 11-9】　从开启计算机摄像头自拍的图像中检测人脸。

```python
import cv2
#加载 OpenCV 人脸检测分类器
detector =cv2.CascadeClassifier('haarcascade_frontalface_default.xml')
cap =cv2.VideoCapture(0)          #加载计算机的 0 号摄像头，也可加载图像文件，如'*.jpg'
#从摄像头获取图像，第一个返回值为布尔值，表示成功与否，第二个返回值为获取的图像
ret, img =cap.read()
```

```
#释放摄像头
cap.release()
gray =cv2.cvtColor(img, cv2.COLOR_BGR2GRAY)                     #将图像转换为灰度图像
#在灰度图像中检测人脸，返回值是图像中所有脸部区域信息(x,y,宽,高)的列表
faces =detector.detectMultiScale(gray, 1.05, 5)
#框出图像中所有的人脸
for (x, y, w, h) in faces:
    cv2.rectangle(img, (x, y), (x +w, y +h), (255, 0, 0), 2)
cv2.imshow('frame', img)            #显示检测人脸后的图像
```

人脸检测函数 detectMultiScale()的语法格式如下。

```
detectMultiScale(image, scaleFactor=1.05, minNeighbors=4, minSize=(30, 30),
maxSize)
```

参数说明如下。

image：要检测的图像。

scaleFactor：指定每次图像尺寸减小的比例。如通常取 1.05,意味着每次减小 5%的大小,较小的值增加了与检测模型匹配大小的机会。

minNeighbors：表示每一个目标至少要被检测到多少次才算是真的目标,通常取 3～6 的整数值。

minSize：确定要检测的最小可能的对象大小,小于该值的对象将被忽略,对于面部检测,取值通常为(30,30)。

maxSize：确定要检测的最大可能的对象大小,大于该值的对象将被忽略。默认值假定面部检测没有面部大小的上限。

cv2.rectangle()函数的作用是在图像上绘制一个矩形,其语法格式如下。

```
cv2.rectangle(img, pt1, pt2, color, thickness)
```

参数说明如下。

img：要在其上绘制矩形的图像。

pt1：所绘制矩形的左上角坐标,坐标原点是图像左上角,向右为 x 轴正方向,向下为 y 轴正方向。

pt2：所绘制矩形的右下角坐标。

color：指定要绘制的矩形的边界线的颜色(B,G,R),如(255,0,0)表示蓝色。

thickness：指定矩形边框线的粗细,如果为负值,如－1,则表示填充整个矩形。

11.3.2　OpenCV 视频人脸检测

【例 11-10】　从计算机摄像头画面或一段视频中检测人脸。

```
import cv2
#加载人脸分类器
detector =cv2.CascadeClassifier('haarcascade_frontalface_default.xml')
cap =cv2.VideoCapture(0)         #加载计算机的 0 号摄像头,也可加载视频文件,如'＊.mp4'
```

```
#读取数据
success, frame =cap.read()
while success and cv2.waitKey(1) ==-1:
    ret, img =cap.read()                          #读取摄像头中的画面,或从视频中读取画面
    gray =cv2.cvtColor(img, cv2.COLOR_BGR2GRAY)    #将图像转换为灰度图像
    #进行人脸检测
    faces =detector.detectMultiScale(gray, 1.3, 5)
    #绘制矩形框
    for (x, y, w, h) in faces:
        cv2.rectangle(img, (x, y), (x +w, y +h), (255, 0, 0), 2)
    cv2.imshow('frame', img)                       #显示检测人脸后的图像
    success, frame =cap.read()
cap.release()                                      #释放摄像头
cv2.destroyAllWindows()                            #释放所有窗口
```

11.4　OpenCV 人脸识别

OpenCV 提供了 3 种人脸识别方法,分别是 LBPHFace 方法、FisherFace 方法、EigenFace 方法。

11.4.1　LBPHFace 人脸识别

OpenCV
人脸识别

LBPH(local binary patterns histogram,局部二值模式直方图)方法是基于 LBP (local binary pattern,局部二值模式)算法实现的。

1. LBP 算法的思想

LBP 算法的思想是,将像素点 A 的值与其最邻近的 8 个像素点的值逐一比较:如果 A 的像素值大于其临近点的像素值,则得到 0;如果 A 的像素值小于其临近点的像素值,则得到 1。最后,将像素点 A 与其周围 8 个像素点比较所得到的 0、1 值连起来,得到一个 8 位的二进制序列,将该二进制序列转换为十进制数作为点 A 的 LBP 值。

下面以图 11-20 中左侧 3×3 区域的中心点(像素值为 76 的点)为例,说明如何计算该点的 LBP 值。计算时,以其像素值 76 作为阈值,对其 8 邻域像素进行二值化处理:

(1) 将像素值大于 76 的像素点处理为 1。例如,其邻域中像素值为 128、251、99、213 的点,都被处理为 1,填到对应的像素点位置上。

(2) 将像素值小于 76 的像素点处理为 0。例如,其邻域中像素值为 36、9、11、48 的点,都被处理为 0,填到对应的像素点位置上。

根据上述计算,可以得到如图 11-21 所示的二值结果。完成二值化以后,任意指定一个开始位置,将得到的二值结果进行序列化,组成一个 8 位的二进制数。例如,从当前像素点的正上方开始,以顺时针为序得到二进制序列"01011001"。最后,将二进制序列

"01011001"转换为所对应的十进制数"89",作为当前中心点的像素值。

128	36	251
48	76	9
11	213	99

图 11-20　3×3 区域

1	0	1
0		0
0	1	1

图 11-21　二值化

对图像逐像素用以上方式进行处理,就得到 LBP 特征图像,这个特征图像的直方图被称为 LBPH,或称为 LBP 直方图。通过直方图可以对整幅图像的灰度分布有一个整体的了解。直方图的 x 轴是灰度值(0～255),y 轴是图片中具有同一个灰度值的点的数目。

为了得到不同尺度下的纹理结构,还可以使用圆形邻域,将计算扩大到任意大小的邻域内。圆形邻域可以用 (P,R) 表示,其中 P 表示圆形邻域内参与运算的像素点个数,R 表示邻域的半径。

例如,图 11-22 就分别采用了不同的圆形邻域。

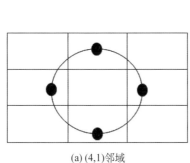 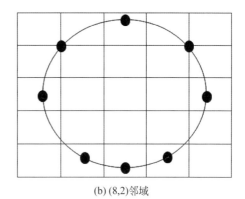

(a) (4,1)邻域　　　　　　　　(b) (8,2)邻域

图 11-22　不同的圆形邻域

- 图 11-22(a)使用的是(4,1)邻域,比较当前像素与邻域内 4 个像素点的像素值大小,使用的半径是 1。
- 图 11-22(b)使用的是(8,2)邻域,比较当前像素与邻域内 8 个像素点的像素值大小,使用的半径是 2。在参与比较的 8 个邻域像素点中,部分邻域可能不会直接取实际存在的某个位置上的像素点,而是通过计算构造一个"虚拟"像素值来与当前像素点进行比较。

人脸的整体灰度由于受到光线的影响,经常会发生变化,但是人脸各部分之间的相对灰度会基本保持一致。LBP 的主要思想是以当前点与其邻域像素的相对关系作为处理结果,正是因为这一点,在图像灰度整体发生变化(单调变化)时,从 LBP 算法中提取的特征能保持不变。因此,LBP 在人脸识别中得到了广泛的应用。

2. 采用 LBPHFace 方法进行人脸识别的步骤

(1) 创建 LBPHFace 模型。

在 OpenCV 中,用函数 cv2.face.LBPHFaceRecognizer_ create()生成 LBPHFace 人脸识别模型,该函数的语法格式如下。

```
LBPHFace_model = cv2.face.LBPHFaceRecognizer_create([radius[, neighbors[,
grid_x[, grid_y[, threshold]]]]])
```

参数说明如下。

radius:半径值,默认值为 1。

neighbors:邻域点的个数,默认采用 8 邻域,根据需要可以计算更多的邻域点。

grid_x:将 LBP 特征图像划分为一个个单元格时,每个单元格在水平方向上的像素个数。该参数值默认为 8,即将 LBP 特征图像在行方向上以 8 像素为单位分组。

grid_y:将 LBP 特征图像划分为一个个单元格时,每个单元格在垂直方向上的像素个数。该参数值默认为 8,即将 LBP 特征图像在列方向上以 8 像素为单位分组。

threshold:在预测时所使用的阈值,预测时,寻找与待测人脸图像距离最近的人脸图像,如果这两个人脸图像的距离大于该阈值,就认为没有识别到任何目标对象。

(2) 训练 LBPHFace 模型。

调用所创建的 LBPHFace 人脸识别模型 LBPHFace_model 的 train()函数对模型进行训练。train()函数的语法格式如下。

```
LBPHFace_model.train(src, labels)
```

参数说明如下。

src:用来学习的人脸图像。

labels:人脸图像所对应的标签。

(3) 人脸识别。

调用所训练的 LBPHFace 人脸识别模型 LBPHFace_model 的 predict()函数对一个待测人脸图像进行识别,寻找与当前待测图像距离最近的人脸图像,将当前待测图像标注为距离其最近的人脸图像对应的标签,从而完成人脸识别。predict()的语法格式如下。

```
label, confidence =LBPHFace_model.predict(src)
```

参数说明如下。

src:需要识别的人脸图像。

label:返回的识别结果标签。

confidence:返回的置信度评分。置信度评分用来衡量识别结果与需要识别的人脸图像之间的距离。0 表示完全匹配。通常情况下,小于 50 的值是可以接受的,如果该值大于 80,则认为差别较大。

11.4.2　FisherFace 人脸识别

FisherFace 所基于的线性判别分析(linear discriminant analysis,LDA)理论和特征

脸 FisherFace 里用到的 PCA 有相似之处,都是对原有数据进行整体降维映射到低维空间的方法。LDA 和 PCA 都是从数据整体入手而不同于 LBP 提取局部纹理特征。

1. 创建 FisherFace 模型

在 OpenCV 中,用函数 cv2.face.FisherFaceRecognizer_create()生成 FisherFace 人脸识别模型,该函数的语法格式如下。

```
FisherFace_model=cv2.face.FisherFaceRecognizer_create([num_components[,
threshold]])
```

函数功能:创建一个 FisherFace 人脸识别模型。

参数说明如下。

num_components:使用线性判别分析时保留的成分数量,可以采用默认值 0,让函数自动设置合适的成分数量。

threshold:进行人脸识别时采用的阈值。

2. 训练 FisherFace 模型

调用所创建的 FisherFace 人脸识别模型 FisherFace_model 的 train()函数对模型进行训练,train()函数的语法格式如下。

```
FisherFace_model.train( src, labels)
```

函数功能:对每个学习图像进行 FisherFace 计算,得到一个人脸向量。每个人脸向量都是整个向量集中的一个点。

参数说明如下。

src:用来学习的人脸图像。

labels:人脸图像所对应的标签。

3. 人脸识别

调用所训练的 FisherFace 人脸识别模型 FisherFace_model 的 predict()函数对一个待测人脸图像进行识别,寻找与当前待测图像距离最近的人脸图像,将当前待测图像标注为距离其最近的人脸图像对应的标签,从而完成人脸识别。predict()的语法格式如下。

```
label, confidence =FisherFace_model.predict( src)
```

参数说明如下。

src:需要识别的人脸图像。

label:返回的识别结果标签。

confidence:返回的置信度评分。置信度评分用来衡量识别结果与需要识别的人脸图像之间的距离。0 表示完全匹配。该参数值通常在 0 到 20 000 之间,只要低于 5000,都被认为是相当可靠的识别结果。需要注意,该评分值的范围与 EigenFace 方法的评分值范围一致,与 LBPHFace 方法的评分值范围不一致。

11.4.3 EigenFace 人脸识别

EigenFace 通常也被称为特征脸，它使用主成分分析（principal component analysis，PCA）方法将高维的人脸数据处理为低维数据（获取主成分信息）后，再进行数据分析和处理，获取识别结果。

1. 创建 EigenFace 模型

在 OpenCV 中，用函数 cv2.face.EigenFaceRecognizer_create()生成 EigenFace 人脸识别模型，该函数的语法格式如下。

```
EigenFace_model = cv2.face.EigenFaceRecognizer_create([num_components[,
threshold]])
```

函数功能：创建一个特征脸识别模型。

参数说明如下。

num_components：在 PCA 中要保留的分量个数。该参数值通常要根据输入数据具体确定，通常保留 80 个分量就足够了。

threshold：进行人脸识别时所采用的阈值。

2. 训练 EigenFace 模型

调用所创建的 EigenFace 人脸识别模型 EigenFace_model 的 train()函数对模型进行训练，train()函数的语法格式如下。

```
EigenFace_model.train( src, labels)
```

函数功能：对每个学习图像进行 EigenFaces 计算，得到一个人脸向量。每个人脸向量都是整个向量集中的一个点。

参数说明如下。

src：用来学习的人脸图像。

labels：人脸图像所对应的标签。

3. 人脸识别

调用所训练的 EigenFace 人脸识别模型 EigenFace_model 的 predict()函数对一个待测人脸图像进行识别，寻找与当前待测图像距离最近的人脸图像，将当前待测图像标注为距离其最近的人脸图像对应的标签，从而完成人脸识别。predict()的语法格式如下。

```
label, confidence =LBPHFace_model.predict( src)
```

参数说明如下。

src：需要识别的人脸图像。

label：返回的识别结果标签。

confidence：返回的置信度评分。置信度评分用来衡量识别结果与需要识别的人脸图像之间的距离。0 表示完全匹配。该参数值通常在 0 到 20000 之间,只要低于 5000,都被认为是相当可靠的识别结果。

【例 11-11】　EigenFace 人脸识别简单举例。

```
import cv2
import numpy as np
images=[]
#以灰度图读入,并且 resize 为统一的大小(92, 112)
images.append(cv2.resize(cv2.imread(r".\a\1.jpg",0),(92, 112)))
images.append(cv2.resize(cv2.imread(r".\a\2.jpg",0),(92, 112)))
images.append(cv2.resize(cv2.imread(r".\b\1.jpg",0),(92, 112)))
images.append(cv2.resize(cv2.imread(r".\b\2.jpg",0),(92, 112)))
labels=[1,1,2,2]                                 #给每幅图像指定一个标签
EigenFace_model =cv2.face.EigenFaceRecognizer_create() #创建模型
EigenFace_model.train(images, np.array(labels))         #训练模型
#读取待识别的图像\b\10.jpg,测试的图像要和训练的图像大小一致
test_image =cv2.resize(cv2.imread(r".\b\10.jpg",0),(92, 112))
label,confidence=EigenFace_model.predict(test_image)    #进行识别
print("label=",label)
print("confidence=",confidence)
```

运行上述程序代码,输出结果如下。

```
label=2
confidence=4220.587034703652
```

11.5　本章小结

本章主要介绍 OpenCV 图像识别。首先介绍了图像表示、图像颜色模型;然后介绍了 OpenCV 计算机视觉库,给出了 OpenCV 的主要功能模块,OpenCV 读入、显示与保存图像,OpenCV 图像颜色变换,图像裁剪,OpenCV 图像的几何变换;接着介绍了 OpenCV 图片人脸检测,OpenCV 视频人脸检测;最后介绍了 OpenCV 的 3 种人脸识别方法。

第 12 章

TensorFlow 深度学习

深度学习能够自动学习提取什么样的特征才能获得更好的性能。通常,机器学习都是人们手动设计特征值,如在进行图像分类时,需要先确定颜色、边缘或范围,再进行机器学习;而深度学习则是通过学习大量数据自动确定需要提取的特征信息,甚至还能自动获取一些人类无法想象的由颜色和边缘等组合起来的特征信息。深度学习是机器学习研究中的一个新的领域,其动机在于建立、模拟人脑进行分析学习的神经网络,它模仿人脑的机制解释数据,例如图像、声音和文本。

12.1 TensorFlow 基础

TensorFlow 是由 Google Brain 团队为深度神经网络(DNN)开发的功能强大的开源软件库,于 2015 年 11 月首次发布。

TensorFlow 的特点如下。

(1) 支持所有的流行语言,如 Python、C++ 、Java、R 和 Go。

(2) 可以在多种平台上工作,甚至是移动平台和分布式平台。

(3) TensorFlow 具有计算图表可视化功能。

TensorFlow 本质上是 Python 语言的一个类库,可以通过 pip 工具进行安装,即通过"pip install tensorflow"命令进行安装。采用如下的国内清华镜像源安装,速度更快:

```
pip install tensorflow -i https://pypi.tuna.tsinghua.edu.cn/simple
```

12.1.1 第一个 TensorFlow 程序

TensorFlow 中实现计算的方式跟普通的 Python 程序有点不一样,这是因为 TensorFlow 有它自己的框架和体系,使用自己更加适配的方式描述计算过程。TensorFlow 的程序通常被组织成两个相互独立的阶段:一个是构建计算图(tf.Graph)的阶段,通常 TensorFlow 会默认帮我们创建一幅图,用户也可以显式地定义图,并将定义的图作为默认图;一个是运行计算图(tf.Session)的阶段。

下面给出一个简单的 TensorFlow 程序代码。

```
>>>import tensorflow as tf   #导入 tensorflow,即导入 TensorFlow 库
#调用 tf.constant()方法在默认的图中创建结点,并用变量 one 指向该结点
#该结点包括一个常量,名字为"a",值为"1",数据类型为"tf.float32"
>>>one =tf.constant(1, dtype=tf.float32, name="a")
>>>print("one 的值为: ", one)                    #返回一个 Tensor(中文叫张量)对象
one 的值为: Tensor("a_1:0", shape=(), dtype=float32)
>>>two =tf.constant(2, dtype=tf.float32, name="b")
#每次调用 tf.constant()的时候,都会在图中创建一个新结点
#在 TensorFlow 中,所有的操作和变量都被视为结点
#tf.add()在默认图中添加一个加法操作作用于计算结点,其输入是图中的 one 和 two
>>>new_value =tf.add(one,two)
>>>print("new_value", new_value)
new_value Tensor("Add_1:0", shape=(), dtype=float32)
#开启会话,在会话中运行计算图
>>>with tf.Session() as sess:
    n_v_t=sess.run(new_value)            #用 run 运行计算图,取出 new_value 的值
    print('one',sess.run(one))           #输出结果为 1.0
    print("在会话中 run 后的加法结果",n_v_t)   #输出结果为 3.0
```

上述代码的运行结果如下:

```
one 1.0
在会话中 run 后的加法结果 3.0
```

注意: TensorFlow 中的语句不会立即执行,当开启会话 sess,执行 sess.run(new_value)取出 new_value 值的时候,TensorFlow 会自动在计算图中寻找数据结点到 new_value 结点的路径,并执行路径中所有的计算结点(本例中为 tf.add(one,two)所定义的加法计算结点),这也是命名 TensorFlow 框架的由来,其中 Tensor 称为张量,Flow 称为流。

12.1.2　TensorFlow 中的计算图

TensorFlow 是一个通过计算图的形式表述计算的编程系统。TensorFlow 中的每个计算都是计算图的一个结点,而结点之间的边描述了计算之间的依赖关系。

12.2　TensorFlow 的常量与变量

12.2.1　TensorFlow 的常量

TensorFlow 的
常量与变量

在 TensorFlow 程序中,所有数据都是通过张量的形式表示的。在 TensorFlow 中,通过 tf.constant()函数定义常量张量 Tensor,该函数的语法格式(或原型)如下。

```
tf.constant(value, dtype=None, shape=None, name='Const', verify_shape=False)
```

函数的作用：创建一个常量张量 Tensor，Tensor 实际上就是一个多维数组。

函数的参数说明如下。

value：用来定义常量的初始值，数据类型为 Python 的列表(list)对象或常数。

dtype：用来指定常数的数据类型，常见的有 tf.string、tf.int16、tf.int32、tf.int64、tf.float16、tf.bool 等。可以不设置 dtype，TensorFlow 根据传入的 value 的数据类型自动推断。

shape：指定常量的形状，数据类型为列表对象。如果 value 是一个数，则 shape=[]；如果 value 是长度为 n 的数组，则 shape=[n]；如果该常数是 m 行 n 列的矩阵，则 shape=[m,n]。

name：用来指定当前常量的名称。

verify_shape：bool 数据类型，是否对 shape 进行验证，即验证实际维度与设置的维度是否一致。

下面给出实际代码来体验各个参数的具体作用。

```
>>> import tensorflow as tf                       #导入 tensorflow
>>> a_t =tf.constant(3, name="a")
>>> a_t                                           #返回值表明 a_t 是一个 tf.Tensor 对象
<tf.Tensor 'a:0' shape=() dtype=int32>
#创建值为[[2.0, 2.0], [2.0, 2.0]]的 2×2 矩阵的常量 tf.Tensor 对象
>>> b_t =tf.constant(3.0, dtype=tf.float32, shape=[2,2], name="b")
>>> b_t
<tf.Tensor 'b:0' shape=(2, 2) dtype=float32>
>>> c_t =tf.constant([[1, 2,3], [4, 5,6]], name="c")  #自动推断 shape
>>> c_t
<tf.Tensor 'c:0' shape=(2, 3) dtype=int32>
```

使用 tf.constant()创建矩阵的常量 tf.Tensor 对象，默认不验证 shape 时，只要各维度相乘所得的数量跟输入的元素数量一致，即可任意设置 shape。

```
>>> c_t1 =tf.constant([[1, 2,3], [4, 5, 6]], shape=(3, 2),name="c")
>>> c_t1
<tf.Tensor 'c_1:0' shape=(3, 2) dtype=int32>
>>> with tf.Session() as sess:
    print("c_t1的值:\n",sess.run(c_t1))          #取出 c_t1 中的值 value
```

上面语句运行后，得到的输出结果如下。

```
c_t1的值:
[[1 2]
 [3 4]
 [5 6]]
```

要创建一个所有元素为零的张量，可以使用 tf.zeros()函数。

```
>>>z =tf.zeros(shape=[2, 2], dtype=tf.int32, name='z')
```

创建一个所有元素都设为 1 的张量，可以使用 tf.ones()函数。

```
>>>ones_t =tf.ones(shape=[2,3],dtype=tf.int32)      #创建形如[M, N]、元素均为 1 的
矩阵
```

y 要创建一个初始值 start、公差 delta、结束值小于 limit 等差数列的一维向量，可以使用 tf.range(start=0, limit=None, delta=1, dtype=None, name='range')函数。

```
>>>range_t =tf.range(start=1, limit=10, delta=2)   #range_t =[1 3 5 7 9]
```

函数 tf.linspace(start，stop，num，name＝None)产生一个等差数列一维向量，个数是 num，初始值是 start、结束值是 stop。

创建一个指定均值(默认值＝0.0)和标准差(默认值＝1.0)，并且形状为[M，N] 的正态分布随机数组，可以使用函数 tf.random_normal(shape，mean＝0.0，stddev＝1.0，dtype＝tf.float32，seed＝None，name＝None)，其中 shape 为数组形状，mean 为均值，stddev 为标准差，dtype 为数组元素的数据类型，seed 为随机种子，name 用来指定数组的名称。

```
>>>normal_t=tf.random_normal(shape=[2,3], mean=0.0, stddev=1.0)
>>>with tf.Session() as sess:
    print("normal_t:\n",sess.run(normal_t))
```

输出结果如下。

```
normal_t:
[[ 0.82924473 -0.87087584 -0.4430546 ]
 [ 2.1748521 -0.19601712 -0.5835684 ]]
```

TensorFlow 中，常量与常量之间的加、减、乘、除法操作命令如下。

```
import tensorflow as tf
tensor1 =tf.constant(3)                      #创建一个常量 Tensor
tensor2 =tf.constant(2)                      #创建一个常量 Tensor
tensorAdd =tf.add(tensor1,tensor2)           #加，与 tensor1+tensor2 等价
tensorSub =tf.subtract(tensor1,tensor2)      #减，与 tensor1-tensor2 等价
tensorMul =tf.multiply(tensor1,tensor2)      #乘，与 tensor1×tensor2 等价
tensorDiv =tf.divide(tensor1,tensor2)        #除，与 tensor1÷tensor2 等价
with tf.Session() as sess:
    print("加 add:",sess.run(tensorAdd))
    print("减 subtract:",sess.run(tensorSub))
    print("乘 multiply:",sess.run(tensorMul))
    print("除 divide:",sess.run(tensorDiv))
```

运行上述程序代码，输出结果如下。

```
加 add: 5
```

减 subtract: 1
乘 multiply: 6
除 divide: 1.5

12.2.2　TensorFlow 的变量

在神经网络中,权重需要在训练期间更新,可以通过将权重声明为变量来实现。变量在使用前需要被显式初始化。在 TensorFlow 中,可通过创建 tf.Variable 类的对象或者调用 tf.get_variable()函数来创建。

1. 使用 tf.Variable 类创建变量

tf.Variable 类实例化对象进行变量创建的语法格式如下。

```
tf. Variable (name = None, dtype = None, initial_value = None, trainable = True,
collections=None)
```

功能:返回一个变量,如果给出的 name 已经存在,会自动修改 name,生成一个新的 name。

参数说明如下。

name:字符串类型,为当前变量指定名称。

dtype:指定当前变量的数据类型。

initial_value:变量的初始值,可以是一个 Tensor 对象(常量和变量均为 Tensor 对象),或可转换为 Tensor 对象的 Python 对象,如 Python 中的常数、list、string 等。

trainable:bool 类型,指定当前变量是否是可训练的,默认为 True,默认将变量添加到图形集合 tf.GraphKeys.TRAINABLE_VARIABLES 中,在训练模型反向传播时会自动更新这个变量的值。如果设置为 False,则不会对这个变量的值做任何修改。

collections:list 类型,默认为 tf.GraphKeys.GLOBAL_VARIABLES,新变量将添加到这个集合中,也可自己指定其他的列表。

调用变量 Tensor 对象的 eval()方法,可返回变量的值。

注意:变量的定义只是指定变量如何被初始化,在包含变量的图创建完成后,在执行计算之前必须显式初始化所有的声明变量,可通过 tf.global_variables_initializer()这一全局变量初始化操作将初始值赋值给变量。此外,每个变量也可以在运行图时单独调用变量 Tensor 对象的 initializer 属性来初始化:

```
import tensorflow as tf
a =tf.Variable( initial_value=2, name="scalar")
b =tf.Variable( initial_value=[2, 3], name="vector")
c =tf.Variable( initial_value=[[0, 1], [2, 3]], name="matrix")
with tf.Session() as sess:
sess.run(a.initializer)                          #对 a 所表示的变量进行初始化
print("a:",sess.run(a))
sess.run(tf.global_variables_initializer())      #将前面创建的变量用初始值初始化
```

```
    print("b:",sess.run(b))
    print("c:",c.eval())                        #调用 eval()方法返回变量的值
```

运行上述代码,输出结果如下。

```
a: 2
b: [2 3]
c: [[0 1]
 [2 3]]
```

2. 通过 tf.get_variable()函数创建变量

tf.get_variable()函数的语法格式如下。

```
tf.get_variable(name, shape = None, dtype = None, initializer = None, trainable =
None)
```

功能:获取已经存在的变量,如果变量不存在,就新建一个指定名称的变量。
参数说明如下。
name:变量名称。
shape:数据形状。
dtype:数据类型。
initializer:创建变量的初始化方式。tf.constant_initializer(),常量初始化函数;tf.random_normal_initializer(),正态分布初始化函数;tf.truncated_normal_initializer(),截取的正态分布初始化函数;tf.random_uniform_initializer(),均匀分布初始化函数;tf.zeros_initializer():全 0 初始化函数;tf.ones_initializer(),全 1 初始化函数;trainable:bool 类型,指定当前变量是否是可训练的,True 表示训练,False 表示不训练。
下面给出 tf.get_variable()函数的用法举例。

```
import tensorflow as tf
import numpy as np
#常量初始化
v1_cons =tf.get_variable('v1_cons', shape=[1,4], initializer=tf.constant_
initializer())
v2_cons =tf.get_variable('v2_cons', shape=[1,4], initializer=tf.constant_
initializer(8))
#正态分布初始化
v1_nor =tf.get_variable('v1_nor', shape=[1,4], initializer=tf.random_normal_
initializer())
v2_nor =tf.get_variable('v2_nor', shape=[1,4], initializer=tf.random_normal_
initializer (mean=0, stddev=2, seed=1))        #均值、方差、种子值
#均匀分布初始化
v1_uni =tf.get_variable('v1_uni', shape=[1,4], initializer=tf.random_uniform
_initializer())
v2_uni =tf.get_variable('v2_uni', shape=[1,4], initializer=tf.random_uniform
```

```
_initializer (maxval=1., minval=2., seed=1))      #最大值、最小值、种子值
with tf.Session() as sess:
    sess.run(tf.global_variables_initializer())
    print("常量初始化 v1_cons:",sess.run(v1_cons))
    print("常量初始化 v2_cons:",sess.run(v2_cons))
    print("正态分布初始化 v1_nor:",sess.run(v1_nor))
    print("正态分布初始化 v2_nor:",sess.run(v2_nor))
    print("均匀分布初始化 v1_uni:",sess.run(v1_uni))
    print("均匀分布初始化 v2_uni:",sess.run(v2_uni))
```

运行上述程序代码,输出结果如下。

```
常量初始化 v1_cons: [[0. 0. 0. 0.]]
常量初始化 v2_cons: [[8. 8. 8. 8.]]
正态分布初始化 v1_nor: [[1.3106481 0.93104976 1.8473221 1.2987078 ]]
正态分布初始化 v2_nor: [[-1.6226364 2.9691975 0.13065875 -4.8854084 ]]
均匀分布初始化 v1_uni: [[0.95122826 0.01448488 0.4096899 0.68911827]]
均匀分布初始化 v2_uni: [[1.7609626 1.0796005 1.9494876 1.5042555]]
```

12.2.3 TensorFlow 的变量值修改

TensorFlow 使用 assign(variable,new_value)更改变量的值,具体示例如下。

```
import tensorflow as tf
x=tf.Variable(initial_value=[[1,1],[1,1]],dtype=tf.float32)   #创建变量
init_op=tf.global_variables_initializer()
update=tf.assign(x,[[2,2],[2,2]])
with tf.Session() as session:
    session.run(init_op)
    print('update:',session.run(update))
    print('x 更新后:',session.run(x))
```

运行上述程序代码,输出结果如下。

```
update: [[2. 2.]
 [2. 2.]]
x 更新后: [[2. 2.]
 [2. 2.]]
```

12.3 TensorFlow 的 Tensor 对象

TensorFlow 的
Tensor 对象

Tensor 翻译成中文是指张量。tf.Tensor 对象是数据对象的句柄。数据对象包括输入的常量和变量,以及计算结点的输出数据。Python 语言中的常见类型的数据需要转为 TensorFlow 中的 Tensor 对象后,才能在 TensorFlow 框架中的计算结点中使用。

在深度学习里,Tensor 翻译成中文是指张量,实际上就是一个多维数组。零维张量表示的是标量,一维张量表示的是向量,二维张量表示的是矩阵,三维张量表示的是矩阵数组。在 TensorFlow 中,Tensor 对象可以存储任意维度的张量。

12.3.1　Python 对象转换为 Tensor 对象

在 TensorFlow 中,函数 tf.convert_to_tensor()用于将 Python 的基本类型数据转化为 Tensor 对象。只有部分数据类型可转换,如 int、float、string、list 及 numpy 库中的数组。

tf.convert_to_tensor()函数的原型如下。

```
tf.convert_to_tensor(
        value,
        dtype=None,
        name=None,
        preferred_dtype=None
    )
```

参数说明如下。

value:需要转换为 Tensor 对象的数据。

dtype:指定 Tensor 对象的数据类型,如果没有,则根据 value 的值推断。

name:转换成 Tensor 对象后的名称。

preferred_dtype:为返回的 Tensor 对象指定备选的数据类型,dtype 为 None 时,该参数才生效。如果实际数据类型不可能转换为 preferred_dtype 指定的类型,则该参数无效。

用 tf.convert_to_tensor()函数将 Python 中的字符串类型的数据转换为 Tensor 对象的代码如下。

```
import tensorflow as tf
#定义 Python 的字符串对象
str_py='Hello TensorFlow'
#将字符串转换为 Tensor 对象
str_tf=tf.convert_to_tensor(str_py,dtype=tf.string)
print('str_tf=',str_tf)
with tf.Session() as sess:
    #取出 Tensor 对象中的数据,取出来的是字符串对应的字节对象
    str_bytes=sess.run(str_tf)
    print("str_bytes:",str_bytes)
    str_v=str_bytes.decode()
    print("str_v:",str_v)
```

运行上述代码,输出结果如下。

```
str_tf=Tensor("Const:0", shape=(), dtype=string)
str_bytes: b'Hello TensorFlow'
```

```
str_v: Hello TensorFlow
```

12.3.2　Tensor 对象转换为 Python 对象

在 TensorFlow 中，各个计算结点（Operation 对象）只能对 Tensor 对象做运算。在实际项目中，可能需要对图中某个 Tensor 对象所存储的数据进行处理，这就需要先将 Tensor 对象转换为 Python 对象，处理完之后再转换为 Tensor 对象，TensorFlow 提供的 tf.py_func() 函数能满足这些要求。

tf.py_func() 函数能自动将 Tensor 对象转换为 Python 对象，然后将其作为执行指定的 Python 函数的实参，最后将 Python 函数返回的 Python 对象转换为 Tensor 对象，作为 tf.py_func() 函数的返回值。tf.py_func() 的函数原型如下。

```
tf.py_func(func,inp,Tout,stateful=True,name=None)
```

参数说明如下。

func：Python 函数类型，指定要执行的函数。

lnp：list 类型，list 里面存放的是 Tensor 对象，用于传入 func 函数。

Tout：list 类型或是单个对象，存放的是 TensorFlow 的数据类型，用于描述 func() 函数的返回数据转换为 Tensor 对象后的数据类型。

stateful：bool 类型，默认为 True，该函数被认为是与状态有关的。状态无关时，相同的输入会产生相同的输出。

name：当前 Operation 的名称。

下面给出 tf.py_func() 函数的应用示例。

```
import tensorflow as tf
def func(A, B):
    #查看传入的参数的数据类型
    print('type(A) =', type(A))
    print('type(B) =', type(B))
    C =A * B
    return C
#定义 Tensor 对象
A_tf =tf.constant(2, dtype=tf.int64)
B_tf =tf.constant(3, dtype=tf.int64)
C_tf =tf.py_func(func, inp=[A_tf, B_tf], Tout=tf.int64)
print("C_tf:", type(C_tf))
with tf.Session() as sess:
    C =sess.run(C_tf)
    print("C:", C)
    print("type(C) =", type(C))
```

运行上述程序代码，输出结果如下。

```
C_tf: <class 'tensorflow.python.framework.ops.Tensor'>
```

```
type(A) =<class 'numpy.int64'>
type(B) =<class 'numpy.int64'>
C: 6
type(C) =<class 'numpy.int64'>
```

12.3.3　维度调整函数 tf.reshape()

tf.reshape()函数用于对输入 Tensor 进行维度调整,但是这种调整方式并不会修改内部元素的数量以及元素之间的顺序。换句话说,tf.reshape()函数不能实现类似于矩阵转置的操作。例如,对于矩阵[[1,2,3],[4,5,6]],如果使用 reshape,将维度变为[3,2],其输出结果为 [[1,2],[3,4],[5,6]],元素之间的顺序并没有改变。tf.reshape()函数的语法格式如下。

```
tf.reshape(tensor, shape, name=None)
```

tensor：Tensor 张量。

shape：用于定义输出张量的 shape,组成元素类型为 int32 或 int64。

name：用于定义操作名称。

下面给出 tf.reshape()函数的应用举例。

```
import tensorflow as tf
t=[1,2,3,4,5,6,7,8,9]
t_tf=tf.constant(t)
with tf.Session() as sess:
    print(sess.run(tf.reshape(t_tf,[3,3])))
```

运行上述代码,输出结果如下。

```
[[1 2 3]
 [4 5 6]
 [7 8 9]]
```

12.3.4　维度交换函数 tf.transpose()

tf.transpose()函数用于实现高维 Tensor 的转置,即交换维度,该函数的语法格式如下。

```
tf.transpose(a,perm=None,name='transpose')
```

a：需要变换的张量 Tensor。

perm：新的维度序列,表示交换后的维度位置,控制转置操作。对一个三维数组,转置前 perm = [0,1,2],0 代表的是最外层的一维,1 代表外向内数第二维,2 代表最内层的一维。输出数据 Tensor 的第 i 维将根据 perm[i]指定。如果 perm 没有给定,那么默认是 perm = [n−1, n−2, ⋯, 0],其中 rank(a) = n。默认情况下,当对二阶 Tensor 对象 a,如果指定 tf.transpose(a, perm=[1, 0]),就直接完成了矩阵的转置。

name：（可选）操作名称。

下面给出 tf.transpose()函数的应用举例。

```
import tensorflow as tf
sess =tf.Session()
t=[[[0,1,2,3],
    [4,5,6,7],
    [8,9,10,11]],

   [[12,13,14,15],
    [16,17,18,19],
    [20,21,22,23]]]
t_tf=tf.constant(t)                         #t_tf 是一个 2×3×4 的三维数组
print('t_tf shape: ', sess.run(tf.shape(t_tf)))
#perm=[1,0,2],也就是将最外 2 层转置,所以形状由(2 3 4)变成(3 2 4)
result_tf=tf.transpose(t_tf,perm=[1,0,2])
print('result_tf shape: ', sess.run(tf.shape(result_tf)))
print('result_tf:\n',sess.run(result_tf))
```

运行上述代码,输出结果如下。

```
t_tf shape: [2 3 4]
result_tf shape: [3 2 4]
result_tf:
[[[ 0 1 2 3]
  [12 13 14 15]]

 [[ 4 5 6 7]
  [16 17 18 19]]

 [[ 8 9 10 11]
  [20 21 22 23]]]
```

12.3.5 维度扩充函数 tf.expand_dims()

TensorFlow 中,若想为 Tensor 对象增加一维,可以使用 tf.expand_dims()函数,该函数的语法格式如下。

```
tf.expand_dims(input, dim)
```

参数说明如下。

input：给定的 Tensor 对象。

axis：指定在哪一维度索引位置为给定的 Tensor 对象添加一维。维度索引从零开始;如果为其指定负数,则从末尾开始算起。

```
# 't2'是一个 shape 为[2, 3, 5]的 Tensor 对象
```

```
#在索引位置 0 处增加 1 维,得到 shape 为[1, 2, 3, 5]的 Tensor 对象
tf.shape(tf.expand_dims(t2, 0))
#在索引位置 2 处增加 1 维,得到 shape 为[2, 3, 1, 5]的 Tensor 对象
tf.shape(tf.expand_dims(t2, 2))
#在索引位置 3 处增加 1 维,得到 shape 为[2, 3, 5, 1]的 Tensor 对象
tf.shape(tf.expand_dims(t2, 3))
```

12.4　TensorFlow 的 Operation 对象

一个 Operation 对象就是计算图中的一个计算结点,其接收零个或者多个 Tensor 对象作为输入,然后产生零个或者多个 Tensor 对象作为输出。Operation 对象的创建是通过直接调用操作方法实现的,如实现两矩阵相乘的 tf.matmul()、Graph.create_op()。Tensor 对象和 Operation 对象都是计算图 Graph 中的对象,Operation 是图的结点,Tensor 是图的边上流动的数据,所以 TensorFlow 的计算过程是一个 Tensor 流向图。向图中添加某个 Operation 的时候,不会立即执行该 Operation,TensorFlow 会等所有 Operation 添加完毕,然后优化该计算图,以便决定如何执行计算。

TensorFlow 中,Tensor 对象主要用于存储数据,如常量和变量,Operation 对象是计算结点,执行计算操作。每一个 Operation 对象均有输入和输出 Tensor 对象,每个 Tensor 对象均有对应生成该 Tensor 对象的 Operation 对象和使用该 Tensor 对象作为输入的 Operation 对象。Tensor 对象和 Operation 对象内均有相关属性和函数来获取其关联的 Operation 和 Tensor 对象,相关属性如下所示。

Tensor 对象的 op 属性指向生成该 Tensor 的 Operation 对象。

Tensor 对象的 consumers()函数用于获取使用该 Tensor 对象作为输入的 Operation 对象。

Operation 对象的 inputs 属性指向该计算结点的输入 Tensor 对象。

Operation 对象的 outputs 属性指向该计算结点的输出 Tensor 对象。

如图 12-1 所示的计算图中,调用 Tensor_2 对象的 consumers()函数,返回的是[op_1,op_2]。Tensor_3 的 op 属性指向的是 op_1。op_1 的 inputs 属性指向的是[Tensor_1,Tensor_2],op_1 的 output 属性指向的是[Tensor_3]。

下面给出 tf.matmul()的使用举例。

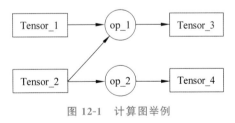

图 12-1　计算图举例

```
import tensorflow as tf
A_tf =tf.constant([[1, 2], [3, 4]])
B_tf =tf.constant([[1, 1], [1, 1]])
C_tf =tf.matmul(A_tf,B_tf)
with tf.Session() as sess:
    print("C_tf:\n",sess.run(C_tf))
```

运行上述代码,输出结果如下。

```
C_tf:
[[3 3]
[7 7]]
```

12.5 TensorFlow 流程控制

TensorFlow 中所有的计算必须在图中构建完成后才能执行,而 Python 的逻辑判断语句无法在图中构建,因此,需要使用 TensorFlow 自带的逻辑判断语句函数,将流程控制语句加入图中。

12.5.1 TensorFlow 条件判断

在 TensorFlow 中,函数 tf.cond()和函数 tf.where()都可用于条件判断。

1. tf.cond()

tf.cond(A,B,C) 就像是条件语句:if A:B else:C。tf.cond()函数的语法格式如下。

```
tf.cond(pred, true_fn=None,false_fn=None,name=None)
```

功能:如果 pred 的值为 True,tf.cond()函数的返回值就是 true_fn()函数的返回值;如果 pred 的值为 False,tf.cond()函数的返回值就是 false_fn()函数的返回值。

各个参数的含义如下。

pred:一个标量,用于决定是返回函数 true_fn()执行的结果还是函数 false_fn()执行的结果。

true_fn:函数类型,当 pred 为 True 时,将该函数执行的结果作为 tf.cond()函数的返回值。

false_fn:函数类型,当 pred 为 False 时,将该函数执行的结果作为 tf.cond()函数的返回值。

name:string 类型,作为 tf.cond()函数返回的 Tensor 对象名称的前缀。

注意:函数 true_fn()和函数 false_fn()返回的都是 Tensor 对象列表,且它们必须返回相同数量(数量必须大于 0)和类型的输出。

下面给出使用 tf.cond()函数的简单举例。

```
import tensorflow as tf
a=tf.constant(2)
b=tf.constant(3)
x=tf.constant(4)
y=tf.constant(5)
z =tf.multiply(a, b)
result1 =tf.cond(x >y, lambda: tf.add(x, z), lambda: tf.square(y))
def f1(): return tf .multiply(x, 2)
def f2(): return tf .add (y, 6)
```

```
result2 =tf.cond(x <y, f1, f2)
with tf.Session() as sess:
    print("result1:",sess.run(result1))
    print("result2:",result2.eval())
```

运行上述代码,输出结果如下。

```
result1: 25
result2: 8
```

2. tf.where()

tf.where()函数的语法格式如下。

```
tf.where(condition,x=None,y=None,name=None)
```

功能：当 condition、x、y 的形状相同时,condition 是条件矩阵(数据类型为 tf.bool 的 tensor),tf.where(condition，x，y) 返回的结果 res 与 condition、x、y 的形状相同,而 res 的内容是：若 condition(i, j)为 True,则 res(i, j) = x(i, j);若 condition(i, j)为 False, 则 res(i, j) = y(i, j)。当 x 和 y 都为 None 时,condition 是条件矩阵,tf.where (condition) 返回 condition 中为 True 的值的坐标矩阵。

各个参数的含义如下。

condition：一个 Tensor 对象,该对象的数据类型为 tf.bool 类型。

x：一个 Tensor 对象。

y：一个 Tensor 对象。

name：当前 Operation 对象(tf.where)的名称。

下面给出 tf.where()的用法举例。

```
import tensorflow as tf
x =[[1,2,3],
    [4,5,6]]
y =[[7,8,9],
    [10,11,12]]
condition3 =[[True,False,False],
             [False,True,True]]
condition4 =[[True,False,False],
             [True,True,False]]
with tf.Session() as sess:
    print("x、y均为空:\n",sess.run(tf.where(condition3)))
    print("condition3:\n",sess.run(tf.where(condition3,x,y)))
    print("condition4:\n",sess.run(tf.where(condition4,x,y)))
```

运行上述代码,输出结果如下。

```
x、y均为空:
[[0 0]
```

```
[1 1]
[1 2]]
condition3:
[[ 1 8 9]
 [10 5 6]]
condition4:
[[ 1 8 9]
 [ 4 5 12]]
```

12.5.2　TensorFlow 比较判断

在 TensorFlow 中,比较运算函数有 tf.less()、tf.less_equal()、tf.equal()、tf.not_equal()、tf.greater()及 tf.greater_equal()等,它们的语法格式及参数含义如下。

tf.less(x,y,name=None):x 和 y 均为 Tensor 对象,且 x 和 y 有相同的数据类型和 shape。返回一个 Tensor 对象,与 x 和 y 的 shape 相同,每个元素为 x 和 y 同位置处的元素进行“<”比较所得的真值,即以元素方式返回(x <y)的真值。

tf.less_equal(x,y,name=None):x 和 y 均为 Tensor 对象,且 x 和 y 有相同的数据类型和 shape。以元素方式返回(x <=y)的真值。

tf.equal(x,y,name=None):x 和 y 均为 Tensor 对象,且 x 和 y 有相同的数据类型和 shape。以元素方式返回(x=y)的真值。

tf.not_equal(x,y,name=None):x 和 y 均为 Tensor 对象,且 x 和 y 有相同的数据类型和 shape。以元素方式返回(x≠y)的真值。

tf.greater(x,y,name=None):x 和 y 均为 Tensor 对象,且 x 和 y 有相同的数据类型和 shape。以元素方式返回(x>y)的真值。

tf.greater_equal(x,y,name=None):x 和 y 均为 Tensor 对象,且 x 和 y 有相同的数据类型和 shape。以元素方式返回(x>=y)的真值。

下面给出 tf.less()函数的用法示例。

```
import tensorflow as tf
x =[[1,2,3],
    [4,5,6]]
y =[[7,8,9],
    [10,11,12]]
with tf.Session() as sess:
    print("tf.less:\n",sess.run(tf.less(x,y)))
```

运行上述代码,输出结果如下。

```
tf.less:
[[ True True True]
 [ True True True]]
```

12.5.3　TensorFlow 逻辑运算

TensorFlow 的逻辑运算函数有以下几个。

tf.logical_and(x，y，name＝None)：以元素方式返回 x 与 y 的"逻辑与"的真值。

tf.logical_or(x，y，name＝None)：以元素方式返回 x 与 y 的"逻辑或"的真值。

tf.logical_not(x，name＝None)：以元素方式返回 x 与 y 的"逻辑非"的真值。

tf.logical_xor(x，y，name＝None)：以元素方式返回 x 与 y 的"逻辑异或"的真值。

下面给出逻辑元素的示例。

```
import tensorflow as tf
A_tf =tf.constant([False, False, True])
B_tf =tf.constant([False, True, True])
logical_and_tf =tf.logical_and(A_tf, B_tf)
logic_or_tf =tf.logical_or(A_tf, B_tf)
logical_not_tf =tf.logical_not(A_tf)
logical_xor_tf =tf.logical_xor(A_tf, B_tf)
with tf.Session() as sess:
    result1, result2, result3, result4 =sess.run([logical_and_tf, logic_or_tf,
logical_not_tf, logical_xor_tf])
    print('logical_and:\n', result1)
    print('logic_or:\n', result2)
    print('logical_not:\n', result3)
    print('logical_xor:\n', result4)
```

运行上述代码，输出结果如下。

```
logical_and:
[False False True]
logic_or:
[False True True]
logical_not:
[ True True False]
logical_xor:
[False True False]
```

12.5.4　TensorFlow 循环

函数 tf.while_loop()用于执行循环语句，与 Python 中的 for 循环作用相同。函数 tf.while_loop()的语法格式如下。

```
tf.while_loop(cond,body,loop_vars)
```

各个参数的含义如下。

cond：函数类型，判断循环是否继续，返回 tf.bool 类型的值。

body：函数类型，用作循环体。

loop_vars：定义传入 cond 和 body 函数的输入变量列表，即 loop_vars 先传入 cond 判断条件是否成立，成立之后，把 loop_vars 传入 body 执行操作，然后返回操作后的 loop_vars，即 loop_vars 已被更新，再把更新后的参数传入 cond，依次循环，直到不满足条件。

下面通过一个简单的例子，演示 tf.while_loop() 函数的使用。

```
import tensorflow as tf
a =tf.constant(1)
b =tf.constant(2)
c =tf.constant(3)
def cond(a, b, c):
    return a<5
def body(a, b, c):
    a +=1
    b +=1
    c +=1
    return [a, b, c]
a ,b, c =tf.while_loop(cond, body, [a,b,c])
with tf.Session() as sess:
    print(sess.run([a, b, c]))
```

运行上述代码，输出结果如下。

```
[5, 6, 7]
```

12.6 Tensorflow 卷积

12.6.1 卷积的原理

TensorFlow
卷积

下面通过一个具体的实例说明卷积的含义。

假设用一个传感器追踪一辆汽车的位置，在时刻 x，传感器发出一个位置数据 $f(x)$，f 是 x 的函数，这意味着在任意时刻都能得出汽车的位置。假设传感器受到一定程度的噪声干扰，为了得到汽车位置的低噪声估计，一种方法是对得到的测量结果进行平均，用平均值作为汽车的位置值。显然，时间上越近的测量结果越相关，因而采用加权平均的方法对最近一段时间的测量结果进行平均，时间越近测量结果的权值越大。用一个加权函数 $w(t-x)$ 表示过去 x 时刻测得的位置数据 $f(x)$ 在当前时刻 t 时的权值，如果对任意时刻都采用加权平均的方法计算汽车的位置，就可以得到如下汽车在任意时刻 t 时所处位置的估计函数 $h(t)$：

$$h(t) = \int f(x)w(t-x)\mathrm{d}x$$

这种运算就叫作卷积。卷积运算通常用星号（*）表示：

$$h(t) = (f * w)(t)$$

在卷积网络的术语中，卷积的第一个参数（在上述例子中为函数 $f(x)$）叫作输入（input），第二个参数（在上述例子中为函数 $w(t-x)$）叫作核函数（kernel function），输出有时被称为特征映射(feature map)。

上述例子中,传感器在每个瞬间反馈位置值的想法在现实中是不切实际的,假设传感器每秒反馈一次位置数据,离散化的卷积表示如下:

$$h(t) = (f * w)(t) = \sum_{x=-\infty}^{x=+\infty} f(x)w(t-x)$$

在机器学习中,输入通常是多维数组,而核通常也是多维数组。

下面通过两个例子说明卷积的具体计算过程。

1. 一维数据的卷积

卷积操作可以被看作对输入数据的一种处理,具有时间或序列概念,是对数据的一个连续处理的过程。下面通过一个一维结构数据的卷积来帮助理解。

假如输入数据为[1,1,1,0],使用[1,1,1]卷积核对输入数据进行卷积操作的过程如下。

(1)设置输入数据的边缘填充方式。

常见的边缘填充方式 Padding 有 SAME 和 VALID 两种。SAME 方式是在多维输入数据的外边缘补充 0,VALID 方式则不做任何填补。

这里采用 SAME 方式,在一维输入数据的两端补充 0,[1,1,1,0]补充后的结果为:

$$[\mathbf{0}, 1,1,1,0, \mathbf{0}]$$

(2)进行区域选择时每次移动的步长为 Stride。

Stride=1 意味着每次移动的步长为 1。

(3)进行卷积计算。

所谓卷积计算,就是将卷积核依次与输入数据中的选择区域中的对应数据相乘,然后求和。

Stride=1 时,对补充 0 后的 1 维数组[0, 1, 1, 1, 0, 0]用[1,1,1]卷积核进行卷积的计算过程如图 12-2 所示。

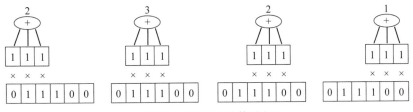

图 12-2　卷积的计算过程

由图 12-2 可知,用[1,1,1]对[0, 1, 1, 1, 0, 0]进行卷积所得的结果为[2,3,2,1],其长度与输入数据的长度相同。

2. 二维数据多通道输入与多通道二维数据输出的卷积

在实际应用时,大多数都是多通道二维数据输入且多通道二维数据输出。为便于描述,用 in_c 表示输入图的通道数,用 out_c 表示输出图的通道数,用 filter_n 表示卷积核的数量。在卷积神经网络的卷积计算中,输入通道数量和输出通道数量及卷积核的数量的关系如下。

$$filter\_n = in\_c \times out\_c$$

多通道输入、多通道输出的卷积运算如图 12-3 所示。

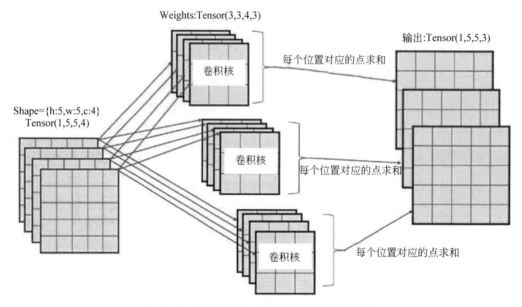

图 12-3　多通道输入、多通道输出的卷积运算

图 12-3 中,输入为 4 个通道,输出为 3 个通道,所以总共需要 $3 \times 4 = 12$ 个卷积核。对于单个输出通道中的每个点,取值为对应的一组 4 个不同的卷积核经过卷积计算后的和。

接下来,以宽、高分别为 3 的 2 个通道(表示为 $3 \times 3 \times 2$)为输入,3×3 的 4 个卷积核表示为 $3 \times 3 \times 2 \times 2$,以宽、高分别为 3 的 2 个通道(表示为 $3 \times 3 \times 2$)为输出,具体如图 12-4 所示,其中 Stride=1,Padding=SAME,作为一个例子示例如何进行卷积。

图 12-4(c)、(d)用于卷积求解输出的第 1 个通道,图 12-4(e)、(f)用于卷积求解输出的第 2 个通道。

下面以计算第 1 个卷积区域为例,演示输入维度为 $3 \times 3 \times 2$、Stride=1、Padding=SAME、输出维度为 $3 \times 3 \times 2$ 的卷积计算过程。如图 12-5 所示,由于 Padding=SAME,因此先在边界补充 0。对于输出的某个通道(如第 1 个通道)来说,需要 in_c 个卷积核分别与输入的 in_c 个通道进行卷积计算,然后将计算结果求和,存入输出的对应通道中的对应位置。图 12-5 演示了第 1 个卷积区域的计算过程,其他区域的原理与之类似,这里不再一一图解。

12.6.2　TensorFlow 卷积操作

在 TensorFlow 中,实现卷积操作的函数为 tf.nn.conv2d(),该函数的语法格式如下。

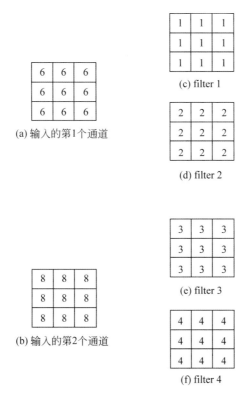

图 12-4　输入为两个通道、卷积核为 filter 4 个

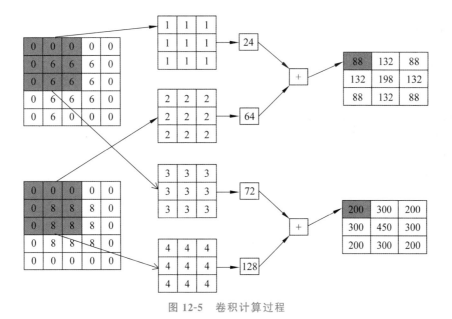

图 12-5　卷积计算过程

```
tf.nn.conv2d(input, filter, strides, padding, use_cudnn_on_gpu=None, name=
None)
```

各参数的含义如下。

input：指需要做卷积的输入图像，它要求是一个 Tensor，具有[batch, in_height, in_width, in_channels]这样的形状，具体含义是[图像数量，图像高度，图像宽度，图像通道数]。注意，这是一个四维的 Tensor，要求类型为 float32 和 float64 其中之一。下面以 28×28×1 的图像为示例进行说明，首先需要转换为四维，需要加入图像样本的个数，假设为 10 幅，变为[100,28,28,1]，直观理解为 10 幅 28×28 像素的只有一个通道的图像。

filter：表示卷积核，是一个 Tensor，具有[filter_height, filter_width, in_channels, out_channels]这样的形状，具体含义是[卷积核的高度，卷积核的宽度，输入图像通道数，输出图像通道数]，要求类型与参数 input 相同，第三维 in_channels 就是参数 input 的第四维。

strides：长度为 4 的一维列表，控制卷积核的移动步数。strides 默认为[1,1,1,1]，其中第一个 1 和最后一个 1 是固定值，需要改变的是中间的两个数，即在 x 轴和 y 轴的移动步长。

padding：string 类型的量，只能是 SAME、VALID 其中之一，这个值决定了不同的卷积方式。

use_cudnn_on_gpu：bool 类型，表示是否使用 cudnn 加速，默认为 true。

name：用以指定该操作的 name。

下面给出 tf.nn.conv2d()函数的应用举例。

```python
import tensorflow as tf
#定义输入图像的大小
img_size =128
#定义卷积核的大小
kernel_size =3
#读入一幅图像
image_value =tf.read_file('D:/Python/1.jpg')
#图像编码
img =tf.image.decode_jpeg(image_value, channels= 3)
#tf 的数据类型的格式转换
img =tf.to_float(img)
#调整图像大小
img =tf.image.resize_images(img, [img_size,img_size])
#指定输入数据的 shape
batch_shape =(1,img_size,img_size,3)
#维度转换,为使用 tf.nn.conv2d()函数作准备,输入数据的 rank 必须是 4
img =tf.reshape(img,batch_shape)
#卷积核大小为 3×3,输入通道数是 3,输出通道数是 3
filter =tf.Variable(tf.random_normal([kernel_size,kernel_size,3,3]))
#卷积核 x 轴、y 轴的移动步长均为 1
strides_shape=[1,1,1,1]
#定义卷积操作
op_conv2d =tf.nn.conv2d(img, filter, strides_shape, padding='SAME')
```

```
with tf.Session() as sess:
    sess.run(tf.global_variables_initializer())
    out_img=sess.run(op_conv2d)
    print('输入数据维度: {}'.format(img.shape))
    print('输出数据维度: {}'.format(out_img.shape))
```

运行上述代码,输出结果如下。

```
输入数据维度: (1, 128, 128, 3)
输出数据维度: (1, 128, 128, 3)
```

12.7　使用 TensorFlow 对图像进行分类

使用 tf.keras 在 TensorFlow 中构建和训练神经网络模型,对 Fashion-MNIST(服饰数据集)中的服装图像进行分类。tf.keras 是一个用于构建和训练深度学习模型的高级API,大大简化了 TensorFlow 代码的编写过程。下面给出 TensorFlow 官网上对Fashion-MNIST 进行图片分类的例子。

1. 导入 Fashion-MNIST 数据集

Fashion-MNIST 包含 70 000 幅灰度图像,其中包含 60 000 幅灰度图像的训练集和10 000 幅灰度图像的测试集。每个灰度图像用一个 28×28 像素的数组表示,每个像素的值为 0~255 的无符号整数。图像分为 10 类,见表 12-1。

表 12-1　10 类图像

Label	Description	Label	Description
0	T 恤(T-shirt/top)	5	凉鞋(Sandal)
1	裤子(Trouser)	6	衬衫(Shirt)
2	套头衫(Pullover)	7	运动鞋(Sneaker)
3	连衣裙(Dress)	8	包(Bag)
4	外套(Coat)	9	靴子(Ankle boot)

第一次调用时将自动从网上下载数据。默认的保存位置为 C:\Users\Username\.keras\datasets\fashion-mnist\目录,共包含 4 个文件,分别为:
训练数据图片 train-images-idx3-ubyte.gz;
训练数据标签 train-labels-idx1-ubyte.gz;
测试数据图片 t10k-images-idx3-ubyte.gz;
测试数据标签 t10k-labels-idx1-ubyte.gz。
下面使用 TensorFlow 加载数据。

```
#导入 TensorFlow 和 tf.keras
import tensorflow as tf
```

```
from tensorflow import keras
fashion_mnist =keras.datasets.fashion_mnist
#加载数据集并返回 4 个 NumPy 数组
(train_images, train_labels), (test_images, test_labels) =fashion_mnist.load_
data()
print(train_images.shape)
print(test_images.shape)
```

运行上述代码,输出结果如下。

```
(60000, 28, 28)
(10000, 28, 28)
```

2. 数据预处理

在训练网络之前需要对数据进行预处理。检查训练集中的索引为 5 的图像,将看到像素值落在 0~255 的范围。

```
import numpy as np
import matplotlib.pyplot as plt
plt.figure()
plt.imshow(train_images[5])
plt.colorbar()                                          #给子图添加渐变色条
plt.grid(False)
plt.show()
```

运行上述代码,输出如图 12-6 所示。

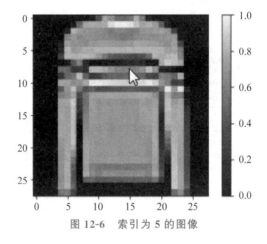

图 12-6   索引为 5 的图像

将灰度图像的像素值缩放到 0 到 1 的范围。为此,将图像像素数组的数据类型从 int 转换为 float,并除以 255.0。

```
train_images =train_images / 255.0
test_images =test_images / 255.0
```

显示训练集中的前 25 幅图像,并在每幅图像下方显示类名。

```
plt.figure(figsize=(10, 10))
for i in range(25):
    plt.subplot(5, 5, i+1)
    plt.xticks([])
    plt.yticks([])
    plt.grid(False)
    plt.imshow(train_images[i], cmap=plt.cm.binary)
    plt.xlabel(class_names[train_labels[i]])
plt.show()
```

运行上述代码,输出结果如图 12-7 所示。

图 12-7　训练集中的前 25 幅图像

3. 构建模型

1) 设置网络层

在 Keras 中,可以组装图层来构建模型。模型(通常)是图层图。最常见的模型类型是层的堆叠模型:tf.keras.Sequential 模型。

```
model = keras.Sequential()                                      #创建 Sequential 模型
model.add(keras.layers.Flatten(input_shape=(28, 28)))          #添加神经元层
model.add(keras.layers.Dense(128, activation=tf.nn.relu))      #添加神经元层
model.add(keras.layers.Dense(10, activation=tf.nn.softmax))    #添加神经元层
```

也可以采用如下方式直接创建模型：

```
model = keras.Sequential([
    keras.layers.Flatten(input_shape=(28, 28)),
    keras.layers.Dense(128, activation=tf.nn.relu),
    keras.layers.Dense(10, activation=tf.nn.softmax)
])
```

该网络中的第一层 tf.keras.layers.Flatten 将图像的格式从二维数组(28×28 像素)转换为一个包含 28×28 = 784 像素的一维数组。可以将这个网络层视为它将图像中未堆叠的像素排列在一起。该网络层没有需要学习的参数,它仅对数据进行格式化。

在像素被展平之后,网络由一个包含两个 tf.keras.layers.Dense 网络层的序列组成。它们被称作稠密链接层或全链接层。第一个 Dense 网络层包含 128 个结点(或被称为神经元)。第二个(也是最后一个)网络层是一个包含 10 个结点的 softmax 层——它将返回包含 10 个概率分数的数组,总和为 1。每个结点包含一个分数,表示当前图像属于 10 个类别之一的概率。

接下来是两个稠密 Dense 链接层,或全连接层。第一个 Dense 网络层包含 128 个神经元。第二个 Dense 网络层是一个包含 10 个结点(神经元)的 softmax 层,它将返回包含 10 个概率分数的数组,总和为 1。每个结点输出一个分数,表示当前图像属于该结点所表示的类的概率。

2) 编译模型

在训练模型之前,还要对模型进行一些设置,这些设置是在模型的编译步骤中添加的：

(1) 添加损失函数,这可以衡量训练过程中的模型的准确程度。最小化此函数,以"引导"模型朝正确的方向拟合。

(2) 添加优化器,这就是模型根据它看到的数据及其损失函数更新模型的方式。

(3) 添加评价方式,用于监控训练和测试步骤。如选择使用准确率(accuracy),即表示模型正确分类的分数。

```
model.compile(optimizer='adam',loss='sparse_categorical_crossentropy',
              metrics=['accuracy'])
```

3) 训练模型

根据训练数据训练神经网络模型,具体步骤如下。

- 将训练数据传递给模型。在本示例中,训练数据是 train_images 和 train_labels 数组。
- 模型学习如何将图像与其标签关联。

- 使用模型对测试集进行预测。在本示例中,测试集为 test_images 数组。验证预测结果值是否匹配 test_labels 数组中保存的标签。

将训练数据传递给 model.fit()方法,调用该方法训练模型,使模型对训练数据进行"拟合"。

```
model.fit(train_images, train_labels, epochs=5)
```

执行上述代码,输出为结果如下。

```
Epoch 1/5
60000/60000 [==================] - 6s 98us/step - loss: 0.4954 - acc: 0.8256
Epoch 2/5
60000/60000 [==================] - 6s 93us/step - loss: 0.3767 - acc: 0.8630
Epoch 3/5
60000/60000 [==================] - 5s 91us/step - loss: 0.3384 - acc: 0.8755
Epoch 4/5
60000/60000 [==================] - 5s 88us/step - loss: 0.3147 - acc: 0.8849
Epoch 5/5
60000/60000 [==================] - 5s 86us/step - loss: 0.2946 - acc: 0.8911
```

随着模型训练,显示损失和准确率指标。该模型在训练数据上达到约 0.89(或 89%)的准确率。

4) 评估所训练的模型的准确率

调用 model.evaluate()方法,用测试数据评估所训练的模型的准确率。

```
test_loss, test_acc = model.evaluate(test_images, test_labels)
print('模型对测试数据的准确率:', test_acc)
```

运行上述代码,输出结果如下。

```
10000/10000 [==================] - 0s 44us/step
模型对测试数据的准确率: 0.8777
```

输出结果证明,模型对测试数据集预测的准确性略低于训练数据集的准确性。这里说一下模型的"过拟合"概念。过拟合是指机器学习模型在新数据上的表现比在训练数据上表现更差。

5) 进行预测

可以使用训练模型预测某些图像的类别。

```
predictions = model.predict(test_images)
```

这里,模型已经预测了测试集中每个图像的标签。下面来看第一个预测:

```
print(predictions[0])
```

输出结果如下。

```
[2.7767423e-06 3.8756926e-07 9.1997890e-07 2.4677079e-06 1.2527694e-07
```

6.5151695e-03 7.9611809e-06 1.4617328e-01 8.1943865e-05 8.4721494e-01]

预测结果是 10 个数字的数组,即图像对应 10 种不同服装中的每一种的概率,可以看到哪个标签具有最高的置信度值:

```
print(np.argmax(predictions[0]))
```

输出结果如下。

9

输出结果表明最大可能是靴子(Ankle boot)。

可以检查测试标签,看看是否正确:

```
print(test_labels[0])
```

输出结果如下。

9

将预测绘制成图像,正确的预测标签为蓝色,错误的预测标签为红色,数字表示预测标签的百分比:

```
def plot_image(i, predictions_array, true_label, img):
  predictions_array, true_label, img =predictions_array[i], true_label[i], img[i]
  plt.grid(False)
  plt.xticks([])
  plt.yticks([])
  plt.imshow(img, cmap=plt.cm.binary)
  predicted_label =np.argmax(predictions_array)
  if predicted_label ==true_label:
    color ='blue'
  else:
    color ='red'
  plt.xlabel("{} {:2.0f}% ({})".format(class_names[predicted_label],
                                       100 * np.max(predictions_array),
                                       class_names[true_label]),
                                       color=color)


def plot_value_array(i, predictions_array, true_label):
  predictions_array, true_label =predictions_array[i], true_label[i]
  plt.grid(False)
  plt.xticks([])
  plt.yticks([])
  thisplot =plt.bar(range(10), predictions_array, color="#777777")
  plt.ylim([0, 1])
  predicted_label =np.argmax(predictions_array)
```

```
thisplot[predicted_label].set_color('red')
thisplot[true_label].set_color('blue')
```

看看测试数据的索引为 510 的图像的预测情况。

```
i = 510
plt.figure(figsize=(6,3))
plt.subplot(1,2,1)
plot_image(i, predictions, test_labels, test_images)
plt.subplot(1,2,2)
plot_value_array(i, predictions, test_labels)
```

运行上述代码,输出索引为 510 的图像的预测结果,如图 12-8 所示。

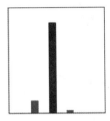

Coat 85% (Coat)

图 12-8　索引为 510 的图像的预测结果

正确的预测标签是蓝色的,图像下的数字 85% 给出了预测标签的百分比。
批量绘制预测图像:

```
#绘制前 20 幅测试图像的预测标签和真实标签
#用蓝色标记正确的预测,用红色标记错误的预测
num_rows = 5
num_cols = 4
num_images = num_rows * num_cols
plt.figure(figsize=(2*2*num_cols, 2*num_rows))
for i in range(num_images):
  plt.subplot(num_rows, 2*num_cols, 2*i+1)
  plot_image(i, predictions, test_labels, test_images)
  plt.subplot(num_rows, 2*num_cols, 2*i+2)
  plot_value_array(i, predictions, test_labels)
```

运行上述代码,输出结果如图 12-9 所示。
最后,使用训练的模型对单个图像进行预测。
tf.keras 模型已经过优化,可以一次性对一批样本进行预测,对单个图像,仍需要将
其添加到列表中。

```
img = test_images[0]              #获取图像,img 的 shape 为 (28, 28)
img = (np.expand_dims(img,0))     #将图像添加到批次中,它是唯一的成员
predictions_single = model.predict(img)
```

图 12-9　前 20 幅测试图像的预测标签和真实标签

```
plot_value_array(0, predictions_single, test_labels)
plt.xticks(range(10), class_names, rotation=45)
plt.show()
```

运行上述代码，输出结果如图 12-10 所示。

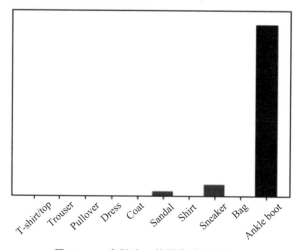

图 12-10　索引为 0 的图像的预测结果

12.8　本章小结

本章主要介绍 TensorFlow 深度学习。首先介绍了 TensorFlow 的常量与变量;接着介绍了 TensorFlow 的 Tensor 对象,TensorFlow 的 Operation 对象;然后介绍了 TensorFlow 流程控制,具体包括条件判断、比较判断、逻辑运算和循环;最后介绍了 TensorFlow 卷积操作,使用 TensorFlow 对图像进行分类。

参 考 文 献

[1] 华超.TensorFlow 与卷积神经网络[M]. 北京：电子工业出版社,2019.

[2] 周志华.机器学习[M]. 北京：清华大学出版社,2016.

[3] 雷明.机器学习原理、算法与应用[M]. 北京：清华大学出版社,2019.

图书资源支持

感谢您一直以来对清华版图书的支持和爱护。为了配合本书的使用，本书提供配套的资源，有需求的读者请扫描下方的"书圈"微信公众号二维码，在图书专区下载，也可以拨打电话或发送电子邮件咨询。

如果您在使用本书的过程中遇到了什么问题，或者有相关图书出版计划，也请您发邮件告诉我们，以便我们更好地为您服务。

我们的联系方式：

地　　址：北京市海淀区双清路学研大厦 A 座 714

邮　　编：100084

电　　话：010-83470236　　010-83470237

客服邮箱：2301891038@qq.com

QQ：2301891038（请写明您的单位和姓名）

资源下载： 关注公众号"书圈"下载配套资源。

资源下载、样书申请

书圈

获取最新书目

观看课程直播